中国建筑文化遗产 3

罗哲文 名誉总编
金磊 总编

天津大学出版社

图书在版编目（CIP）数据

中国建筑文化遗产. 3/金磊总编.—天津：天津大学出版社，2012.1
ISBN 978-7-5618-4269-0

Ⅰ. ①中…　Ⅱ. ①金…　Ⅲ. ①建筑-文化遗产-中国　Ⅳ. ①TU-092

中国版本图书馆CIP数据核字(2011)第280225号

策划编辑　韩振平
责任编辑　韩振平

出版发行　天津大学出版社
出 版 人　杨欢
地　　址　天津市卫津路92号天津大学内（邮编：300072）
电　　话　发行部：022—27403647 邮购部：022—27402742
网　　址　www.tjup.com
印　　刷　北京雅昌彩色印刷有限公司
经　　销　全国各地新华书店
开　　本　235mm×305mm
印　　张　14
字　　数　558千
版　　次　2012年1月第1版
印　　次　2012年1月第1次
定　　价　48.00元

INA ARCHITECTURAL HERITAGE
国建筑文化遗产 1

INA ARCHITECTURAL HERITAGE
国建筑文化遗产 2

INA ARCHITECTURAL HERITAGE
国建筑文化遗产 3

目 录

Chief – editor's Notes
总编的话

Feature
特稿

Creative Design
创意设计

Chinese Architecture in a Century
百年建筑中国

首届北京国际设计三年展设计师群像

China Architectural Heritage
中国建筑文化遗产

Instructor State Administration of Cultural Heritage
指导单位 国家文物局

Sponsor ACBI Group
主办单位 宝佳集团
China Culutral Relic–Traditional Garden Architecture Committee
中国文物学会传统建筑园林委员会
Tianjin University Press
天津大学出版社
Architectural Culture Investigation Team
建筑文化考察组

Co–Sponsor Research Center of Mass Communication for China Architecture, ACBI Group
承办单位 宝佳集团中国建筑传媒中心
China Architectural Heritage Editorial
《中国建筑文化遗产》编辑部

CONTENTS

地址：北京市东城区东兴隆街56号，北京商界A座9层，宝佳国际中国建筑传媒中心
邮编：100062
编辑部电话：010-67020521
传真：010-67020521
投稿邮箱：931531615@QQ.com.
99321200@QQ.com.

目 录

稿 约

《中国建筑文化遗产》的出版宗旨是：以科学的态度分析、评介中国古代建筑所取得的辉煌成就及对后世的启示，以历史的眼光及时将当代优秀建筑作品甄选为新的文化遗产，以文化启蒙者的社会职责向公众展示建筑文化遗产的艺术魅力与社会文化价值，并将中国建筑文化传播到世界各地。

为实现这一目标，我们期待着国内国外、业内业外的一切关注建筑文化遗产、关注文化传承与发展的朋友们直言对本刊的建议与批评，尤其期待着各界朋友惠赐大作。现特向各界郑重约稿。具体征稿要求如下：

1.丛书注重学术与技术、思想性与文化启蒙性的建筑文化创意类内容，欢迎治学严谨、立意新颖、文风兼顾学术性与可读性，涉及建筑文化遗产学科各领域的研究、考察报告、作品赏析、问题讨论等各类文章；来稿须未曾在任何报章、刊物、书籍、正式出版物以及网络电子文本（个人博客除外）发表。

2.来稿请尽量提供电子文本，一般以6 000~12 000字为限，要求著录完整、规范；文章配图（线图、建筑效果图、钢笔速写等）、照片以30幅为限。部分老专家的手写文稿将安排专人处理。图纸、照片请提供电子文件，确保每张图片有较高清晰度（不少于300dpi），要求附图片说明。

3.来稿每文请尽量提供1 000字符左右的英文提要（欢迎准确的长篇英文稿）。

4.来稿请附作者真实姓名、学术简历及本人图片、通讯地址、电话、电邮地址，以便联络；发表署名听便。

5.文章一经刊用，版权归本杂志社所有，未经书面允许，不得转载。

6.文章一经刊用，本编辑部以300~500元/千字的标准支付稿酬并赠书2本；特稿另议。

7.稿件联系人

苗 淼：931531615@QQ.com.

刘晓珊：99321200@QQ.com.

《中国建筑文化遗产》编辑部

2011年7月

CONTENTS

Contributions Invited

The aims we want to achieve by publication of the Architectural Heritage of China include: examining and evaluating the glorious achievements and inspirations of traditional architecture with a scientific attitude, selecting new cultural heritage from excellent contemporary buildings with a historical point of view, demonstrating the artistic glamour and cultural values of the architectural heritage to the public with the responsibility of a torchbearer, and finally disseminating Chinese architectural culture throughout the world.

To achieve this goal, we hope those who concern about architectural cultural heritage, and those who are interested in the transmission or development of culture—no matter you are home or abroad, professional or amateur—can offer us your suggestions or speak out your criticisms. We especially appreciate anyone who is kind enough to submit papers in various disciplines. The editorial board would like to invite you to submit papers.

Instructions and guidelines are as follows:

1. We emphasize the academic and intellectual quality of research, and enlightenment ideas, and welcome soundness of methodology and originality of materials. Clear, jargon-free prose is especially valued. Directions in the field of cultural heritage, in formats such as research or investigation reports, book reviews, or discussion are encouraged. Papers must have not been published in any newspaper, journals, books or other publications, or electrically published (except personal blog).
2. Papers submitted in electronic formats are preferred, with word limit of 6,000~12,000. Documentations are required to be complete and standard; illustrations should not exceed 30 figures (including photos, line-art drawings, architectural renderings, pen sketches, etc.). Senior experts' manuscripts will be edited by professional staff. Please also provide electronic documents for drawings and photographs to ensure a high resolution of each figure(minimum 300 dpi). Annotations for each figure are required.
3. Please provide an English abstract of 1,000 words if possible. (Full length English version of the paper is welcomed.)
4. Please provide the name, academic CV, photo, address, phone number and e-mail address of the author for the convince of future contact; name used in the publication will be given as the author pleases.
5. Once the paper is accepted, the copyright will be reserved by the editorial board of this journal. Any individual or organizations must not republish without written consent.
6. Once the paper is accepted, the editorial board will offer the author a remuneration of CNY300~500 per thousand characters and 2 copies of the journal. This does not apply to specially arranged papers.
7. Please connect
   Miao Miao : 931531615@QQ.com.
   Liu Xiaoshan: 99321200@QQ.com.

China Architectural Heritage Editorial Department
July, 2011

▲ 2011年10月27日 "从西域到天下" 中国建筑师研讨会现场

金磊

呈现希望的2011即将逝去，但全力求解发现，需蓦然回首的地方很多，这其中不仅有以文明为代价的悖论，更有浮躁的都市人自毁建筑遗产的事件与个案。因此，思考并传承建筑遗产就是个大命题，犹如让生命在辽阔苍穹中自由飞翔，更能展示一道道壮美的风景。遗产按联合国教科文组织有多种解释，但解读开来它还有"旧梦重回"之意，因为任何记忆的结束之处，往往是另一种记忆的开始之时，所以诸多古老建筑才会如今生一般"年青"。遗产就是今天，包含广泛的文化意义与价值，即过去是我们的过去，未来是我们的现在。

遗产就是今天的"理念说"表明：从中外建筑遗产的保护理念、建筑文化的表现形式、建筑创作的遗产潜质都涉及新旧不同文化遗产当代理论的诸多断想，不仅题材宽阔，更体现多元文化认知的可通性。所以，当代遗产理念下，已认可诸如建筑遗产、奥林匹克建筑遗产、城市遗产乃至有广博内涵的设计遗产说的各种思想。为此，我以为虽围绕建筑遗产有不同定义及名称，但遗产就是今天的论断要求从文化多元视角下模糊"历史建筑"、"历史风貌建筑"、"遗产建筑"的界限，因为遗产建筑的文化、历史、科技三原则本身已包括了上述概念的全部。遗产是广义的，从时限上讲，遗产并非仅仅是过去，从设计上看，遗产的创造该从现在做起，设计的基因决定着设计作品的文化价值。

遗产就是今天的"传播说"表明：尽管对于建筑遗产保护的思路、看法有多种声音，但它们的表述不同但本质趋同，恰如同济大学伍江副校长所言："越有创意的人越懂得建筑遗产保护，越懂得建筑遗产保护的人越有创意。"所以，在建筑文化遗产的传播中最应抛弃的是狭隘的唯古董观，要代之以当代城市设计与建筑创作新旧形式并有的新设计观。一栋建筑是时代的产物，但它并非一定要紧跟落后时代潮流而建，尤其不必机械而盲从地和环境协调。国内外新旧建筑成功的个案比比皆是，它们反映了重要的建筑遗产观。今日谈遗产建筑，不仅有中国故宫与巴黎埃菲尔铁塔，更有诸如20世纪50年代后的新中国建筑；不仅有辛亥百年近现代建筑，更有中国改革开放30年深圳地标建筑及北京奥运、上海世博会、广州亚运建筑等。它们共同构成了当代理念下完整的遗产建筑类型。

遗产就是今天的"事件说"表明：2011年9月中旬以来上海、北京先后上演了注入全球灵感的设计周，它们引领世界设计精英在研讨设计发展时，为中国留下了珍贵的设计收藏。10月5日奇人乔布斯仙逝，他留下的创意遗产是伟大的意志之力及注重细节摒弃浮躁的设计观，10月10日辛亥百年，它的遗产价值更告诫我们要读懂中国，在洞察国运浮沉时，以建筑的名义再审辛亥纪念建筑。从事件与文化的视角看，10月中旬召开的十七届六中全会，意在探求中国文化面向世界的主题。10月27日，我们主办了"从西域到天下——出版《玉点》+点玉中国建筑师创作之路"座谈会，它让我想到了2009年2月末在北京市建筑设计研究院召开的"回归建筑创作的客观立场——建筑中国六十年繁荣创作历程剖析"的研讨会。"两会"对比的相同之处是务实且深入的学术交流，彰显了中国建筑师的精神。《中国建筑文化遗产》表示：面对建筑文化创作匆忙、中外信息纷繁的年代，上升为遗产的建筑与设计是需花时间来思考、揭示和发现的，我们不求有闻必录，但要在需求特色饱满和鲜明，我们不仅要有广博信息量更要看其智慧及文化深意，要看它涵养的设计思想是否具有创意的境界，我想或许这些是我们编书办刊筹划2012年新岁活动的文化准绳及无形律令。

Today Is Heritage

Jin Lei

Thinking over and passing on our architectural heritage is an important issue, which is like giving wings to lives to fly freely and even more demonstrating various magnificent sceneries. Heritage, according to UNESCO, has multiple interpretations. From a certain perspective it is like "good old dreams reviving", as an end of a memory is always a beginning of another. That is why so many ancient buildings seem as vibrant as those of today. The statement "today is heritage" has extensive cultural meaning and value, that is, what's past is past and what we do today makes the future.

From the view of ideas, the statement of "today is heritage" shows that the concepts of world architectural heritage protection, the manifestation of architectural culture and the potential of architectural heritage all involve various thoughts from the new and old contemporary theories of cultural heritage, which present not only a broad spectrum of subjects, but also the connectivity of multi-cultural awareness. Therefore, under the contemporary concept of heritage, ideas such as architectural heritage, Olympic architectural heritage, city heritage and even design heritage have been accepted. With these concepts I believe despite the various definition and names of architectural heritage, the statement "today is our heritage" requires us to blur the boundary of "historic architecture", "historical-style architecture" and "heritage architecture" from a multicultural perspective, as the three principles of heritage architecture, i.e. culture, history and technology have already cover those concepts. Heritage has broad meaning. From the perspective of time, heritage is not just the past. From the perspective of design, the creation of heritage needs us to start from now. It is design that decides the cultural value of a work.

From the view of communication, the statement of "today is heritage" shows that although there are various ideas and viewpoints about architectural heritage protection, they have similar essence despite their representations, just as Wu Jiang, vice chancellor of Tongji University, said, "The more you are creative, the more you understand about architectural heritage protection; the more you understand about architectural heritage protection, the more you are creative." Therefore, during the transmission of cultural heritage we should replace the narrow concept of antiques with new concept of design which incorporates contemporary urban design and old and new forms of architectural design. Architecture is surely a product of the times. But it does not necessarily have to follow the outdated trend, especially not to mechanically and blindly cohere with the environment. There are successful cases of new and old architectures all over the world, which reflect an important concept of architectural heritage. Today when we talk about architectual herritage, we have not only the Forbidden City in China and the Eiffel Tower in Paris, but also a lot of new Chinese architecture since 1950s; not only the contemporary architectures since the 1911 Revolution, but also Shenzhen landmarks built since China's opening-up 30 years ago and the architecture of Beijing Olympic, Shanghai World Expo and Guangzhou Asian Games. All of them together constitute the complete types and styles of heritage architecture under the contemporary concept.

From the view of event, the statement of "today is heritage" shows that in mid-September 2011, the Design Week, a feast of global inspiration, successively staged in Shanghai and Beijing, provided a platform for world's leading designers to discuss design development and at the same time left valuable design collections for China. On October 5th, Steve Jobs passed away. The heritage he left behind is his great stamina and his design concept emphasizing the attention to details and utter patience. October 10th is the Centennial Day of the 1911 Revolution, which warns us to deeply observe our country's every twist and turn and review the memorial architecture of the revolution. From the perspective of events and culture, the Sixth Plenary Session of the Seventeenth CPC Central Committee has a theme of culture development, which intended to investigate the topic of Chinese culture in the world. On October 27th, we held a symposium titled "From the Western Regions to the World—Publication of the *Point of Jade* and Probing the Artistic Paths of Chinese Architects". It reminds me of the symposium "Returning the Objective View of the Architectural Creation—China's Sixty Years of Prosperity in Architectural Creation" held at Beijing Institute of Architectural Design in late February 2009. In comparison, both of the symposia had provided platforms for practical and in-depth academic exchanges, and highlighted the spirits of Chinese architects. *China Architectural Heritage* indicates that in this era of rushed creation and information explosion, it takes time to think, reveal and discover architectures and designs that can be passed on to the future generations. We do not need to record everything that we heard, but to record what is characteristic and distinct. We should not only have extensive information, but also look into their cultural significance and the originality of their designing ideas. I think maybe this is the invisible principle and law for us to publish books and magazines and plan activities.

浙江南浔张宅——西洋楼　（陈鹤 摄）

All-round Start-up of Historic Preservation in Tibet

西藏文物保护工作全面启动

单霁翔*（Shan Jixiang）

编者按：本文是国家文物局局长单霁翔2011年10月8日关于西藏文物保护工作进展的讲话稿。本刊认为西藏优秀的文化遗产闪烁着中华文明的光辉，而这些建筑文物古迹能够保持原貌并焕发新的生机，与西藏和平解放后我国高度重视西藏文物保护工作是分不开的。单局长的讲话再次表达了国家文物局对保护西藏文化遗产的部署及强有力的技术支撑与政策保障。以下刊发讲话全文。

Editor's Note: This article is the speech given by Mr. Shan Jixiang, the head of the State Administration of Cultural Heritage, on 8th October 2011, about the progress of the cultural heritage preservation in Tibet. Tibet's cultural heritage is a brilliant reflection of Chinese civilization. It would have been impossible to have these cultural heritage preserved and revitalized without the high attention that our government has paid to the protection of Tibet's cultural heritage since its peaceful liberation. Mr. Shan's speech once again shows the administration's work arrangement, strong technical support and policy guarantee for Tibet's cultural heritage protection. The full text of the speech is below.

▲ 扎什伦布寺庙四世灵塔北面金顶维修前

▲ 扎什伦布寺庙四世灵塔北面金顶维修后

西藏文物资源丰富，风格独特，分布面广，点多线长。目前，西藏共调查登记文物点4 200多处，馆藏文物近百万件。全区现有各级文物保护单位743处，历史文化名城3座，历史文化名镇1座，世界文化遗产1处。近年来，全国文物系统从维护民族团结、维护社会稳定、维护国家安全、推进西藏跨越式发展和长治久安的高度，进一步增强政治意识、大局意识和责任意识，把支援西藏文物保护作为全国文物系统的重点工作，不折不扣地完成党中央赋予文物系统的援藏工作任务。

* 国家文物局局长

▲ 桑耶寺施工前，桑佐拉康边玛草女儿墙

▲ 桑耶寺施工后，桑佐拉康边玛草女儿墙

▲ 小昭寺维修前

▲ 小昭寺维修后

"十一五"期间，国家对西藏文物保护的投入达5.7亿元。其中，中央预算内投资2.8亿元，中央财政资金2.9亿元。预计"十二五"期间，国家对西藏文物保护的投入将达8.3亿元。其中，中央预算内投资4.103 4亿元，中央财政资金4.054 3亿元，近现代重要史迹及代表性建筑投入1 100万元。

一、全国文物系统援藏工作进展

一是积极协调全国文物系统做援藏工作。国家文物局先后于1997年、2001年、2007年组织召开了全国文物系统援藏工作会议，动员全国文物系统在资金、设备、人才培养、专业技术等方面帮助和支持西藏文物事业的发展。2010年1月，中央第五次西藏工作座谈会召开后，国家文物局迅速就相关工作做出安排部署，与发展改革委、财政部、审计署等部门的有关专家，做好资金保障，抓好项目实施。

二是西藏重点文物保护工程顺利完工。2001年7月，中央第四次西藏工作座谈会召开后，国家发改委、财政部累计安排资金3.8亿元实施布达拉宫、萨迦寺、罗布林卡等西藏三大重点文物保护工程。2009年8月西藏三大重点文物保护工程竣工，中央政治局委员、国务委员刘延东专程进藏出席竣工庆典，国务院办公厅、国家发改委、财政部、文化部、文物局等部门和西藏自治区党委、政府领导出席了庆典。西藏三大重点文物保护工程，充分展现了党和国家保护西藏优秀传统文化的决心，用铁的事实反驳了达赖集团散布的"藏文化毁灭论"，为西藏跨越式发展和长治久安做出了特殊贡献。中央指导和支持西藏做好第三次全国文物普查工作，已完成田野调查阶段性工作，目前共调查登录各类文物点4 200余处。2011年底发布西藏第三次全国文物普查数据。

三是西藏"十一五"文物保护规划项目顺利实施。2007年1月，国家批准"十一五"期间西藏重点文物保护项目。国家发改委、财政部共安排资金5.7亿元，对扎什伦布寺、大昭寺等22处文物单位进行维修保护，预计2011年12月前工程全部竣工。"十一五"期间，西藏自治区积极筹措资金，对19处

▲ 南迦帕瓦峰（李瑾 摄）

险情十分突出的文物单位和昌都解放委员会办公旧址等9处“红色遗迹”进行了抢救性维修保护。

四是不断加大对西藏博物馆建设支持力度。近年来，国家文物局在西藏博物馆的业务提升和经费保障等方面给予积极倾斜：将西藏博物馆列入全国首批免费开放博物馆名单；为配合西藏重点文物保护工程的开展，举办西藏文博管理干部培训班；针对西藏文物鉴定人员力量薄弱现状，2009年、2011年国家文物局先后举办青藏地区文物进出境鉴定培训班和民族文物鉴定培训班。西藏目前具备开放条件的博物馆只有西藏博物馆一家，由于建馆时间短，专业力量比较薄弱，与其他省级综合大馆相比，还存在一定差距。从总体上看，全自治区博物馆存在数量少，公共文化服务保障能力有限的问题。

五是加强西藏地区文博管理干部和专业人才的培养。近年来，我局与西北大学文博学院合作，举办了两期西藏自治区文博管理干部培训班，140余人参加了培训；有针对性地举办了西藏自治区文物保护工程培训班，与西北大学合作举办青藏地区文物鉴定培训班；同时在两期中意合作文物保护修复培训项目、文物保护修复专业技术培训班、馆藏和纸质文物保护修复技术培训班等各类专业培训中安排西藏自治区文博专业人员参加学习，为当地培养了一批考古、古建维修、文物保护和修复等方面的专业人才。

六是把支援西藏文物工作与改善当地群众生活和宣传教育结合起来。仅“十一五”期间，文物保护工程项目中直接用于农民工工资的资金达4 058.8万元，用于购买使用传统材料的资金达5 791.2万元，创造了大量的就业机会，直接增加了当地人民群众的收入；充分履行博物馆公共文化服务职能，大力弘扬博大精深、多元一体的中华文化，高扬爱国主义旗帜，不断夯实平等、团结、互助、和谐的社会主义民族关系的思想文化基础，宣传我国的民族宗教政策。

二、未来的思路

一是认真贯彻落实中央关于西藏工作的方针政策，进一步加大对西藏文物工作的支持力度，促进西藏文物事业的持续健康发展。国家文物局将结合西藏文物部门提出的“十二五”期间项目和经费需求，积极支持西藏做好文物保护、管理、利用和传承工作。

二是支持全国重点文物保护单位的保护，实施一批大遗址、世界文化遗产的本体维修、壁画保护、环境整治、安消防等项目。根据项目布局合理的原则，计划在“十二五”期间对卡若遗址、藏王墓、烈山墓地等10处国保单位及小恩达遗址、芒康盐井古盐田等8处已列入第七批国保单位推荐名单的自治区级文物保护单位实施整体维修保护。同时加大对西藏博物馆的扶持力度，完成陈列展览提升改造；新建日喀则地区博物馆、山南地区博物馆、林芝地区博物馆、昌都地区博物馆、那曲地区博物馆、阿里地区博物馆、拉萨市博物馆。

三是加大西藏文博人才培训力度。培养一批藏族自己的优秀文博干部和专业人才，并支持相关高等院校文博院系，根据西藏自治区文博工作和干部队伍的实际情况开展各层次的在职干部学历教育，包括研究生学历教育，实现西藏文博专业人才总量明显增长，从业人员素质的整体提升，全面提高现有队伍专业水平。

四是拟商发展改革委、财政部延续“十五”和“十一五”时期的资金分担模式，设立“西藏十八大重点文物保护工程”专项资金，力争在“十二五”期间完成卡若遗址、藏王墓等具有重大影响的全国重点文物保护单位全面维修保护任务。国家文物局将组织有关专家对西藏自治区文物局提出的在“十二五”期间实施“十八个重点文物保护工程”，计划对卡若遗址、藏王墓、查木钦墓群、吉堆吐蕃墓群、烈山墓地、曲德寺—卓玛拉康、扎唐寺、敏珠林寺、聂唐卓玛拉康、查杰玛大殿共10处国保单位和小恩达遗址、芒康盐井古盐田、仁达摩崖石刻、东嘎·皮央、强巴林寺、仲嘎曲德寺、喇普德庆寺、贡嘎曲德寺共8处已列入第七批国保单位推荐名单的自治区级文物保护单位实施整体保护维修，资金估算8.3亿元。

图片提供 / 邵军

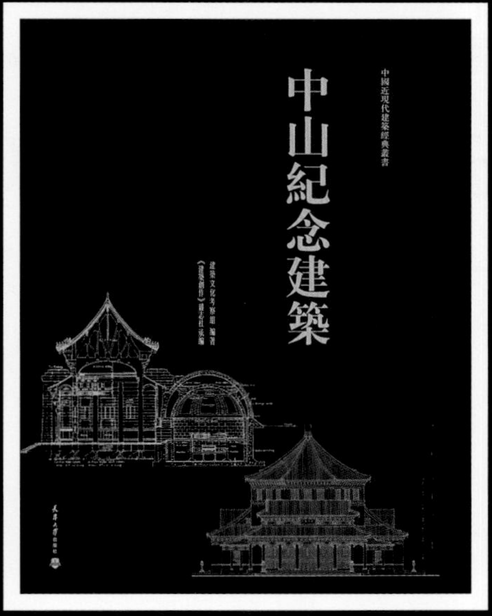

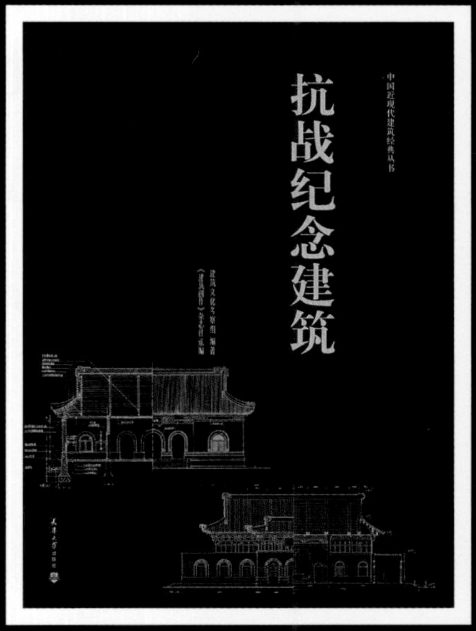

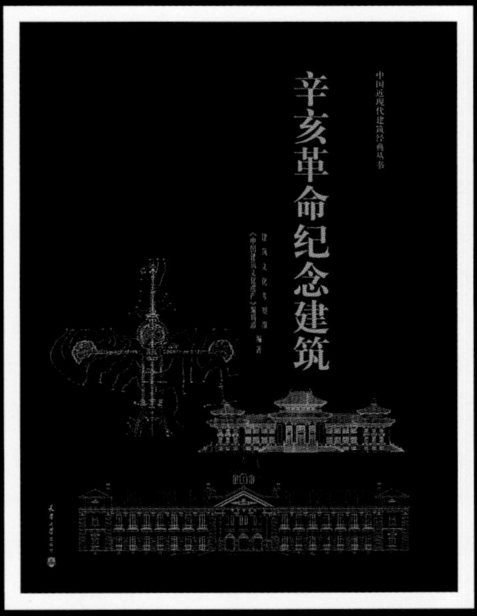

历史之江滚滚而过，2011年，恰逢辛亥革命百年，建筑文化考察组历四载春秋，将中华大地上承载革命记忆的建筑编著成书，收集散佚，汇成《中山纪念建筑》（2009年）、《抗战纪念建筑》（2010年）、《辛亥革命纪念建筑》（2011年）系列丛书，谨以纪念中华民族近现代不可磨灭的壮阔风云。时光易逝，顽石长存，建筑是历史的遗产，这既是一套建筑经典之作，也是一套纪念伟大事件的典籍，是有“事件建筑学”之说。

《辛亥革命纪念建筑》一书由建筑文化考察组、《中国建筑文化遗产》编辑部等编著，天津大学出版社出版。（2011年10月第1版，定价386.00元）

Design Festivals in China and the World (China Volume)

中国与世界的设计节（中国篇）

冯 娴（Feng Xian）

编者按：2011北京国际设计周于2011年9月26日至10月3日举行，与此同时，北京国际设计三年展也于2011年9月28日至10月17日在中国国家博物馆举行。北京国际设计周暨首届北京国际设计三年展是国内迄今为止规模最大的设计周，拥有一个由设计论坛、主题展览、主宾城市、设计之旅、年度设计奖等组成的完整结构。设计周及三年展邀请伦敦、米兰、柏林、赫尔辛基、首尔世界五大设计周主席参加了“设计与城市发展”主题论坛；首届北京国际设计三年展由清华大学承办，以“仁：设计的善意（Ren: Good Design）”为题目，首次采用国际通行的策展人制度，汇集国际顶级设计师新作及设计史上的经典之作，并集中展示了国内设计的成果，既是学术交流又是对大众的设计启蒙。据报道，约有50万人次参观了此次展览。伦敦作为本次设计周的主宾城市，不仅带来由英国设计师保罗·考克赛芝（Paul Cocksedge）设计的大型艺术装置“诗之椅”，还带来作为创意产业大国举办设计节的丰富经验。设计之旅的130余个国内外活动以创意点亮北京的近百个设计地标场所，包括清华大学、雍和创意园、中国设计交易市场、大栅栏西街、751D·PARK北京时尚设计广场与三里屯等富于活力的地区，设计周期间来京的国际设计师逾800位。年度设计奖作为对北京设计成就的总结，颁出设计教育奖、设计传播奖、设计促进奖以及设计北京大奖。清华大学的吴良镛教授、中央美术学院院长潘公凯教授、北京大学俞孔坚教授、清华大学美术学院柳冠中教授、中国创新设计红星奖、中国国际时装周、天安门城楼两侧红色观礼台、奥运会“祥云”火炬、“金镶玉”奖牌、鸟巢、水立方、奥林匹克公园下沉花园和地铁奥体中心站等个人与项目获得大奖。北京国际设计周的举办恰逢国庆，设计周的蓝色条幅招展在北京城内的主要街道上，为明朗高远的首都金秋增添了浓浓的创意气息。

北京国际设计周暨首届北京国际设计三年展由教育部、文化部、中国文联和北京市政府共同主办，由清华大学、歌华集团和北京工促中心共同承办。教育部部长袁贵仁在祝辞中说：“设计，作为当今全球经济创新的首要话题，是思想与创新的展现，是精品与品牌的先导，是完美和成功的阶梯，与经济社会、文化生活、自然景观相互交融。”文化部部长蔡武认为：“文化是设计的内核，设计是文化的体现，也是文化的浓缩和见证。设计是一种文化的沟通，反映着每个时代的文化精神，同时又在不断创造着新的文化。”中国文联党组书记赵实认为：“与纯艺术不同，设计必须落实到物质生活和社会生产的层面才能具有实质意义。真正具有领先性和创造性的设计，不能被短暂的商业利益所左右；而真正有前途的产业和经济发展，恰好离不开这些不为暂时的功利所左右的创造。”北京市长郭金龙认为：“（活动）对于把北京建设成为世界一流的设计之都、时尚之都和具有重大国际影响力的文化中心，具有十分重要的意义。”

作为创意产业勃兴的重要表征，设计节最早在设计强国兴起，英国、意大利、德国、荷兰、法国、日本等国都拥有各具特色的设计节。北京国际设计周肇始于2009年，与首次在中国召开的世界设计大会共同举办。2011

▲ 在世纪坛举行的北京国际设计周开幕式。摄影/朱洪宇。

年度的设计周无论在规模上，还是思想深度上，都具有开创性的里程碑式的意义。鉴于设计对国家发展的战略性意义以及观念与想象力经济特有的魅力，本刊梳理中国与世界的设计节，分上下两辑集中介绍，以期激发读者对国际盛行的设计节这一形式的更多兴趣。世界经济正经历从工业经济到创意经济的转换，这新一波的经济形态被视为是自然、社会、经济这个紧密联系的有机体在演进中自我优化的成果。创意经济着力开发人类的脑矿资源，全方位开启个体、文化与自然三方面的更多可能，是一种以人为本的经济增长模式。城市是创意经济的最重要载体，设计作为创意经济中与物质现实相接的部分，既承担着改善民生的重任，又创造出物质世界的文化表皮，在至微观处构建起个体的符号空间，在至宏观处诠释一座城市乃至一个国家的文脉沿革。而设计节作为创意经济的软性设施，创造出一个与日常世界不同的节日时空，在这个时空中创意经济的组成要素完成了结构上的重组优化和观念上的更新换代。同时，在这个缓慢的“重生”过程中，那些有价值的观念、实物与关系沉淀下来，构成面向未来的遗产。设计节是生成符号的温床，制造出在场的历史。

工业强国率先开始从工业经济到创意经济的转化，拥有繁盛文化符号的非西方国家则被认为存在着“蛙跳式发展”的可能，这也是摆在中国面前的课题。创意经济的来临对中国而言是否是一个机遇，意味着由现代性冲击而成的观念与实践的断裂将得到治愈的机会？换言之，中国是否能够借由创意时代而实现对自身的自如而诗意的表达？对中国与世界设计节的报道将会提供对这个问题思考的借鉴。“中国与世界的设计节”（中国篇）将重点介绍首届北京国际设计三年展这一目前国内最具学术性、最高端、最具前瞻性的展览，同时介绍上海与广州的设计节与设计展。我们在最后的新闻链接中将盘点国内设计节，并介绍在上海的“中国工业设计博物馆”。下期的国外专辑将详细介绍英、意、德、荷、日等国色彩纷呈的设计节。

▲ 英国设计师保罗·考克赛芝为2010伦敦设计节设计的大型艺术装置，仿佛巨人从天空洒落的钱币，创造出关于商业社会的象征。

Editor's Note: 2011 Beijing Design Week (BJDW) & the First Beijing International Design Triennial is scheduled to take place in Beijing from September 26th to October 3rd. It is an initiative of the Ministry of Culture, Ministry of Education, the China Federation of Literary and Art Circles, and the Municipal Government of Beijing. Tsinghua University, Beijing Gehua Cultural Development Group and Beijing Industrial Design Center will hold the event. With international design resources gathered by BJDW, Beijing is expected to move towards a culture-enriched capital with better developed technology-driven design industries, while Chinese design brands play a more influential role in the world stage. The ultimate goal helps transforming "Made in China" to "Designed in China". Beijing Design Week is scheduled to be an annual event co-presented with one famous Chinese design institute. This year, we are working with Tsinghua University's "First Beijing International Design Triennial". Together we present 2011 Beijing Design Week & the First Beijing International Design Triennial, with "Good Design" as the theme. The event is composed of six sections: opening ceremony, Beijing Design Forum, design exhibitions, Guest City Program, Design Hop and Annual Design Award. Many exponents of renowned design weeks from London, Milan, Berlin, Helsinki and Seoul have been invited to participate, along with more than 20 masters of design and about 400 first-class international designers. During Beijing Design Week, a Design Summit will be held for the first time, and a Guest City program will be also launched, with London to act as this year's guest of honour. Similarly, it will be the first time that a Design Triennial will be held in China, and even in Asia. During Beijing Design Week, more than 130 different activities will be launched, with more than 30 international events and over 90 Chinese exhibitions. The festival venues include about 100 design landmarks in Beijing, such as Tsinghua University, Yonghe Park, China Design Market, Dashilar, 751D PARK, and Sanlitun Village. More than 60 famous brands will be involved, and about 800 international designers will be coming to Beijing. Over 500,000 fans of design are expected to visit 2011 Beijing Design Week & the First Beijing International Design Triennial, with an indirect audience of about 3 million people.

▲ 对北京国际设计周的献礼"诗之椅"，镌刻着英国浪漫主义时期的诗歌，与中国古诗遥相呼应。

As an important indicator of the flourish of creative industries, design festivals first grew up in the leading countries in design. Britain, Italy, Germany, Netherland, French and Japan all have their own distinctive design festivals. Beijing Design Week was first launched in 2009, held together with the World Design Congress which was first staged in China. Beijing Design Week 2011 is a groundbreaking milestone both in the sense of scale and depth. Given the strategic significance of design to our country's development, and the charm of the Idea Economy and the Imagination Economy, China Architectural Heritage presents two issues to introduce design festivals in China and the world, with a hope to stir up readers' interest in world prevailing design festivals. The world economy is now experiencing the change from industrial economy to creative economy. The new form of economy is regarded as an evolution result of the organism of nature, society and economy. Creative economy focuses on developing human's brain resources to dig up more potentials of individuals, cultures as well as the natural environment. It is a people-oriented mode of economic development. Cities are the most important carriers of creative economy. Design as a part in creative economy connected with physical reality, not only undertakes the important responsibility of improving people's livelihood, but also creates the cultural appearance of the physical world, in the most microscopic sense constructing an individual symbolic space and in the most macroscopic sense displaying the cultural history of a city and even a country. And design festivals as the "software" of creative economy create a festival space-time which is different from the everyday world. In this space-time, the elements of creative economy complete the optimization of structure and the renewal of ideas. At the same time, in this slow process of "reborn", those valuable ideas, substances and relations settle down as heritage left to the future. Design festivals are hotbeds for the generation of symbols and make the present history. The transformation from industrial economy to creative economy first started in the industrial powers. The non-Western countries with rich cultural symbols are regarded to have the potential of "leapfrogging development". This is also a problem that China is facing. Is the advent of creative economy an opportunity or a chance for China to cure the gap between ideas and practices caused by modernity? In other words, can China realize the free and poetic expression of itself in this creative age? Design festivals in China and the world will provide thoughts and references to this question. *Design Festivals in China and the World (China Volume)* will focus on the first Beijing International Design Triennial which is now the most academic and top end exhibition in China. Meanwhile it will introduce the design weeks and design exhibitions in Shanghai and Guangzhou. In the news link at the end we will introduce the China Industrial Design Museum in Shanghai, hoping that it would give some inspiration to our readers.

本页及对页：北京国际设计三年展开幕实况，摄影/陈鹤。

创意经济与设计城市

我们这个时代正在发生变化，这种变化是什么？每个人都能感受到，却很少有人能厘清。美国学者理查德·佛罗里达（Richard Florida）在其大作《创意阶层的崛起》中给予这种变化以精准的定位。工业社会之后，创意经济时代的到来正在改变整个世界的经济形态和价值观念。科学家、工程师、建筑师、设计师、作家、画家或者音乐家，抑或在所从事的商业、教育、保健、法律等领域中扮演创意者角色的职业人士，都可以被称为是“创意阶层”中的一员，前者更被称为“超级创意核心”。特立独行的艺术家、行为乖张的科学家以及其他放荡不羁、波西米亚风格的怪才，一改以往的局外人形象，从边缘走向主流，成为新兴经济的主导力量。创意人相较于工业时代的“组织人”，表现出强烈的个性化与表达自我的倾向，他们不喜欢听从组织或机构指挥，抵制传统的集体性规范；同时创意人兼具传统组织人的优点，非常重视精英人物所具备的特质，努力工作、勇于挑战、自我激励。创意群体有特定的生长土壤，多元、宽容、活跃的环境更容易受到他们的青睐。

创意经济是知识经济的重要组成部分，是继农业经济、工业经济之后全新的经济形态。传统的产业发展模式注重有形资源和客体资源的开发和利用，在其资本构成中硬性资本占据了主要地位，驱动其发展的主导要素是自然资源、土地、资金、机器等；创意产业则强调无形资源和主体资源的开发和利用，高级人力资本、知识产权资本、技术资本和文化资本等软性资本成为其核心驱动要素。创意产业的崛起重新雕塑了经济世界的形貌，以效用为重心的经济转换为以价值为重心的经济，以理性资本（包括物质资本与公共知识，即物化知识）为基础的经济转换为以活性资本（包括知本即个人知识资本、社会资本、文化资本、精神与潜意识资本）为基础的经济，以机械组织和秩序为基础的经济转换为以有机组织和“活”的秩序为基础的经济[①]。系统论认为从工业经济向创意经济的转变是自然、社会、经济这个紧密联系的有机体在优化中演进的成果。与技术、服务和信息对经济增长的效率提高和成本降低不同，创意的贡献在于对时间效能的提升、对人的创造力的释放、对社会生活品质的提高，是一种人本的创新经济增长模式。

在理查德·佛罗里达的谱系中，最具创意的工作是创造易于传播并可广泛使用的新形式或新设计，提出一种可以在众多领域中应用的理论或策略，或是创作出经久不衰的音乐等。在“超级创意核心”科学、艺术与设计的三驾马车中，设计作为贯通科学与艺术的桥梁，有着沟通人与物的界面的意义以及唯一能将观念转换为现实的特质，显得尤其独特，并因此走在创意经济的最前线。凡城市规划设计、建筑设计、室内设计、景观设计、产品设计，抑或是平面设计、服装设计、舞台设计等，所有设计的门类都可被归为“大设计”的概念下。“大设计”的成果外化为“大审美”，构建起有形的五感世界，与其内部的居民处于不间断的观念或使用的交互中。设计是功能性的，在技术的基础上被创作出来并带着某种实用的目的；设计又是表达性的，在文化的基础上被创造出来

① 厉无畏，王慧敏：《创意产业促进经济增长方式转变——机理·模式·路径》，载《中国工业经济》，2006（11），P9。

并闪耀着符号的光芒。创意经济凸显思想力、感受力与故事力的重要作用，此种经济形态的核心是文化。在创意经济来袭的时代，设计的表达性尤其突出，大量符号与象征元素被运用在设计品的生产与消费过程中，被创造物成为文化的承载者。

城市是创意经济最重要的载体，从文化的层面上讲，一个国家的设计实力在塑造与复兴城市文化中发挥关键作用。城规、建筑与景观等设计门类，从宏大叙事的角度最直观地塑造了城市的象形文脉，隽刻着社会集体成员的记忆、价值和爱憎；产品、平面与服装等设计门类，可比之“微型建筑”，构建起人与物交流的微观传达界面。各种设计门类形成立体交错的系统，异域文化与本土文化在城市交汇，经过设计的概括与提炼，形成可被体验、感知与叙述的符号，在群体成员间流传。知识经济的崛起是与新兴的信息技术相伴随的，现代都市可以被称做“媒介有机体”。都市格局与细部的表皮成为媒体的界面，蕴含着信息传递的巨大能量，文化符号因此具有了全面传播渗透的载体。从经济的层面上讲，创意经济已经融入到城市的产业结构优化升级的过程中。创意产业已经从相关产业中分离、独立出来，打破了传统意义上的按照研发、生产、销售流程组织的单一垂直的结构链条，可以同时与不同的产业产生关联，如第一产业、第二产业、第三产业，形成以创意为中心，生产、销售等环节为外围的同心圆的产业组织结构。而创意处于产业价值链的最高端。设计产业对经济结构的优化将改变以往粗放型经济增长方式带来的对自然资源的高消耗，注重对脑力资源的开发，使得经济发展走上绿色、环保之路；设计产业将带来民生的改善，人工制品性能的优化，更好满足使用者对产品的功能性及表达性需求；创意产业化还将带来对其自身文化体制的革新。

从工业经济到创意经济的切换最外显的标志是将城市旧有厂房改造为创意产业园区的浪潮。英国的泰晤士河南岸、柏林的哈克欣区、温哥华的兰桂岛、日本北海道小樽运河、纽约的苏荷等地区都是19世纪制造业大发展时建造的厂房、仓库，艺术家与设计师把它们变成举世闻名的创意聚集区；在中国，北京的798，上海的苏州河艺术聚集区是具有标志性意义的创意聚集区。——仿佛涅槃重生，创意经济从工业经济中破茧而出。“创意国家”的概念在20世纪90年代初最早由澳大利亚提出，90年代末英国将“创意产业”的概念发展成为有力的政策并成为这方面的典范。如今就占GDP的比例而言，英国有着全球最大的创意产业，2007年占英国总附加值的6.2%，创意服务出口净额达166亿英镑，创意经济就业总人数200万左右，占总就业人口的7％以上[①]。英国目前已形成了遍布全岛的多个创意中心，如东南部的互动媒体中心，中部的全球设计中心，西南部的广播电视中心、西北部的媒体和音乐中心，东北部的新兴数字媒体中心等，这些创意以城市为核心，构成联动的网络，将文化影响力输出全球。

传统工业强国率先促成从工业经济到创意经济的转变，背后的原因在于创意在新的经济结构中处于价值链的最高端，通过生产创意可以获取产品的高附加值，从而继续掌握经济的主动权。非西方国家一方

① 英国贸易投资总署：《英国创意产业》，第2页，英国贸易投资总署，2009年。

本页及对页：北京国际设计三年展展览内景，摄影/陈鹤。

面拥有丰富的文化符号资源，另一方面共享新兴信息技术的便利，在文化与技术上具有跨越式发展创意产业的可能。伦敦、纽约、米兰、柏林、阿姆斯特丹、东京等地，构成了全球创意中心，占领创意经济制高点。作为创意经济的后发而具有巨大潜力的国家，中国以设计作为城市品牌，将设计作为发展创意产业的重要举措，以图加入新一波创意经济的角逐。目前深圳、上海已于2008年、2010年被联合国教科文组织授予全球创意城市网络“设计之都”称号。除此之外，国际工业设计委员会也组织了两年一次的“世界设计之都”的评选。这一评选类似于设计界的奥运会，这一年评选的“设计之都”被冠名为某年的“设计之都”，享有荣耀，并将被历史铭记。北京国际设计周计划今后每年举办一届，将成为以“通过设计践行创新国家理念、推动北京文化创意产业发展、打造北京设计之都”为宗旨的常态性国际设计活动。2011年规模盛大的设计节是北京市正式向“设计之都”发力的重大举措，作为标志着北京参与全球创意经济竞争的决心。

设计节构建面向未来的遗产

设计节造就了城市的创意时空。日常生活暂时停摆，城市进入节日的狂欢之维。米兰设计周刚刚以“50龄青年”为题庆祝了它半百的生日，这座城市的所有创意机构如花般在春日的米兰绽放。最大的“米兰家具沙龙”吸引了来自全球最著名家具厂商的参观，米兰成为了家居时尚的潮汐诞生地。“沙龙外围展”的数量之多、内容之繁，令人惊叹，几百个来自官方、民间、院校、企业的展览散布全城，学校、商业、官方及媒体的通力合作，令米兰成为真正的创意之都。除了米兰之外，春天的阿姆斯特丹，夏天的柏林，秋天的伦敦、东京，相继成为世界的创意中心。当时，世界其他地方的创意空气因之稀薄，创意人群麇集于彼，共同熔铸创意经济的时空核心。依照时间节律渐次在全球范围内展开的设计节集群构成国际创意体系的网络状神经中枢系统，不断为创意产业输出思想的驱动力量，各个城市设计节在系统等级体系内的竞争反映了一个国家或地区创意产业的发展水平。

城市的创意情境包括硬设施和软设施两种，前者包括研究机构、教育设施、文化设施、会议场所与交通服务；后者是一种激发和鼓励个体与组织机构进行思想交流的系统，这个系统由协会组织、社会网络、人际交往等构成，世界各地的设计节无疑从属于软性的设施。设计节使得城市进入反思的融合时空。在现实的社会学与经济学领域，设计节加强了设计这个专业群体的价值认同，有助于其形成共同的价值观；设计节培养了设计的受众，使得人们更加理解设计；设计节促成了学界、媒体界、企业界与专业界的融合，原本在日常轨道上运行的机构，此刻变得开放，因为设计节分工合作，建立起横向的纽带，使得设计群体的有机体更加稳固。特定的氛围有利于创意阶层的成长，自由、多元、包容的环境是产生创意的沃土。创意人希望生活在一些能给他们带来乐趣的地方，音乐会、艺术展、设计展，有趣的活动或事件，塑造了城市的地方品质，提升了城市的创意引力。

在抽象的观念领域，设计节提炼了那些人们所关注然而没有得到清晰表述的思想，使之形成问题，进而得出结论或进展，为设计领域的观念进步不断地做出积累。设计节是孕育新的文化符号的温床，以供未来的使用，在这个意义上说，设计节制造出了面向未来的遗产。在与设计比邻的艺术领域，威尼斯双年展在现代艺术发展史具有关键性作用，不仅在于它集结了当时最具代表性的艺术家的作品，更因为它提出了具有前瞻意义的主题，例如，“从自然到艺术，从艺术到自然”，“艺术与科学”，“艺术家的

位置”，“未来维度”，“身份与差异”，“人类的剧场”，“梦想与现实”等。五年一届的德国卡塞尔文献展，以其规模的庞大、组织的严密与主题的原创而成为现代艺术的地标性展览之一。重要的主题包括“质问现实——今天的图像世界”，“地方性文献展”，“回顾过去以展望未来”。卡塞尔另一项引人注目的特色在于它的“百日客”学术研讨会，文献展邀请100位世界各地的策展人、社会学家、历史学家、政治学家、诗人、文学家，在文献展举行的100天内，进行讲座和研讨会，这场马拉松般活动仿佛制造思想的水泵，新的思想被源源不断地制造出来。

本次的北京国际设计三年展提出的“仁：设计的善意（Ren: Good Design)”的主题，融合了东西方思想，创造出设计场域内的新的符号。“仁”是中国传统文化中最重要的概念之一，意味着关爱他人，关爱人民。而好的、优秀的设计也同样使大多数人受益，从而体现出设计的仁爱精神。展览的组织者这样解读“仁：设计的善意”这一主题：“通过设计师的创意行为，成功地、富于新意地、机智地解决和应对现实生活中的问题，从而体现出设计对人的关爱。”引人关注的是展览思想核心的中英文翻译：中文意义中的“善”，对应的是西文意义中的“好（good)”，差异往往意味着一种理论、一种新解释的诞生。当“好”被解说为“好用的”，“适合的”等意义的时候，好与善发生了重合，但是在不同文化中“好”和“善”的意义出现了漂移。例如，在西方文化中，“好”意味着积极进取、不懈探索的野心，这种野心构成了创造力的核心；而在东方，“善”意味着柔顺、担待与中庸，“好”与“善”看起来似乎产生了分歧。清华大学美术学院副院长、三年展策展人杭间教授进一步阐述了“设计之善”：“善意可能更多的是一种角度、一种态度、一种立场。由这种角度、态度或者立场来提醒方方面面的关系，以使消费者不要陷入某种疯狂模仿、跟风的境地里面；从设计师的角度来说，提醒其不要过分忘乎所以，要真正了解清楚设计的本质，因为有时候金钱会腐蚀掉一个设计师。”当由西方肇始的创意经济来袭，人们力图挖掘脑矿的潜力时，来自东方的“仁”的思想提醒到这种想象力经济的多重面向，为设计思想库的丰富增添了重要的一笔。

展览的组织者这样解释这种不同：“我们承认，对‘好设计’或‘善意的设计’的理解，势必因时代、地区、文化传统以及个体差异而有所不同。我们认为这些不同恰好构成了‘仁：设计的善意’这一主题的丰富性和开放性。”中西文化，在高峰处相遇，在差异中互补。中国创意经济、设计产业的发展是一项系统性工程，需要各方面的通力协作，设计节产生的新的观念与思想，在不断与实践结合的过程中，促进此项事业的繁荣。

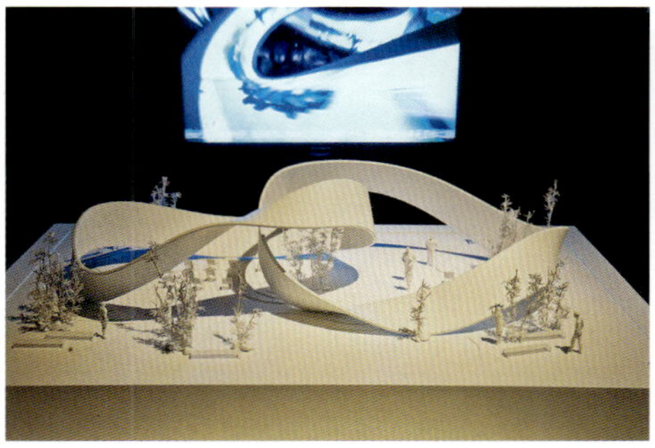

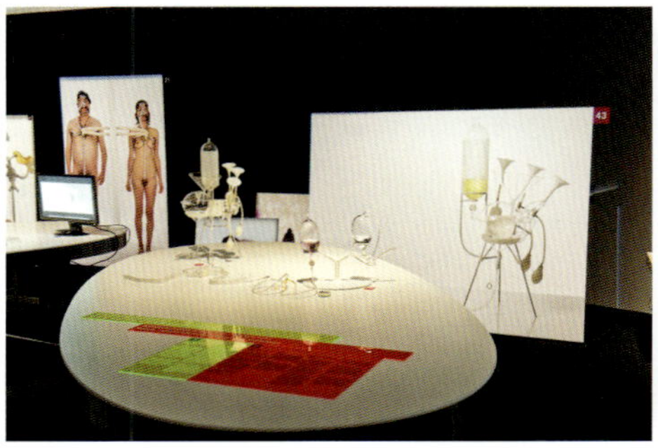
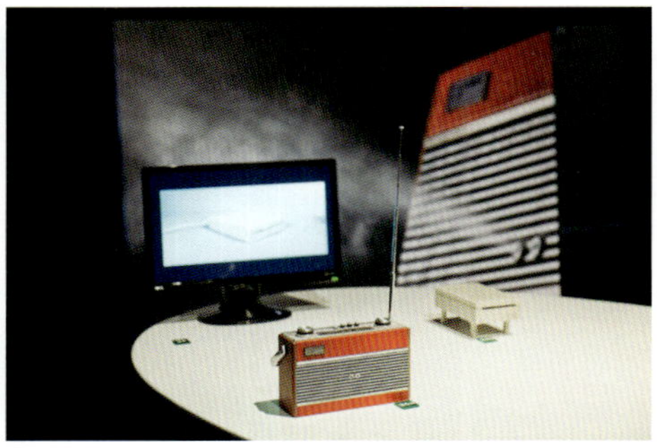

▲ 柏林文化节上的竹亭（模型），许李严建筑师事务有限公司设计，结构利用三角形最稳定原理，用直线构成弧形。竹枝即是结构件，亦是外墙，予人稳固又具视觉动感的通透。

北京国际设计三年展

北京国际设计周的设计大展部分由清华大学承办，首届北京国际设计三年展以“仁：设计的善意（Ren: Good Design）”为题，率先在中国乃至亚洲采用“设计三年展”这一国际设计领域最高级别的展览形式，塑造了设计周国际前瞻性的学术形象，同时也塑造了北京国际设计周的思想灵魂。“仁”是中国传统文化中最重要的概念之一，同时也能完美地体现“好设计”的精神主旨。“仁”意味着关爱他人，关爱人民。而好的、优秀的设计也同样使大多数人受益，从而体现出设计的仁爱精神。在现阶段，发展中的中国以及中国人民比以往任何时候都更需要好的设计。

本届展览的参展人以各国一流设计师为主体，以成熟的设计产品为主要展示对象，这些产品成功地经受了市场、社会和专家系统的检验，具有榜样和示范意义。三年展按主题而不是按设计门类组织展品，各分主题单元聘请中外一流策展人组织策划，包括知竹、创意联结、理智设计情感、混合现实与可能的世界五大子题。展览从2011年9月28日延续至10月17日，共有约50万人次在国庆期间参观了展览。这场耗资3 000万元的规模宏大的展览会聚了全球顶尖设计与经典设计，在展示设计发达国家的最新进展的同时也推广了中国设计。国内展品与国外展品的比例是三七开，是目前为止在中国规模最大的设计展，在中国设计史上起到了标杆的作用。《中国建筑文化遗产》杂志将分主题介绍此次展览。

【单元】：知竹

【策展人】：刘小康　杭间

【策展理念】：“竹”的普通话发音与“足”相近，谚语有谓“知足常乐”，其实，知“竹”也是快乐的。竹子确实可以满足人类生活众多方面的需要。现在，约1 500个品种的竹子正在全球不同地方生长着。打从远古开始，不同民族就运用竹子制造形形色色的生活用具，发展为手工艺及文化的一部分。在亚洲地区中，竹子更往往拥有多重意义。展览分为意、艺、器、境、悟五个部分。

The pronunciation of “*zhu*” (Bamboo) in Mandarin sounds as “*zu*” (enough). As the saying goes, “To achieve a state of contentment (*zhi zu*) is to truly know one’ s own happiness”. Being an environment-friendly material, can the combination of bamboo and good design be further developed to change attitudes and improve the quality of life? In the current climate of environmental awareness and the ethos of “making the best use of everything”, how can we in the modern age enhance peoples’ lives through a deeper “knowledge” of bamboo, in order to make a happier and better world?

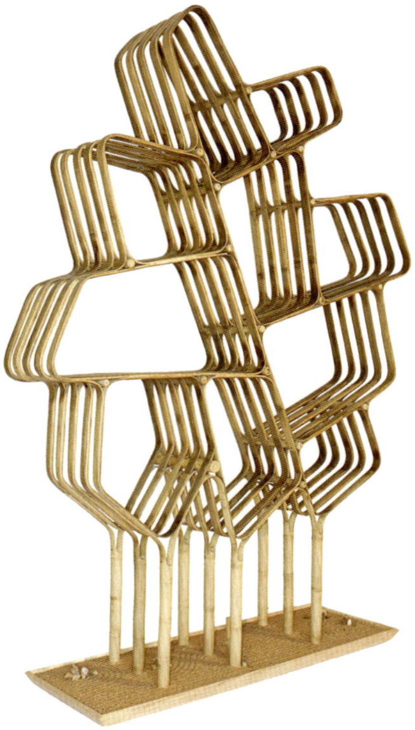

▲ 树形书架，印度桑迪普·桑伽如（Sandeep Sangaru）设计。

▲“知竹”展览内景，摄影/陈鹤。

意：文化之竹

竹子在中国文化发展上担当过不同的角色。两千多年前，在纸张还未发明时，中国人利用竹子的轻便和稳定性，发明了记录文献的竹简，这是现代纸张书本的前身。用在竹简上的书写工具——毛笔的笔杆也是用竹子制造的，至今仍没改变。中国人按照竹子的天然大小不同，来制造大小不一的竹竿和毛笔，这点从现在人的眼里看来，是一种非常有效率的设计。

然而在历史长河中，竹子更演练出另一种文化意义。在文人诗画里，竹子是非常重要的题材。晋代戴凯之在《竹谱》上有言："不刚不柔，非草非木。"竹与后世太极有太多异曲同工之妙。"挺直而有节、难折而柔顺、常青而不凋……"竹子蕴含的柔而不屈的特性，代表了文人的风骨气节。中国的山水画，写景时往往也写意，用以抒写心中的情怀。也因"竹"与"足"之音相近，竹子变成了民间常用在器物上的吉祥图案，加上不同地区的手艺特色，竹子在中国人生活里承载着多重意义。竹子对世界多个层次的影响此刻仍在发生，而现代人亦渐渐从多方面发现竹子的潜能与意义。

艺：工艺之竹

以竹为部首的中文字数目繁多，足证竹子与人类的关系密切。不同地区和民族都常利用当地的竹子品种作为生活素材。人们因着生活所需，借着竹子的不同粗细和长短，创作出变化万千的生活工具，不同的编织方法，而造出精致的竹制工具，也渐渐演变为手工艺品，体现着不同的文化特色。这众多不同的造型、不同的竹子品种和不同的表现手法，实在为现代设计提供了不少灵感和参考。要了解竹子在现代设计中的运用空间及方法，必须从了解竹的工艺技术开始。

▲ 毕马威安康社区中心的竹子建筑。

▼ 竹阶梯细部。

器：日用之竹

在数百个以竹为部首的中文字中，有不少是与器物有关的。现今科技发展，对竹材有了新的处理，提升了它的可塑性。同时，由于手工艺品制作的手法难以以量产方式进行而需要更新的方法来配合制作，竹的设计词汇就变得更加丰富。不仅拥有深厚传统积淀的亚洲设计师对竹艺进行了多方面的发掘、尝试与经营，欧美各地的品牌及设计师亦在本世纪内对竹材做出了多种创新尝试。同时，竹子代表了环保和持续发展，是木材的上佳代替品。因为竹子能在三至五年间成材，而木材所需三十年，是无法与此相比的。在对竹子的使用上东西方产生了有趣的差异。在东方，竹子不单单是一种物质原料，更包含了多重象征意义。相反，对于欧洲设计师而言，竹子代表的是一种全新的生活态度，是环保概念回归大自然的实践。

境：建筑之竹

中国使用竹子建筑由来已久，自公元前250年的竹索桥安澜桥为始，取竹之韧为绳，以木为墩，承托巨大门索，上铺木板以通行人，以竹索之桥为主体结构，承传上千年之远。在住宅建筑里，“隐士结庐而居”。中国人喜欢使用竹子构造文化境界。尤其是士大夫家庭，或搭竹亭一座，也可能是简简单单一排竹墙，不加修饰，一任竹叶横长，待到冬日尚留绿色一抹，对之吟咏。竹子在传统环境设置中除了有观赏价值外，亦有不少建筑结构的优点。这些多样性的结构常常为建筑师带来丰富的启发及影响。在香港，“竹棚”搭制工艺一直是岭南文化最鲜活完整的部分，具有两千多年历史。在三年展上，策展人特邀请香港本地匠人现场搭建竹棚，彰显其结构之妙。

悟：创新之竹

竹子除了在器物设计及建筑设计上是一种材料、一种题材外，其本身作为植物的一种，当中还有很多成分是现代产品设计的新素材。它的纤维、摄取物，甚至炭化物在急速的科技发展中，都逐渐发展成新物料，成为富有功能性的生活用品，如竹纤维可阻隔红外线、竹炭具净化空气功能。此外，竹子减低碳含量的效益比树木更高，是净化空气的良方。根据INBAR于2008年的研究统计数字，亚热带的毛竹林在造林后六十年内碳素累积吸存总量比杉木林多百分之二十；而热带竹种如麻竹，在造林后十年内碳素累积吸存总量比桉树多百分之廿五。

作为一种环保的材料，竹子与设计结合后，是否可以发展成新的生活态度？而在实践“物尽其用”的环保意识同时，现代人怎样能够透过“知竹”，去提升生活的质素与品位，创建更快乐及美好的世界。

▲ 生态儿童活动与教育中心，由24H–architecture（鲍里斯·蔡瑟［Boris Zeisser］马蒂尔·拉姆斯［Maartje Lammers］）设计。竹屋顶的形状灵感来自蝠鲼，房屋结构材料全部采用本地竹材。

▲ 梅森农场，由德里昂&普利莫建筑工作室（De Leon 7& Primmer Architecture Workshop）设计。梅森农场是一个综合设施，采用"低技术"的传统建筑方法和普通建筑材料，力图使各组成部分成为一个系统整体。

▶ 夜晚中的生态儿童活动与教育中心。

▲ 创意联结展览内景，摄影/陈鹤。

【单元】：创意联结

【策展人】：吉达·博雅迪（意大利） 杨东江

【策展理念】："仁：设计的善意"是一种"设计乒乓"，其中，创意的联结是指，由不同的地域和不同生产条件的交叠所产生的故事总和。在对生产能力和项目质量的追求中，这种联结在东西方之间、不同文化之间已表现得越来越普遍。

Ren: Good Design is a kind of design *ping-pong*, a Creative Junction in which the face-off between different geographical and productive realities generates a story composed of many stories, in pursuit of productive capacity and project quality that become more and more widespread, in the synergy between Occident and Orient, between different cultures and civilizations.

"创意联结"旨在通过对国际顶尖设计产品的广泛选择和比较，突出强调设计师与代表高新技术的制造业的关联以及他们与手工艺传统的关联。展览所选择的展品既是国际化，又是地域性的，也是"全球本地化"的，既体现了特定国家或地区的设计特色，同时又定位于全球市场。

当今时代的设计，呈现出复杂多元的局面。其中，传统和语言、工业制造和手工艺全都混杂在一起。在此图景中，历史中形成的作品或者成为可资借鉴的经典，或者成为影响当代设计研究的记忆。

本展览的主题，以一种复杂的展陈形式呈现在观众面前，参观流线突出了设计方案与成品之间的关系，20个由标准产品和限量版产品所组成的令人震撼的装置，突出了手工艺和工业技术之间的关联；这一参观流线考虑到了设计与沟通之间的关系，力图促成国际设计中不同创意来源之间的真实相遇。

"创意联结"的策展核心正在于"联结"一词。旨在通过对国际顶尖设计产品的广泛选择和比较，突出当代设计领域中五个方面的设计纽带。

①创意—技艺：设计师的创意与企业的制造能力之间的呼应。

②设计师—协作：单个设计师与不同公司之间的合作现象。

③传统—科技：古代工艺和生产模式与现代设计和产品。

④代际—感性：不同时代设计师的连续性及共同感受力。

⑤东方—西方：东西方两种文化体系之间的比较与对接。

▲ 位于西大厅的展场，摄影/陈鹤。

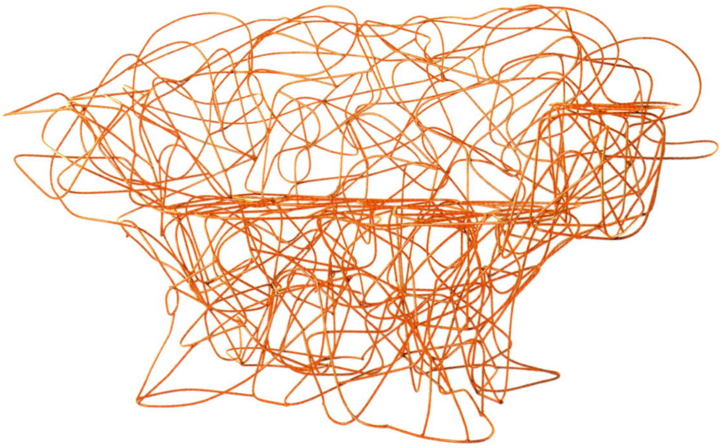

▲ “混沌”座椅，巴西坎帕那兄弟设计。

▲ 英国设计师贾斯泊·莫里斯设计的经典座椅。

▲ 来自日本的线条花瓶。

▲ 意大利设计师盖塔诺·皮尔斯设计的沙发，是女性的呐喊。

▲ 空: V&A展览街道,（英）阿曼达·莱维特建筑事务所 (Amanda Levete Architect)设计。

【单元】：理智设计情感

【策展人】：本杰明·鲁瓦约特（法国） 方晓风

【策展理念】：“好设计”总是在理智与情感之间寻找最佳平衡。理智的设计，偏重物或产品的使用价值；情感的设计，偏重物或产品的象征（想象）价值。不同文化背景会导致对这两者不同的偏重，有时理智压倒情感，有时情感压倒理智。每个设计师都以自己的方式设计和理解使用价值和象征价值之间的平衡。设计师在设计中创造、引入和重组他认为好而且正确的平衡。

The good balance between the two words reason and emotion reveals a good design, but according to the different cultures and countries the symbolic value is more important than the use value and vice versa. Each designer has his own way of designing and understanding the relationship between the symbolic value of an object and its use value. The designer invents, includes and organizes in his design the right balance that he thinks is good.

在设计中，理智与情感构成了你中有我、我中有你的关系，为此，我们特地创造出Reasemotion这个词汇，以体现理智与情感的交融互渗。人类不分种族、地域、信仰和政治制度，拥有共通的情感，也正是在这个层面，人与人之间可以实现深刻的交流。东方与西方，无论看上去有多么不同，在情感上是完全可以相互理解并产生共鸣的。

从另一个角度来看，情感是共通的，但表达情感的方式存在很多差异。造成这些差异有文化的原因，也有个体的因素。内在的情感通过一定的方式表达出来，就形成各个不同的表情。在这个表达的过程中，我们必须承认是有技巧的。有些时候，内在的情感需要通过一定的载体来表达和传递，设计就在此时介入了。也在此时，理智与情感融为一体，不分彼此。情感催生理智介入，理智帮助情感进行表达。

理智意味着技术、技巧和智慧，设计师是掌握技术与技巧的人，他们以自己的智慧帮助人们找到表达情感的载体，可谓善莫大焉，此即设计的善意。本展览以“理智设计情感”为题，希望通过中外设计师的优秀作品，让观众体悟理智与情感交融的境界，同时感受东西方文化和而不同的意蕴。展览按照以下七个部分呈现所选择的展品。

①平静：表现一种悠远的意境。平静是生活的一种常态，是深沉蕴藉的状态，是一个起点，可以向多个方向发展。
②快乐：生活中总是不乏小小的快乐，这是一种轻松而愉悦的状态，一点小小的躁动。
③冷峻：一种克制情感的状态，但其中往往不乏个人的主张。
④幽默：通过对正常逻辑的小小扭曲而让人开怀，或许会有一些嘲讽，更多还是内省。
⑤庆典：这是一种狂欢的状态，感情的极大释放，同时又有仪式感。
⑥自由：无拘无束的状态，挣脱既有的羁绊，追求更为开放而积极的生活。
⑦空：这是一个带有东方文化色彩的概念，意味着包容和更大的可能性，同时这也是东方人进行思考时的一种状态。
以此为结束，希望能突出这次展览的中国文化立场。

▲ "理智设计情感"展场内景，摄影／陈鹤。

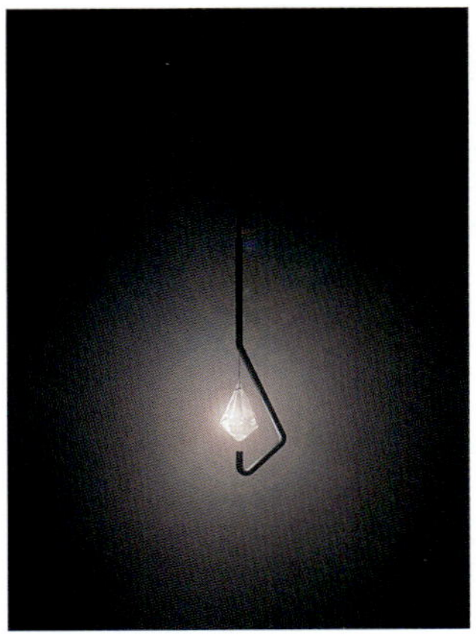

▲ 平静：水晶吊灯，（奥／巴西）托马斯·费希特纳 (Thomas Feichtner)设计。

▲ 快乐：巧克力U盘，（中国台湾）叶宇轩设计。

▲ 冷峻：360系列家具，（德）康斯坦丁·格里克 (Konstantin Grcic)设计。

▲ 幽默：爱人1号、对话花瓶，（西班牙）亚米·海因 (Jaime Hayon)设计。

▲ 庆典：戴森无叶风扇，（英）詹姆斯·戴森 (James Dyson)设计。

▲ 自由：云屋，（希腊／挪威）安德烈斯·安格利 (Andreas Angelidakis)设计。

【单元】：混合现实

【策展人】：特里斯坦·凯博勒（瑞士） 芭芭拉·霍泽尔（瑞士） 李德庚 马丁·海勒（瑞士，顾问）

【策展理念】：社会发展的速度在加快，全球化也在不断深化。无论你喜欢与否，这是现实。今天，我们生活的环境充满了冲突、重叠与混搭，曾经的完整在继续碎裂，而新的力量正在把碎片重组出新的意义与价值——今天的现实是混合的现实。

Society is developing increasingly fast in parallel with the expansion of globalization. It is a real trend that overwhelms whatever one likes or dislikes. The intricacies of a chosen lifestyle are filled with conflicts, overlaps, mixes and hybrids. Forcefully as the current goes on, the old integrity is being shattered, and the pieces are reorganized into shapes that frame new meanings and values. Indeed, the reality of today is a hybridized one in itself.

本展览关注今天的设计师如何在看似困顿复杂的局面中发现新的方向，如何在表面的矛盾与冲突中找到内在的一致性——设计智慧会在我们拥有的事物中发掘出新的能量。我们将向公众呈现：地域化与国际化不是对立的两极，而是一种你中有我、我中有你的依存关系；发展现代生产也不一定以传统手工艺的逝去为代价，当手工艺中的多样性和人性部分融入工业生产之后，会让工业生产更符合人的需要；以未来为导向的潜台词不是遗忘历史。寻求可持续、公平贸易、再循环和个性化产品是设计师和消费者共同的责任。

本展览的展品涵盖了众多不同的设计门类，通过实物、模型或装置为公众打造一种全方位的视角，让他们了解世界一流设计师都在关心什么以及他们对于生活的特殊态度源于何处——无论如何，没有好的设计师，没有这些好家伙们（Good Guys），好的设计也就无从谈起。

地域化与国际化不是对立的两极，而是一种你中有我、我中有你的依存关系；发展现代生产也不一定以传统手工艺的逝去为代价，当手工艺中的多样性和人性部分融入工业生产之后，会让工业生产更符合人的需要；以未来为导向的潜台词不是遗忘历史。寻求可持续、公平贸易、再循环和个性化产品是设计师和消费者共同的责任。

本页：“混合现实“展览内部，摄影/陈鹤。

▲ 胡同泡泡，马岩松设计，意在避免对胡同大规模的改造，采用一种小尺度的外来细胞的植入，来更新生活条件。

▲ 大芬美术馆，都市实践建筑师事务所设计，一栋跟周边环境融在一起的“村落式”建筑。

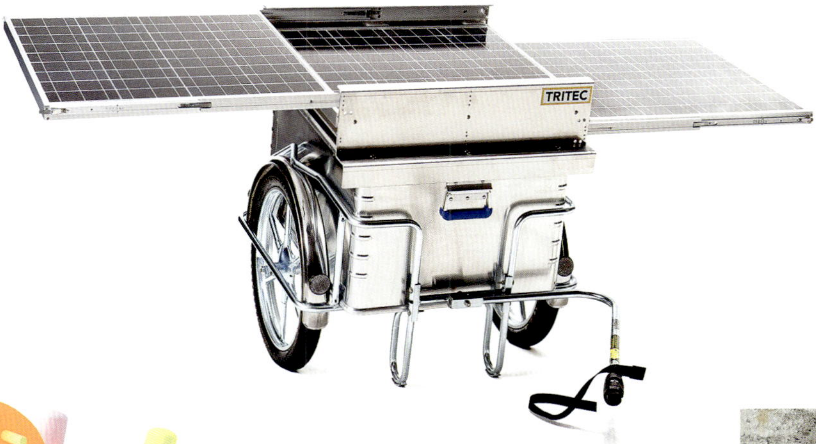

▲ 塑料桶吊灯，Breaded Escalope工作室设计。
▼ 365天编织时钟，茜伦·艾丽莎·威廉森（Siren Elise Wilhelmsen）设计。

▲ 神马，石川设计。
▼ 可种植的小宠物，马蒂·古伊斯（Marti Guixe）设计，“宠物”的眼睛是植物的种子。

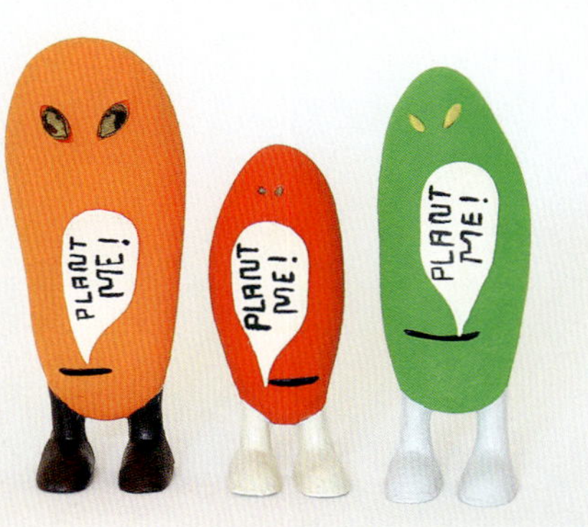

▲ 太阳能拖车，法比安·穆勒（Fabian Müller）设计。
▼ 绒线灯。

▲ 另类火山，奈丽·本·哈尤恩（Nelly Ben Hayoun）设计，将自然界最激烈的能量释放过程引入家庭。

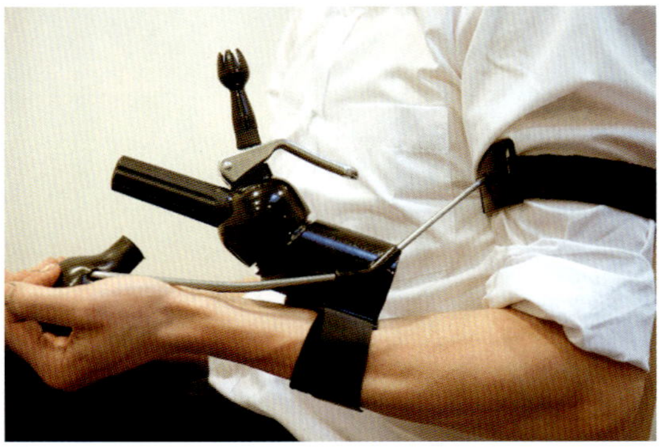

▲ 黑胆汁情感调节盛宴，图尔·凡·巴伦（Tuur Van Balen）设计，利用人工生物技术改造的酵母菌检测血液中的化学物质，调节血清素浓度，最终降低或升高忧郁程度。

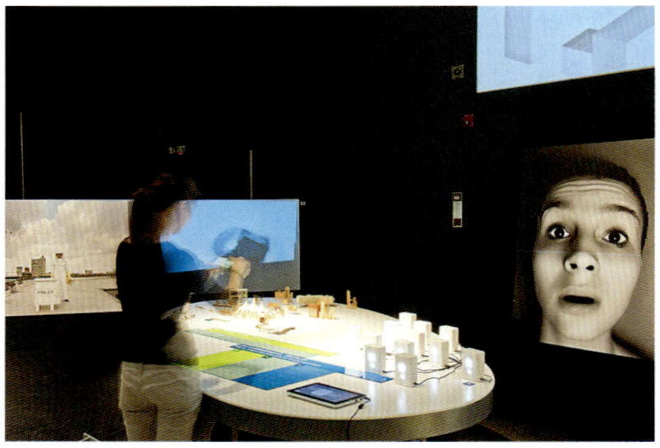

▲ 认知系统，伯恩哈德·霍普夫加特纳(Bernhard Hopfengärtner)设计，面部转瞬即逝的微小表情几乎是无法控制的，这些感情活动很容易被某些特殊科技装置捕捉。

▲ 基因传家宝，莉薇·科恩（Revital Cohen）设计，基于微金颗粒在医疗领域的应用。

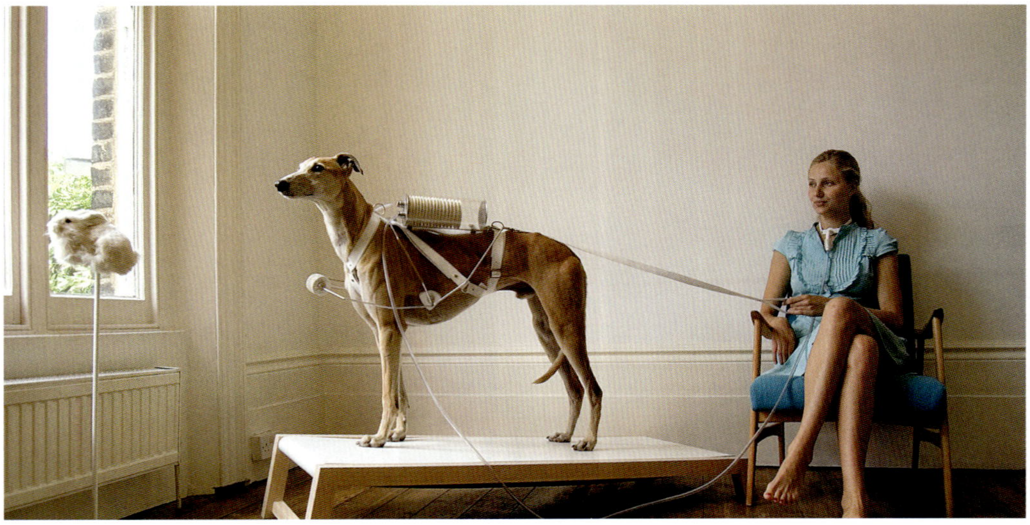

▲ 生命维持机，莉薇·科恩（Revital Cohen）设计，这一项目计划将人类豢养的动物作为患者的同伴以及替代器官的提供者。

【单元】：可能的世界

【策展人】：菲奥娜·拉比（英国） 安东尼·邓恩（英国） 金江波

Fiona Raby　Anthony Dunne　Jin Jiangbo

【策展理念】：我们是为当下世界而设计，还是为可能世界而设计？本次的参展作品都提出了"假如……？" 但不是为了预言未来，而是为了激发大家讨论未来科技对人类的正面和负面影响。

Do we design for how the world is now or for how the world could be? The projects in this exhibition ask "what if...?" Their purpose is not to offer predictions but to inspire debate about the consequences of different technological futures — both positive and negative-to human.

一段时间以来，我们对介于真实和虚幻之间的空间很感兴趣，那是一个汇集了梦想、希望和畏惧的空间。商业界对未来的预测，企业界所描述的设计图景，文学和电影界的乌托邦和反乌托邦，都在占据和抢夺这个空间——它是一个重要的空间，一个大家对尚未发生的事件进行思考并讨论的地方，所以，至少在理论上，我们可以努力获得我们最想得到的未来，并避免最糟糕的未来。

这里不存在既定的解决方案或答案，只存在无数问题、思考、想法和可能，并以设计的语言加以表述。它们检测我们的信仰和价值观，挑战我们假设的前提，鼓励我们大胆想象：平常人所谓的现实并非既定的，而是可以有另一番景象。它们帮助我们发现，现存的世界只是诸多可能世界中的一种，并且并不一定是最好的。如今，哺育了20世纪想象力的梦想已经开始褪色，我们必须学习如何去开始新的梦想。

假如设计师不再解决问题而是提出问题时，那会怎样？

设计师应如何提问？设计师应该问什么问题？

假如我们能够培育出会发声的植物，那会是什么样？

假如非专业的普通人也可以做科学实验，那会是什么样？

我们是改变世界来适应自己，还是改变自己来适应世界？

假如人类的身体组织可以被制成物品，那会是什么样？

假如产品设计从动物行为中获得启示，那会是什么样？

假如家用产品能实现我们的科技梦，那会是什么样？

……

众多"假如"构成"可能的世界"单元的新异想象，以伦敦皇家艺术学院交互设计系学生作品为主的展陈挑战了常识的界限，是三年展上最大胆前卫的展览。

▲ 超级神冈音爆，奈丽·本·哈尤恩（Nelly Ben Hayoun）设计，再现了日本超级神冈中微子观测站的一次音爆实验。

▲ 基因治安，托马斯·思韦茨（Thomas Thwaites）设计，在普通花园中改良植物以生产麻醉药物。

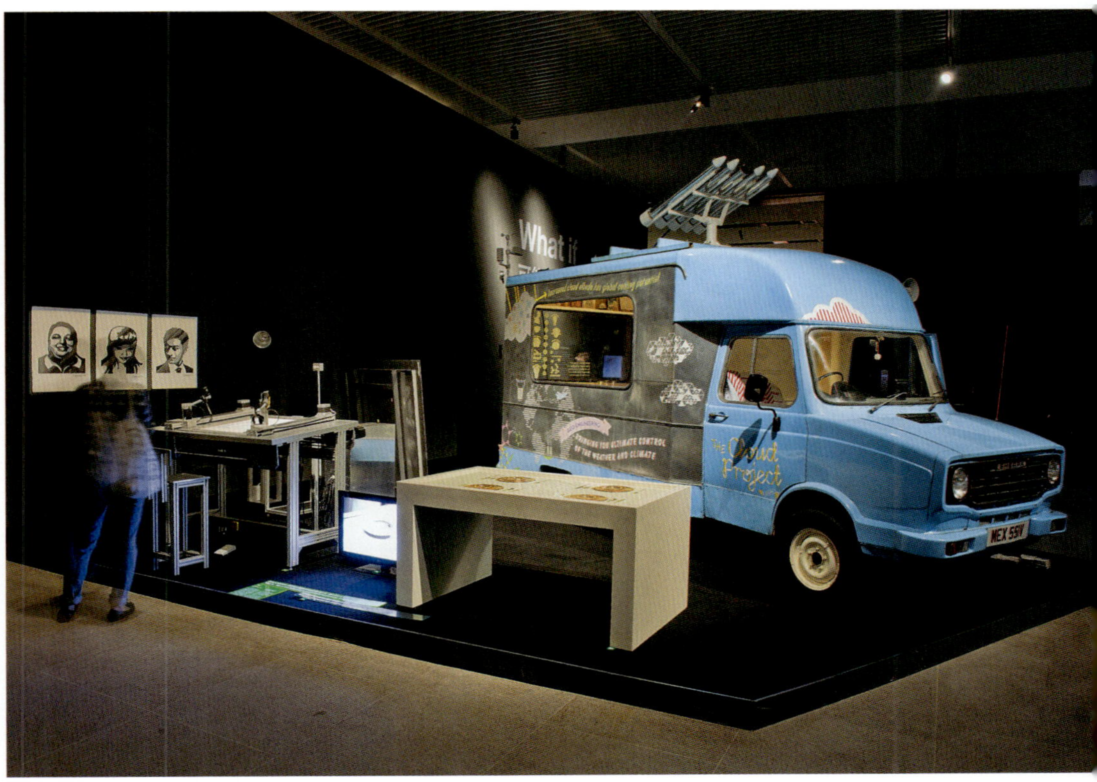

▲ 云计划，佐伊·帕帕佐普洛卢（Zoe Papadopoulou）、凯瑟琳·克莱默设计，纳米技术制造的冰激凌。

上海设计展

▲ 陈华荣“IN CHINA”金奖

▲ 丁乙“书柱”银奖

▲ 杜士英“中国元素”银奖

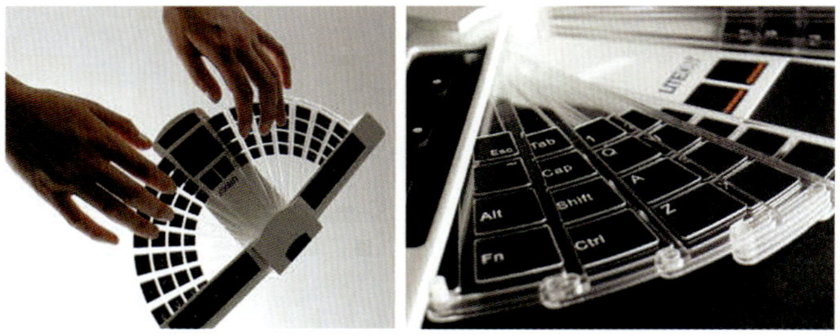

▲ 蔡泗陵“折叠键盘”（Portable Keyboard）金奖

2011年9月，由上海市文学艺术界联合会主办，上海市创意设计工作者协会、中国艺术研究院、中国设计艺术院承办的“上海美术大展·2011上海设计展”在世博中心举行。2000年起，由市文联和市美协主办的美术大展是设计展和美术展的统称，一年为设计展，一年为美术展，交叉举办已经十年。 2010年9月，上海市创意设计工作者协会成立，直接面向全市3万多名设计师、首批入会的555名会员、103个设计企业和机构、22所具有设计专业高校的设计团体。协会成立后面向社会的第一项工作，就是“升级”原来的上海美术大展·设计艺术展，举办“2011上海设计展”，搭建一个设计师交流平台。

本次展览分设：“国际著名设计师邀请展”，“中国元素·智创未来展”，“设计，成就城市品牌展”，“评委提名设计师作品展”。“国际著名设计师邀请展”邀请了奥地利、德国、法国、韩国、马来西亚、日本、新西兰以及上海、台湾、深圳等国家和地区的著名设计师参展，他们的设计作品涵盖建筑、环境装置、公共艺术、平面、字体、产品、时装、动画等多个领域。“中国元素·智创未来展”是一个既彰显文化根基、又面向未来的部分。从作品中可以深刻感受到：“中国元素”已成为国际文化和经济密切交往和表达中广泛运用的内容。“设计·成就城市品牌展”是以举办设计展的方式探讨和展示设计对城市发展的贡献。“评委提名设计师作品展” 是本展邀请的国内外专家每人仅限推荐一名优秀设计师的作品展区。

▲ 针对中国市场设计的私人飞机。

▲ 日本设计大师黑川雅之设计的卷尺

▲ 在“光影的解放”单元出现的唯美灯具

广州国际设计周是广州市人民政府和中国工业设计协会联合主办的旨在促进自主创新与原创设计的大型国际活动，自2006年开始，在每年11月底或12月初举办一次。广州国际设计周以“赢在设计”为主题，由国际设计博览、设计之旅、设计周奖和赢在设计论坛四个内容板块组成，涉及城市规划、建筑与景观设计、室内设计、工业设计、品牌传播与平面设计、时尚消费品设计等各个设计领域，设计师与企业之间需求互动的目的贯穿始终。“设计创造价值”作为广州国际设计周的主题，可以分解为提升民生生活价值、增加商业品牌价值和贡献城市发展价值。

2011广州国际设计周展览面积突破4万平方米，亮点的展览包括由荷兰设计、时尚与建筑协会（DDFA）联合荷兰40余位著名设计师、建筑师共同出品的“光影的解放”设计展， 被誉为日本建筑、工业造型设计界“教父”的黑川雅之的40年设计历程代表产品展，中国内知名设计机构作品展等。广州国际设计周“2011年中国设计奖——红棉奖”的主题确定为“幸福设计”。“2011中国低碳生活设计大奖——金羊奖”坚持“全民低碳”的活动宗旨。“金堂奖·2011中国室内设计年度评选”是中国室内设计的最高奖项，来自海内外的2 278个年度竣工项目参加了该奖项的评选。

新闻链接：中国设计周盘点

1）北京国际设计周

www.bjdw.org

2）北京国际设计三年展

www.bidt.org

3）上海设计双年展

http://sdb.sstec.com.cn/structure/indexcn.htm

已成功举办四届的“上海设计双年展”创新主题、创新内容、创新形式，成为了设计领域国内外交流的大平台。它由上海市科学技术委员会主办、上海对外科学技术中心承办。自1999年第一届成功举办至今，上海设计双年展已经伴随着中国的设计产业走过了整整十一个年头，成为设计领域国内著名、国际有一定影响力的交流合作平台。每届活动，国内外一流设计大师、最新设计产品会聚上海，成为中国乃至世界的一次设计盛会。设计双年展持之以恒演绎的“设计系统”理念在中国得到广泛传播，通过设计双年展这一载体，国内外不少参展机构提升了自身的设计创新能力，增强了产品的市场竞争力。

4）广州国际设计周

http://www.gzdesignweek.com

5）香港设计营商周

http://www.bodw.com/2010/simp/index.php

香港设计营商周由香港设计中心于2002年首次举办。标志着设计、创新及品牌概念的设计营商周享誉国际，每年吸引全球最优秀的设计精英汇聚香港，成为全球创意工业不容错过的年度盛会。设计营商周旨在推动设计与商界紧密互惠的联系，藉此鼓励商界发掘优良设计及创新思维的商业价值和潜力。

设计营商周每年均网罗来自设计、商界、中小企及教育界的权威出席，就现时全球最关注的议题举办不同类型的精彩活动，包括：展览、国际论坛及一连串的设计外展活动，为业界提供交流、互动、引发创意及建立网络的平台。

本页：上海国际工业设计中心全景。

中国工业设计博物馆

中国工业设计博物馆创建于2010年9月，位于上海国际工业设计中心3号楼，是我国首家以工业设计为主题的博物馆，已成为上海市科普基地。该馆旨在展示工业设计的昨天、今天和明天。参照国际经验，当一个国家的工业设计发展到一定阶段，一定会从自己国家的经典设计中找寻灵感，延续文脉，提升产品附加值。博物馆既是专业设计师的研究基地，也是向大众普及工业设计的展览场所。目前馆内的700余件产品从不同角度展示了中国工业设计的特征及发展脉络。中国工业设计博物馆开馆以后邀请科拉尼、喜多俊之等著名设计师来办展，目前月接待近千人，每周六、日开放，并由专人做讲解，同时由行业专家穿插作专场讲解。

博物馆分为四大部分。第一部分："中国古代的造物智慧"，展示中国传统机械的代表性经典产品，并以深入浅出的图表介绍了中国造物的巨匠之作《考工记》。第二部分："中国近代工业的崛起"，介绍了中国早期工业化的历程以及中国民族品牌产品设计的特色。第三部分："新中国的工业设计实践"，含装备产品设计、电子整机产品设计、交通工具设计、钟表设计、照相放映器材设计、轻工业产品设计几大版块，其中有镇馆之宝红旗牌770轿车、上海牌760A型轿车，还有和平牌、东方红牌、上海牌581手表，华生牌全系列产品，第一代黑白电视机、熊猫牌与红灯牌收音机，58—II型照相机等100余件珍贵藏品，同时收录展示了产品设计的轶事。第四部分："高速发展的中国工业设计"，以"设计与市场"、"设计与品牌"、"设计与工艺"、"设计与专利"、"设计与文化"、"设计与生活"（简称"六大关系"）为线索，配以案例，告诉参观者工业设计的真实作用。

一、15年精心收藏工业设计

中国工业设计博物馆的创建者沈榆现为中国工业设计协会副秘书长，上海设计创意中心秘书长、教授，曾是日本千叶大学工业设计系设计史、设计论研究室交流学者，主要研究方向是"传统资源、技术再利用"。在考察世界各国设计博物馆时，沈榆萌发了建设中国工业设计博物馆的想法。15年前当他第一次将一件中国生产的电熨斗纳为收藏的时候，还没有认识到自己已经走上了一条苦行僧式的"不归路"。工业设计专业的教师一般都有这样的体会：讲解国际工业设计史较之讲解中国工业设计史要更容易，因为有大量的现成专著、文献可以查阅，而中国工业设计史只有一些零星的片断，要串联起这些片断，并非一年半载之功，随着历经中国工业设计发展的一些前辈在近年里相继去世，一些史实将成为永远的谜团。于是沈榆请一些学者、研究生共同进行了抢救性的整理工作，访问尚在人世的前辈，走访已去世设计师的家人，进行录音、录像，发动旧产品回收站员工，告诉他们只要写有中国字的产品一律留下有待甄别，并以优惠价格购买。

分专题进入到原企业内发掘资料是一项更艰苦的工作。原江西省景德镇有10大陶瓷厂，改制后相继破产，研究团队进入厂区收集技术资料，走访当年的工人、技术人员，初步还原了当时生产销售的情况。研究团队的动机迅速被当地一位老者"洞察"，并且发现这是一条生财之路，于是每当团队抵达，她都准备了相当可观的"旧货"出手，于是当年保密的技术文件工艺图纸都被团队运回。随着工作的展开，包括沈榆在内的一些骨干对这项工作的艰巨性渐渐有了清晰认识，分歧也随之而来。"井冈山的红旗到底能打多久？"连沈榆也无法回答，一些人对这项研究工作的必要性和未来都充满疑惑。渐渐地，"有尊严的人"都相继离去。此时原千叶大学副校长宫崎清教授却以自己从事日本地域开发40年的艰苦经历鼓励团队，并慷慨地赠送大量的研究书籍和论文，原无锡轻工业学院（现江南大学）设计学院张福昌教授热情地推介团队成员论文到国际刊物发表，以扩大影响，周爱华女士召集在玻璃、热水瓶行业的技术科、设计科前辈提供线索和文件，原瑞典驻沪总领事馆爱娃女士申请资金，请团队考察瑞典国家设计博物馆——他们的帮助使得团队成员感觉到丝丝暖意。

2009年秋日的一个晚上，在上海市宝山区区委常委、副区长夏雨的引见下，沈榆与上海汽车资产管理公司总经理张国新在上海市内一个茶室内相见，商定要在未来建设的"上海国际工业设计中心"园区内创建一个中国工业设计博物馆。激动不已的研究团队首次有针对性地写了三张A4纸，表述了建馆的原则、条件和可行性，并很快变成了一册工作方案。稍后加入的园区总经理张善晋是一个中国设计的狂热者，现在逢人便讲中国工业设计历史，并以自身的努力推动着建设工作。"三剑客"互相配合、各司其职，充满

▲ 上海58-II相机

▲ 北京牌825-3型收音机电视

▲ 经过改良的华生电扇，畅销全国。

▲ 红灯牌711型收音机

▲ 熊猫牌601型收音机

▲ 老式华生电扇

▲ 上海A581型机械手表

想象又脚踏实地地展开工作，最终于2010年迎来“中国工业设计博物馆”的落成。

二、溯源中国工业设计

1．20世纪50年代至60年代：“火红”的创意与“极简”的风格

第一个五年计划确定了新中国优先发展重工业的基本战略，苏联援助中国156个项目的建设为我国建立了比较完整的基础工业体系和国防体系，奠定了新中国工业化的基础。正是由于“消费城市走向生产城市”的决策，催生了新中国的第一批工业产品，上海制造的热水瓶、自行车、饭锅等产品至今令人们印象深刻。这一时期的代表性成就有：青岛四方机车厂试制成功第一台蒸汽机车，揭开了我国蒸汽机车制造史上的新篇章；万吨轮“东风号”在江南造船厂诞生；解放牌CA10型载重卡车问世，标志着中国人结束了不能造汽车的历史；长春第一汽车制造厂制造出CA772型国产高级轿车；以上海58-I型相机设计制造成功为标志，中国的照相机生产开始朝着高质量、批量化的目标迈进； 北京牌14英吋电子管电视机试制成功等。

2．70年代至80年代：美化+理性，提升生活质量

十年动乱，使日常生活的物质严重匮乏，这个时期只生产人们生活、生产的基本必需产品，并一而再、再而三地降低成本，工业产品基本没有设计可言。稍后，随着工农业生产的恢复，设计的需求迅速发展起来。这一时期的前期设计具有浪漫的、充满理想主义色彩的装饰、美化风格。景德镇生产的日用陶瓷产品也因为具有浓郁的中国装饰风格而备受国际市场的青睐。到20世纪70年代中期，在轻工业产品方面，以上海华生电扇厂为代表的老品牌产品率先进行了设计；在轿车设计方面，上海牌轿车进行了一次重大改良设计，并定型为SH760A型，产量大幅上升，产品质量有了决定性的提高。至20世纪70年代末，上海的著名产品设计更趋理性化，而海鸥系列照相机产品经过多轮设计已趋成熟，其4B型双镜头反光相机被誉为中国老百姓最熟悉的“全民相机”，累计生产百万余台。

3. 20世纪90年代：升级换代，打造品牌

90年代是中国工业设计高速发展的时代。国内著名企业纷纷聘请设计师对自己的产品进行升级换代设计，并将自己品牌进行梳理，在工业设计上强调学习西方突显产品技术特性的“高技派”风格，并以“人机工学”作为设计思考的重点。1991年上海金星电视机厂邀请已赴深圳创业的著名设计师傅月明设计了28英寸彩色电视机，并命名为“金星——金王子”，投产后迅速成为该厂高端品牌和拳头产品，进入国际市场并赢得了广泛的好评。中国东北老工业基地的企业也加快了产品更新的步伐。1993年开始，长春客车车辆厂委托中央工艺美术学院设计“公务员专列”室内环境及产品，从人机工学角度出发，借鉴日本新干线列车的成熟经验，造型现代简洁，语言统一，取得了很好的效果。1994年青岛海尔集团与日本GK设计集团共同成立了青岛海高设计制造有限公司，主要针对海尔自身的产品和品牌制定设计策略并直接进行各种新产品开发，使得海尔产品迅速提升品质，并扩大了国内、国际市场的占有率。

珠三角设计可圈可点，在深圳掘起的小型民营设计公司由于紧密结合珠江三角洲产业发展，又借助紧邻香港，能较多获取国际设计信息的优势，所以得到了充分的发展。1990年深圳蜻蜓设计公司推出了

▲ 中国工业设计博物馆内景

▲ 上海轿车760-A

▲ 红旗CA770轿车（诞生于1966年）

中国第一辆原创设计的家用轿车“小福星”，历经4年（1992—1996年），投资数千万元，经过不断改进，共开发出三代车型，50辆样车，完全按照国际通用的设计思路和方法进行设计开发，从构思、创意、草案、效果图、三维油泥模型、概念车，再到工程样车、小批量试制后在钓鱼台、北京车展展出。虽然没有投产上市，却是研究中国汽车设计难得的蓝本。

4．21世纪以来：互动设计+东风西渐

首先是设计与市场的互动，进入21世纪以来，工业设计已成为中国经济腾飞的引擎，上海新博路工业设计有限公司张展设计的卷笔刀创造了单品销售46万件的记录，成为全球之冠；由丁伟先生领衔的木马工业设计有限公司为企业设计的眼镜盒由于个性鲜明，单品销售逾70万件，实现了工业设计与市场的有效互动。与此同时，渤海湾地区的设计公司主要围绕海尔、海信等大型制造企业进行设计研发；珠江三角洲地区的设计师一如既往地用务实的态度服务于地区制造企业，两者之间产生了十分有效的互动。其次是政府与行业的互动。中国设计的行业协会组织与行业间的互动日益明显，2005年北京市科委、工业设计促进中心正式启动“北京设计资源共享中心”园区基地，并于次年成功地推出了“中国创新设计红星奖”；深圳市与上海市分别于2008年、2010年加入联合国教科文组织的世界“创意城市网络”，成为设计之都。最后是东方与西方互动。近几年从海外归来的年轻设计师的作用日益实现，他们是改变20世纪90年代设计“全盘西化”的主力军。留德归来的设计师中杨明洁、女设计师王杨、由英国留学归来的侯正光是年轻一代的代表人物。

（部分文字整理：王燕嵩/图片提供：北京国际设计周，北京国际设计三年展，上海设计展，广州国际设计周，中国工业设计博物馆)

▲ 博物馆入口处“中国古代的造物智慧”展区

Exploring Architectural Language in the Context of Times

时代背景下建筑语言的探索

苏 波*（Su Bo）

编者按：80后建筑师苏波在文中阐述了他对现时代建筑行业的看法与对建筑师身份的感悟，并以三个案例勾勒他的建筑创作求索之路。苏波现为中国建筑设计研究院国际设计咨询所建筑师，原为北京市建筑设计研究院建筑师。苏波提出了建筑内核三属性的概念，分别为内核的几何性、缓慢性与不可知性，以此理论为轴，苏波介绍了华侨城二期、奥运中心区下沉广场与正在建设的凤凰国际传媒中心三个项目。如何在设计中抵御外围的浮躁和商业，保持建筑师作为文化表达者的身份，苏波做出了有益的探索。

Editor's Note: In this article, architect Su Bo of the 1980's generation presents his view on the modern architecture industry and his reflection as an architect, and sketches out his experience of architectural creation with many cases. Su Bo is now an architect at the International Design Consultancy of the China Architecture Design & Research Group. He had worked in Beijing Institute of Architectural Design before. Su Bo put forward the idea of "three attributes of architecture's kernel", i.e. its geometric configuration, slowness and incomprehensibility. Based on this idea, Su Bo introduced three projects: the OCT Phase II, the Sunken Plaza at the Olympic Central District, and the Phoenix International Media Center under construction. About how to resist the impatient and commercial voices when designing and meanwhile take the responsibility of a culture conveyer? Su Bo has made helpful exploration.

一、关于建筑与社会，一个"80后"建筑师的独白

回忆起我出生的八十年代，正是一个国家通过经济开发、权力改革，尝试将指令性的计划经济体制向市场自由竞争的经济体制转化的时代。通过这种转化，国家实现了高速经济增长，人民群众的物质生活也得到了极大改善。但与此同时，也不可避免地产生了一系列负面结果，带来了众多严峻的社会问题，社会各阶层和文化知识界开始对此进行批判性反思。社会贫富的急剧分化，模糊的价值判断，非理性地掠夺自然资源也造成了建筑文化的断裂和贫瘠。

随着岁月推移，快速进取却充满浮躁、扭曲感的时代特征体现在人们生活的每一个细节中。毫无例外，建筑学在短短三十年中就像压缩饼干一样，经受了巨大的"时间—空间压缩"过程。没有缓慢、稳定地延续并发展传统建筑语言，承载建筑文脉的积淀，而是要在极短时间内从零开始，既要满足骤然增加的经济商业化要求，又要弥合文化传统的断代现状。中国建筑师的双重身份扭曲了本身就已很繁复的设计工作，作为商品制造者，置身于大生产的循环中，不可避免地要满足大量产品订单需求；而作为一种文化表达者，设计实践却变成了文化表现符号的简单拼贴，

* 苏波原为北京市建筑设计研究院院方案创作工作室建筑师，现为中国建筑设计研究院国际设计咨询所建筑师。

▲ 北京华侨城主题社区规划

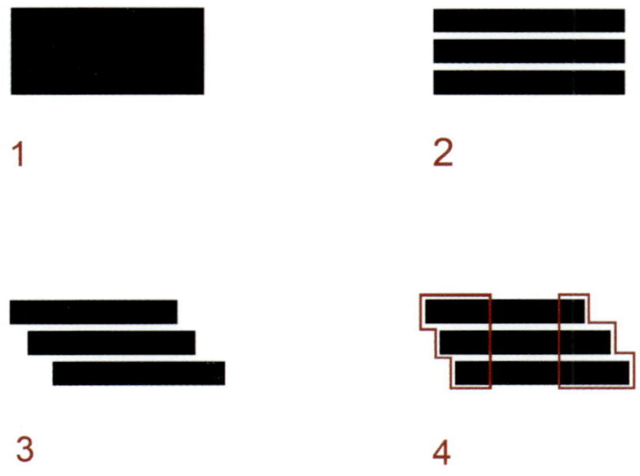

▲ 形体生成概念

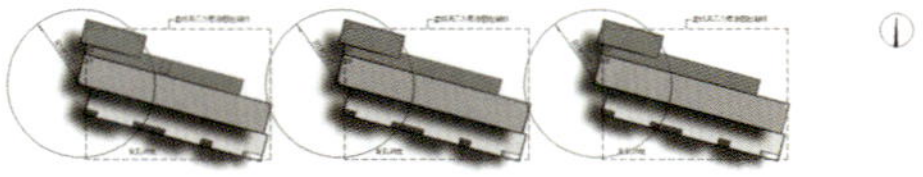

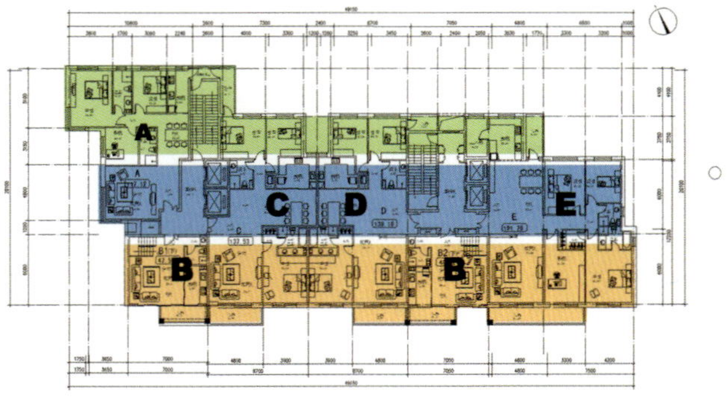

户型类别

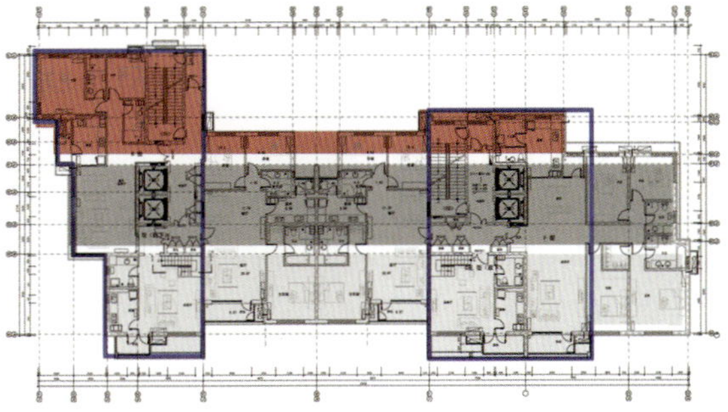

▲ 平面系统

变成了建筑语言单纯附和权贵政治和强权经济的过程。建筑本体文化演变和内核推进越来越匮乏，建筑语言的自主性越来越缺乏价值判断。

在建筑文化贫瘠背景下培养出来的建筑师，普遍丧失了对建筑语言进行自觉追求的意识，不具备将建筑学作为一个独立学科的自律性，也缺乏将建筑学纳入广阔社会文化脉络中加以考察、探究的视野、勇气和力度。这导致在今天的社会现代化进程中，建筑创作完全没有担负起文化创造的使命，而仅仅成为政治、经济运转的奴仆和工具。今天中国城市中建筑文化上的失败，首先源于当年建筑教

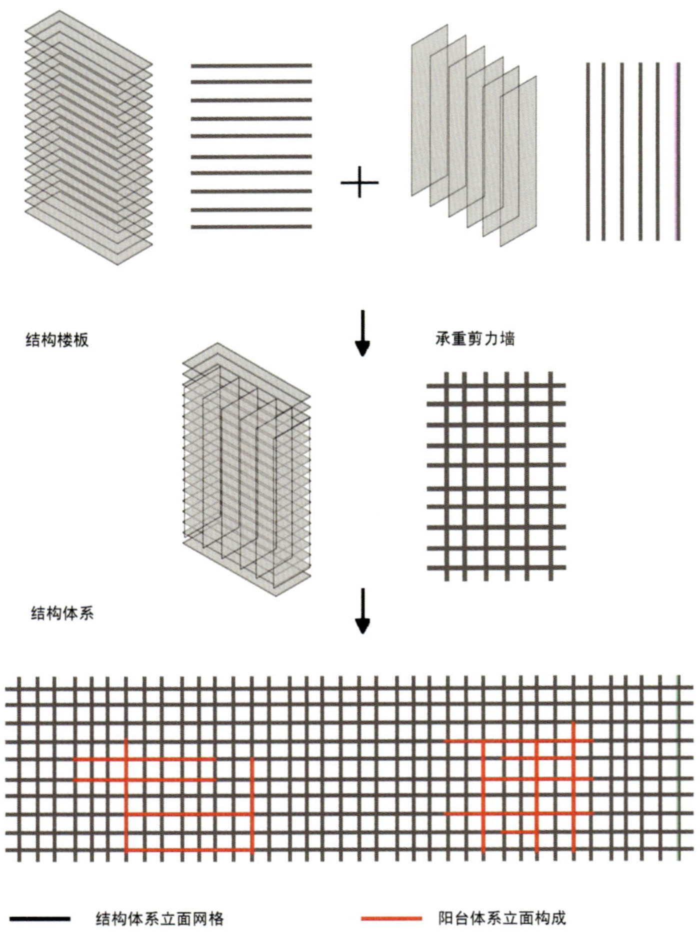

▲ 立面系统

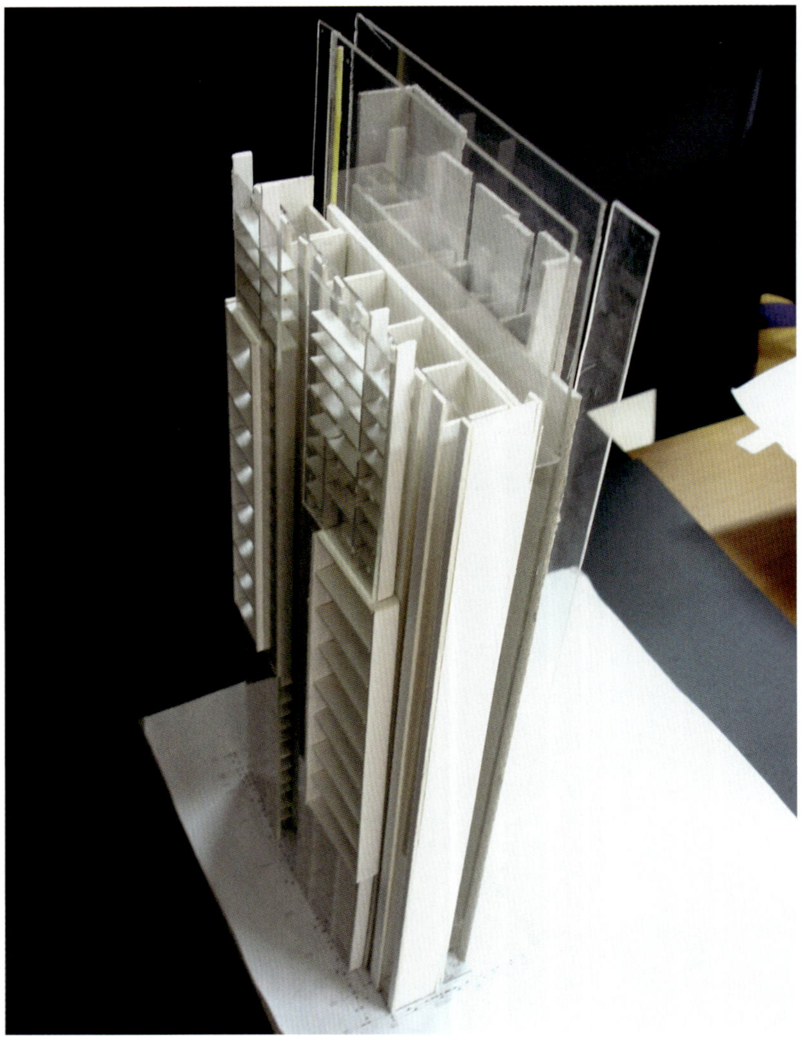

▲ 工作模型

▲ 三维模型

育的僵化。许多有追求的青年学生，在后来的实践探索中，不得不首先花上成倍的力气去清除中国学院教育所施加的思维固化。其次，设计院作为经营主体也或多或少地受此社会风气的影响并没有为建筑师们提供良好的创作环境。而建筑师的耐心、决心、恒心是做好设计的灵丹妙药。

作为一名年轻的对建筑设计有执著追求的建筑师，本人希望借此简述我对建筑设计的认识，以期唤起有志同行对建筑业所面临之困境的重视。2005年至2010年，我在北京市建筑设计研究院院方案创作工作

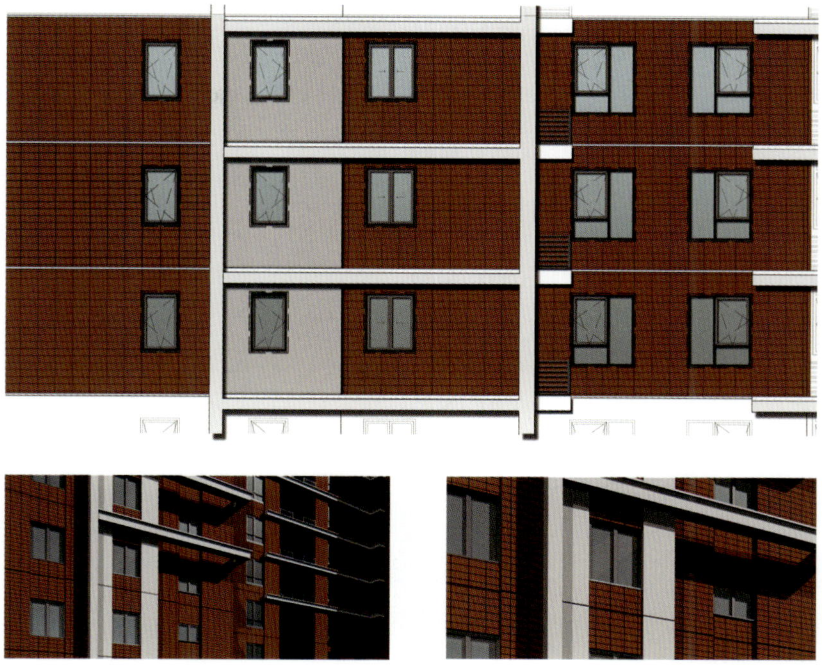

▲ 色彩分析

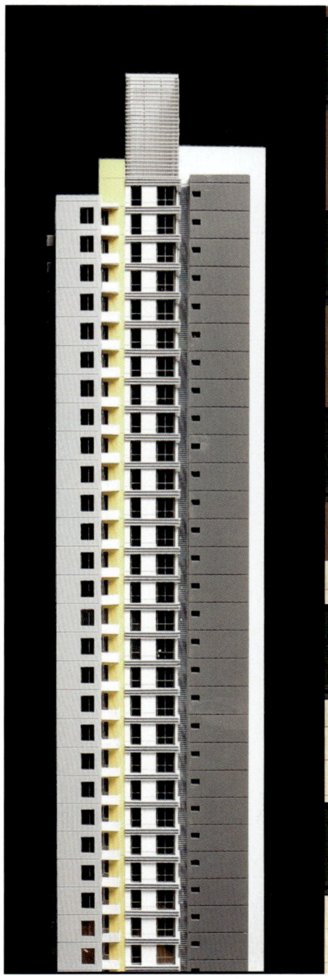

▲ 概念立面

▲ 细部1

▲ 细部2

▲ 沿京沈高速远眺华侨城园区（陈鹤摄）

▲ 实景与电脑模拟细部比较

▲ 墙身细部（苏波摄）

▲ 园区入口空间（陈鹤摄）

室工作。这期间，周围的建筑师前辈和同事都给了我莫大的关怀和帮助，尤其是BIAD执行总建筑师邵韦平的职业精神给了我很大的感染，从而更体会到了工作室专注、高端、深刻的设计理念，为我在这个纷扰的世界中提供了一个象牙塔般难能可贵的设计平台。承接项目也多为有难度、有挑战，在北京区域内有影响、高品质的建筑作品，之中无不体现着始终如一的认真敬业态度。下面将结合在BIAD创作工作室参与设计的三个项目，讲述青年建筑师如何抵御浮躁社会和商业性业主，进行建筑设计实践的一些经历和教训，为探索建筑内核提供有效实例。建筑设计之初对基地进行全方位考察，场所特质所带给我们的直觉会激发出最原始构思，体现了内核的几何性；通过大脑复杂的逻辑与非逻辑的过程进行原有信息采样，这些依赖于与记忆相联系的十分顽固的部分则体现了内核的缓慢性；还原人的设计尺度与建筑的建造尺度之间的误差，体现内核的不可知性，以上称为建筑内核的三种属性。

二、关于设计，青年建筑师的建筑创作求索

第一个项目是2005-2010年华侨城二期住宅。设计背景：北京华侨城占地1.5平方公里，位于东四环与京沈高速交接处，距CBD仅3.5公里。居住、公园、商业三大主题并行开发使得华侨城正在迅速成为京城集旅游、休闲、商业、体育、文化和居住于一体的板块。83万平米公园生态城市居所；1平方公里七大主题生态旅游公园欢乐谷；5万平米连接欢乐谷和居住区的意大利风情主题商业街。已经完成的华侨城一期开发了约1000套舒适三居为主的住宅。华侨城二期高层住宅在一期住宅东北侧，用地较为紧张，容积率也

较为苛刻，所以初期规划选择了居住品质相对较低、但密度高的塔楼形式。随着设计深入和多轮讨论，我们重新审视了现有条件，深入发掘并加以利用，事实证明这些条件元素逐渐转变成为整个规划设计的突破点：

1. 对初期塔楼布局的规划设计进行修改，用条件更好的板楼代替，将整体逆时针旋转15度，不但加大了有效采光面，而且解决了面宽问题。

2. 对得到的体量进行精细切分，进一步提高采光面积，对视问题也相应地减少，挺拔的多层次立面造型在北京东部形成视觉焦点。

3. 对于居住建筑，没有刻意增加过多装饰，而是利用结构墙板自身形成的网格表现出它的天然美，将“结构的秩序”强化出来，彰显出其自身力量。游走式网格节点将均质化和分散的立面元素转化成为动态节奏图式，并强化了建筑本身的几何构成。

4. 设计过程中使用手工模型和3dsmax电脑的视觉软件共同产生出原点，并呈现出接近建成效果的虚拟材质和细部节点，以便于更直观地与业主沟通。

5. 设计的缓慢性体现在建造的长周期上，优质设计往往要经历漫长的修正和调和。

经过5年等待，由红白灰三色勾勒的近百米高层板楼出现在京城东部，彰显了山水中国的磅礴气势，也为包括宋庄、马驹桥的现代艺术大本营树立了至高点。成角度布局构成了横看成岭侧成峰的壮丽画面，三栋耸立的高塔，犹如纽约中央公园边上的高级公寓，既可俯视欢乐谷公园的美景，又可饱览CBD壮丽的轮廓线，瞬间拉近了与中央商务区的空间距离。立面充分体现了景观公寓的特征，南侧通

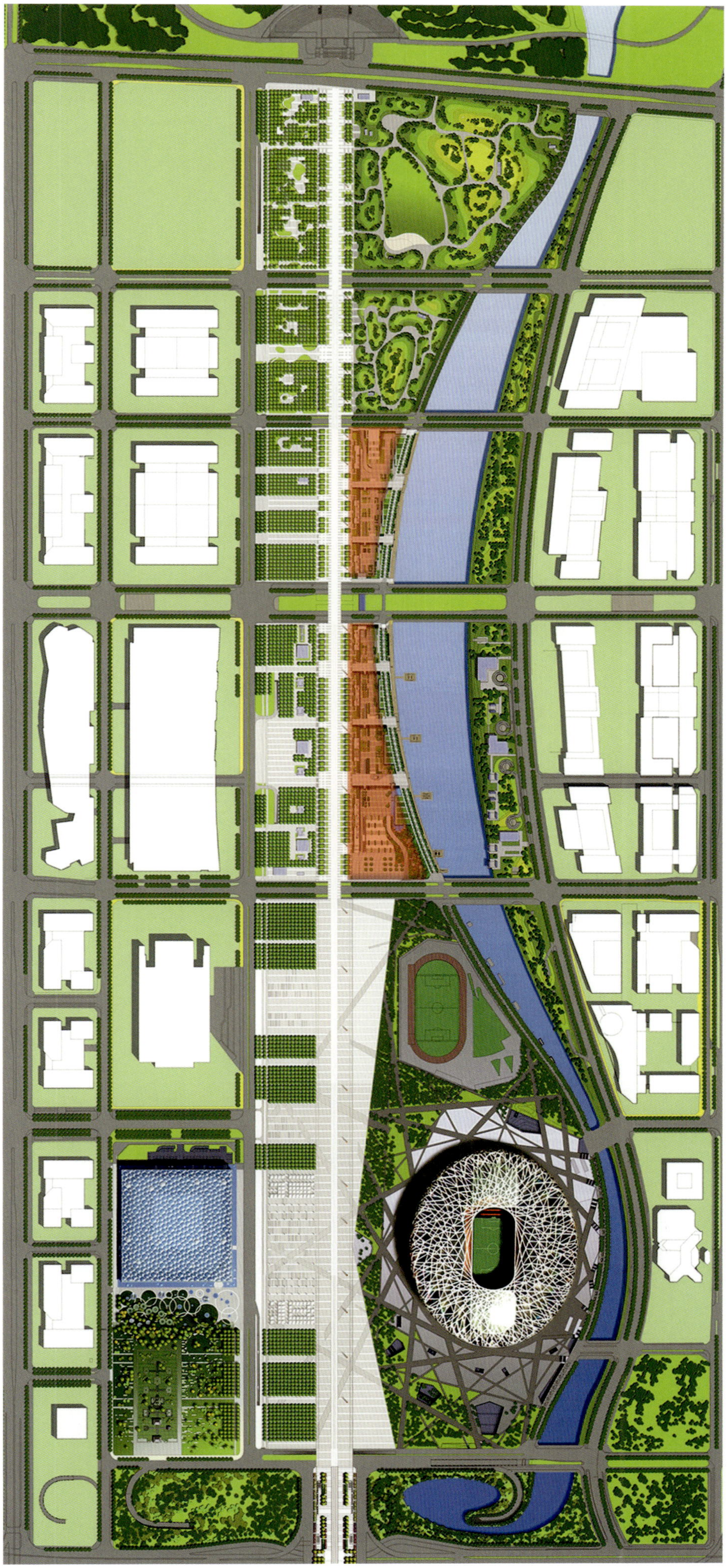

▲ 奥运中心区下沉广场花园

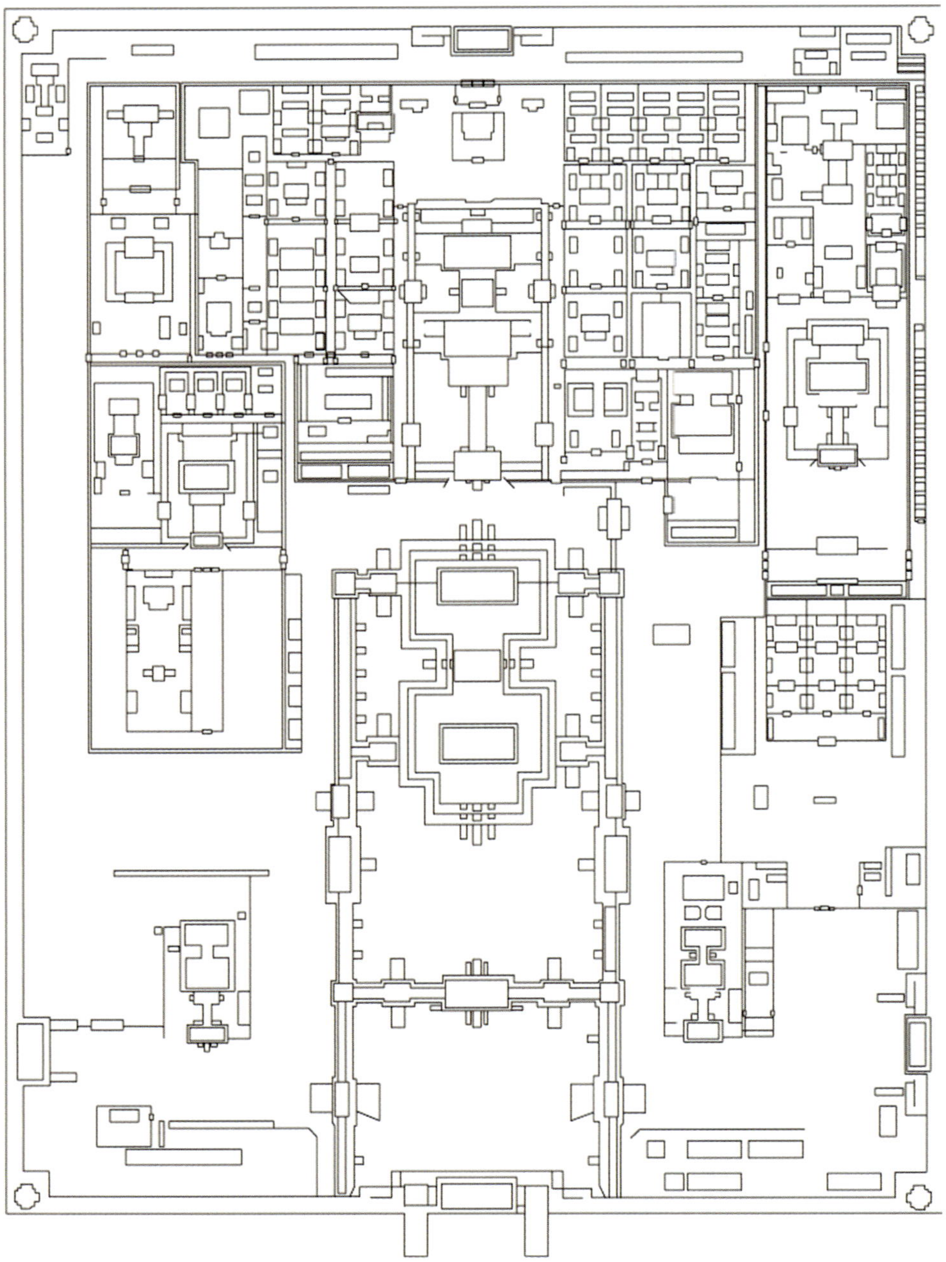

▲ 紫禁城

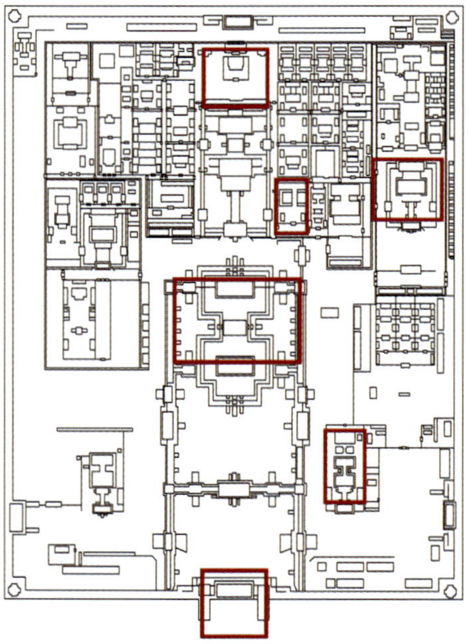

▲ 围合的院落

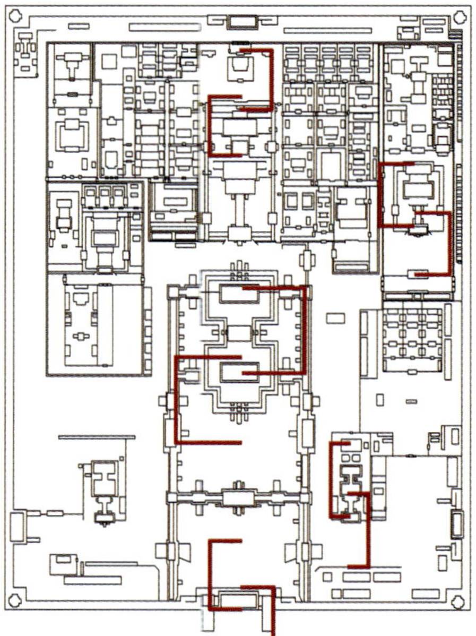

▲ 开放的红墙

透的玻璃阳台、落地窗保持了视线的畅通，犹如云端漫步的神奇体验。北侧窗采用双层窗体，中间加电动通风装置的高科技设计，既保证自然通风，又增加了室内的安静度和洁静度，提升了居室品质。平面设计为超薄户型，局部进深仅为6米左右，因此立面显现出薄、轻、透的特点，与周边的高层住宅建筑拉开了较大距离。

第二个项目是2007-2008年的北京奥运中心区下沉广场1号院红门。设计背景：2008年第29届奥运会。这次体坛盛会是古老的中华文明和现代奥林匹克精神的一次大融合，这座以紫禁城和四合院闻名于世的历史文化名城将创造出新的奇迹。奥林匹克中心区延续了北京的中轴线，体现出绿色奥运、科技奥运、人文奥运的三大理念。中轴线东侧的下沉花园，是集中展示中国悠久历史和文化传统的开放空间，项目业主是新奥集团和北京市政府。为此2006年10月首规委首先召集了文物古建界的专家进行研讨，然后又进行了试探性设计，在不断探讨的过程中，“中国元素”这个名词渐渐清晰起来。这就意味着新方案要在原有设计格局基础上增加局部性的、元素性的内容，而不是进行全面仿古。此项目难度在于，在已有的各类现代化场馆环绕下体现中国文化，而本身钢制金属和混凝土材料为主导的中心区与中轴线绿化成荫的中国传统文化相差甚远。展示中国的历史与文化本身就是一个宏大的命题，建筑语言传承的积淀不足在这个项目上集中体现。2007年的第一场雪，我们在邵韦平总建筑师带领下再次来到故宫，大地一片银白，这个熟悉的场所变得陌生而神秘，所有的一切都消失了，只有道道红墙，重重宫门。回到工作室头脑中故宫的雪景残像仍依稀可见，于是使用卡纸和木质模型以及手绘草图对这幕景致提炼、还原、升华、重组。必然地，宿命地解构着古典元素，打散再建构，旋转再调和，一组全新的融汇中国元素及创新思维的画面随即映入眼帘。中国传统建筑的每一个单位，基本上是一组或者多组的围绕着一个中心空间（院子）而组织成的建筑群。这个原则一直采用了几千年，成为一种主要的总平面构图方式。这种向心的平面布局通过重重封闭的院落来构筑尊卑分明的等级制度，表达出强烈的“禁”的意向。当“禁”和“奥林匹克”放在一起时，顿时一种强烈的反差产生了。奥林匹克运动恰恰体现了一种平等、参与、开放、包容的精神，它突破了各种藩篱，没有尊卑等级，只凭自身的实力去参与竞赛，这种自由的精神是对“禁”的批判。围合与突破，禁止与开放的不断冲突，最终产生了无限开放但保持原始空间尺度和感觉的意象。红色的、连续不断的墙，这条连续的主线贯穿到下沉花园的七个院落中，它承担了文化载体的功能，它减少了原有场地的空旷感，使新加入的中国元素有了依托，并且形成无上下和内外左右之分，浑然一体的整体空间①。1号院的宫门是红墙的起点，在这里形成U形空间，以故宫午门前广场为设计意象，午门前∏形的城墙所包围的空间是一个举行仪式的露天礼堂，是召开祝捷大会，也是布置仪式礼节用的空间。午门广场之所以给人以震撼力，由三面围合形成的“空”是关键，因此我们建立了御道—方形广场—宫门的秩序，放松了台阶东侧的不规则边角空间，强化了1号院的南北纵深感和三面围合感，使原本的异型空间具备了传统礼仪空间的稳定感。正对大台阶入口是午门意象的宫门，结构形式采用钢结构梁柱体系。门架高11米，宽36米。门洞高5.8米，宽16.4米。门扇高6.0米，宽9.0米，为钢结构电控滑动门。导轨安装在门扇底部，门扇南面户外全彩LED显示屏，屏幕关闭后可播放18米宽、5米高的巨幅画面，从大台阶南侧边缘到显示屏近处都有清晰的画面效果。门架顶端南侧为挑檐深远的棚架，143 根铝型材一端与门架铰接固定，8米长型材和4米长型材交错布置，相互连接，形成两条曲线，抽象地表达了反宇向阳的中国建筑神韵。钢结构大门墙面外挂4毫米厚

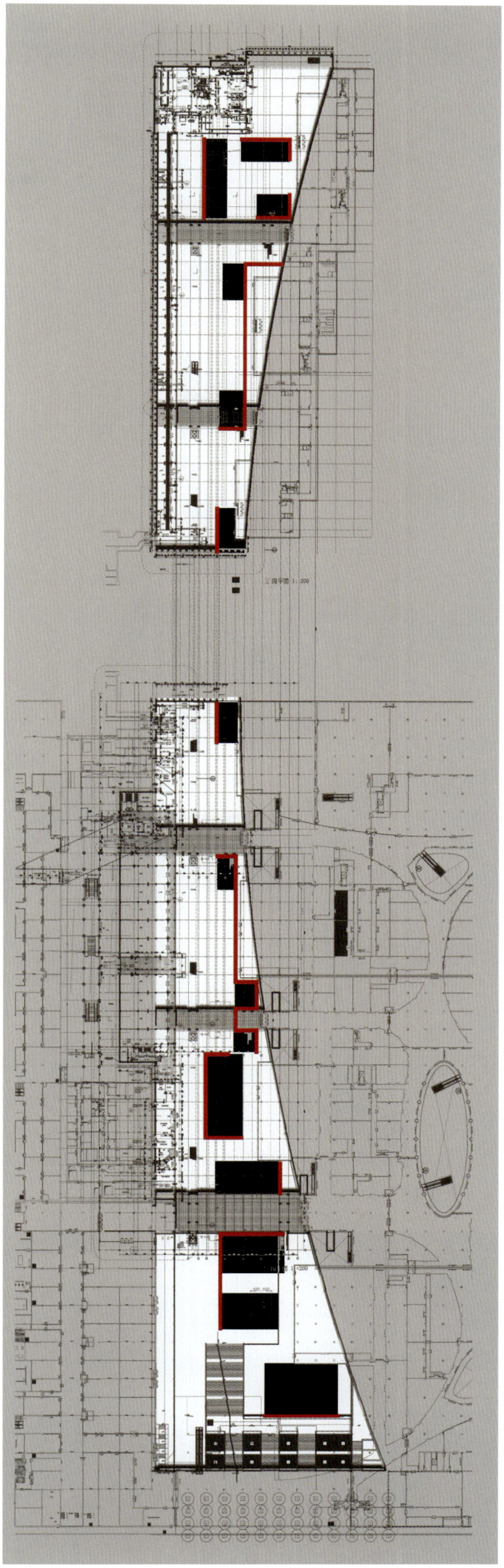

▲ 下沉广场平面

① 见参考文献［3］

▲ 下沉广场手工模型

▲ 下沉广场1号院模型

红色钢板，采用了西侧红墙的统一语素，从此拉开了下沉广场的序幕。创新源于交叉动作，可以将其屋顶的支护体系与装饰性构件两种基本单位重新界定内外空间，这样依然维持原有的基本传统元素，却消解了原有的内外强制限定。最后沿墙体延伸方向产生的非经典几何形交叉点形成一种非同小可的力量。这种新的建构方式可以使各使用空间更有效地组织在一起，同时释放了传统建筑的能量。但设计的不可预知性在此处凸显出来，由于无法还原模型与实际建筑的体量差，因此能否表现出传统的新鲜味道在设计之初还未可知。

第三个项目是2007-现在的凤凰国际传媒中心（邵韦平、刘宇光、苏波等设计）设计背景项目位于北京朝阳公园西南角，占地面积1.8公顷，总建筑面积6.5万平方米，建筑高度55米。除媒体办公和演播制作功能之外，安排了大量对公众开放的互动体验空间，以体现凤凰传媒独特的开放经营理念。建筑的整体设计逻辑是用一个具有生态功能的外壳将主要的具有独立维护的使用空间包裹在里面，形成楼中楼的概念，两者之间形成许多有趣的共享与公共空间，用来满足公众参与体验和环保的目的。凤凰卫视是一家在改革开放背景下成长起来并走向壮大的民营电视媒体，注册地在香港，面向全球华人。它以视角独特、风格清新著称，得到华人社会的广泛关注，希望在北京打造一个与其身份相称的凤凰国际传媒中心总部基地。为此业主组织了多轮设计方案征集，最后我们提供的“莫比乌斯魔环”方案胜出，得以实施。由于独特的创意构想使我们无意间走上了参数化设计之路，凤凰国际传媒中心是体现其核心理念——“融合”的建筑空间，也是开放的媒体建筑，其中设有一条连续的参观环线，让观众体验媒体制作的全过程。

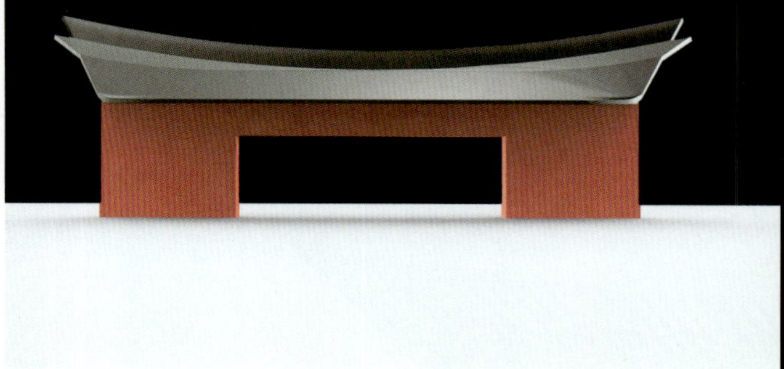

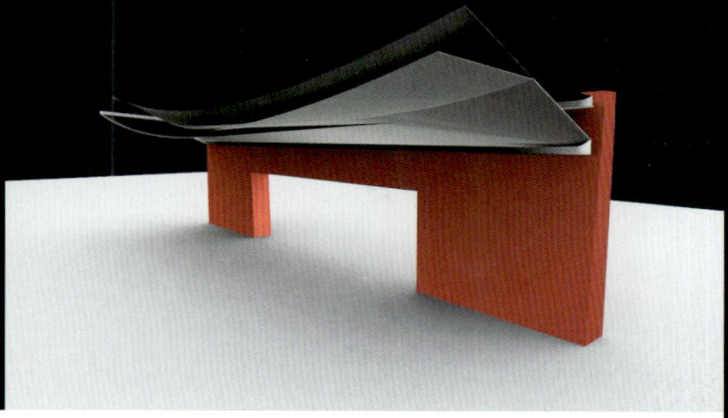

▲ 红门效果图

▲ 红门概念模型

▲ 夜景鸟瞰

▲ 下沉广场红门正面（杨超英摄）

▲ 曲线排列的红门铝制构架（苏波摄）

▲ 红门银色铝制构架与红色镁板墙身的对比

▲ 钢结构大门墙面外挂4毫米厚的红色钢板（苏波摄）

把莫比乌斯圈看成母线，它是一个点延伸成为的一根线，它通过在物体二维横断面间插入新值来创造N维物体。通过对原始二维横断面的操控，我们还可以对N维物体及其空间物理投影进行控制。N维物体①一旦创造出来，在N维空间中对其进行的诸如旋转、平移等简单的变形操作更可生成无法预知的有趣形式。数学一般原理应用于更高维度空间的可能性使设计师打消了“形式塑造空间”的偏见，发现了史无前例的空间配置方式，并引导我们去研究，去关注。弯曲、盘旋、折叠甚至爆裂，消失于虚空之中，陶醉于弯曲、盘旋、折叠的快感之中②。这不仅仅满足了标志平面和剖面，同时生成新形态的渴望，让设计跳到了另外的领域和参照系中。为此，在参观空间之外运用连续、整体、流动的建筑界面进行围合，柔和的建筑体型与朝阳公园有机结为一体，成为北京最具电视文化特色的标志性建筑。凤凰品牌的介入和建筑空间的表达，提升了朝阳公园地区的整体文化品质。连续的整体感和柔和的建筑界面和表皮，一方面回应任务书的要求，体现凤凰传媒企业文化形象的拓扑关系，同时也是对场地环境的积极响应。外轮廓极好地适应了基地周边道路不规则的方向以及道路转角的空间需求。南高北低的体量关系，一方面为办公空间创造了良好的日照、通风和景观条件，避免演播空间的光照与噪声问题，另一方面巧妙地避开了对北侧居民住宅日照遮挡的影响，是一个一举两得的构想。取意于“莫比乌斯环”的建筑造型与朝阳公园形成极其和谐的相互关系，成为公园面向城市中心方向的点睛之笔。为了准确便捷地表现设计概念，这个阶段使用Rhino软件为主的设计工

① N维物体是指塞西尔·巴尔蒙德（Cecil Balmond）《异规》一书中提到的结构研究方法
② 见参考文献［2］

▲ 首尾相接而循环往返的Mobius母线

▲ 二维椭圆横断面及N维物体

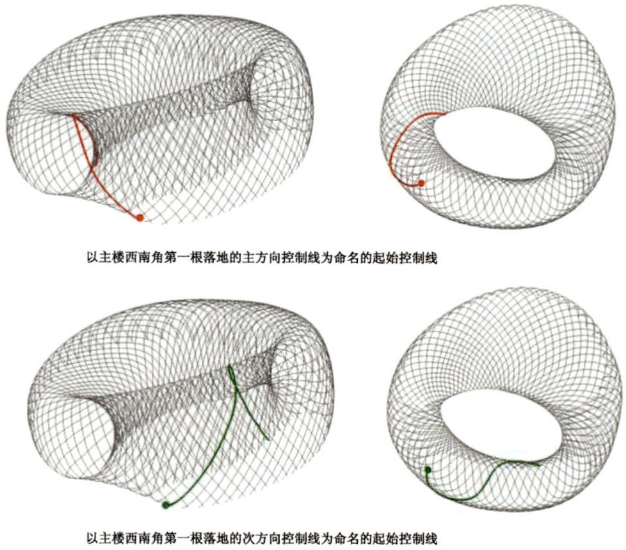

▲ 母线生成的钢结构系统

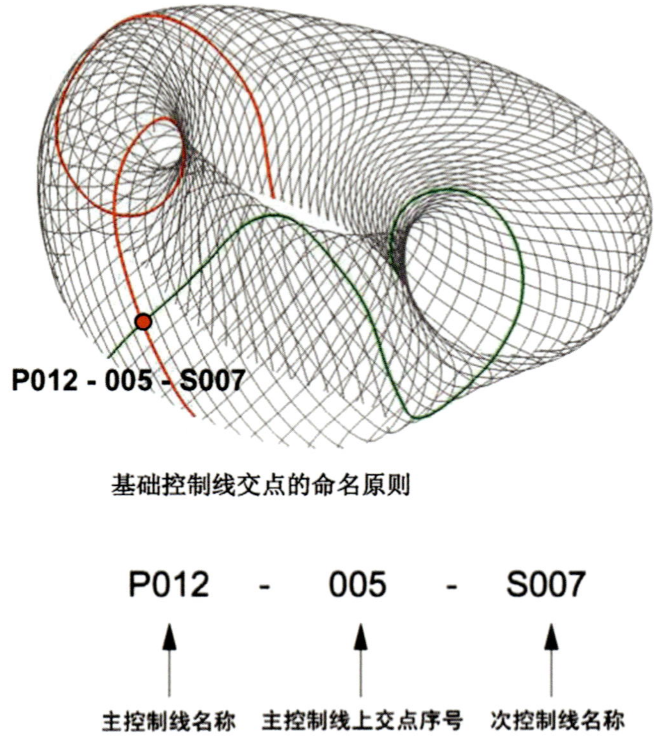

▲ 钢结构系统的命名

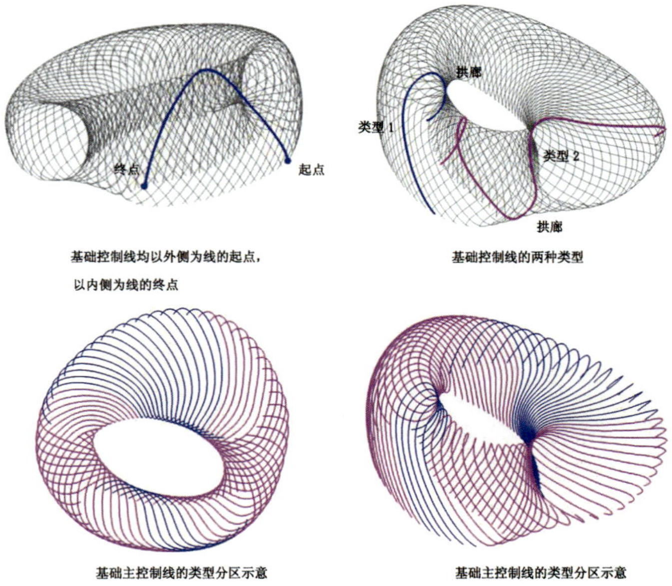

▲ 钢结构系统的分区控制

▲ catia软件装配中庭坡道

▲ catia软件调整外表皮幕墙

▲ 鸟瞰效果

▲ 朝阳公园湖面效果

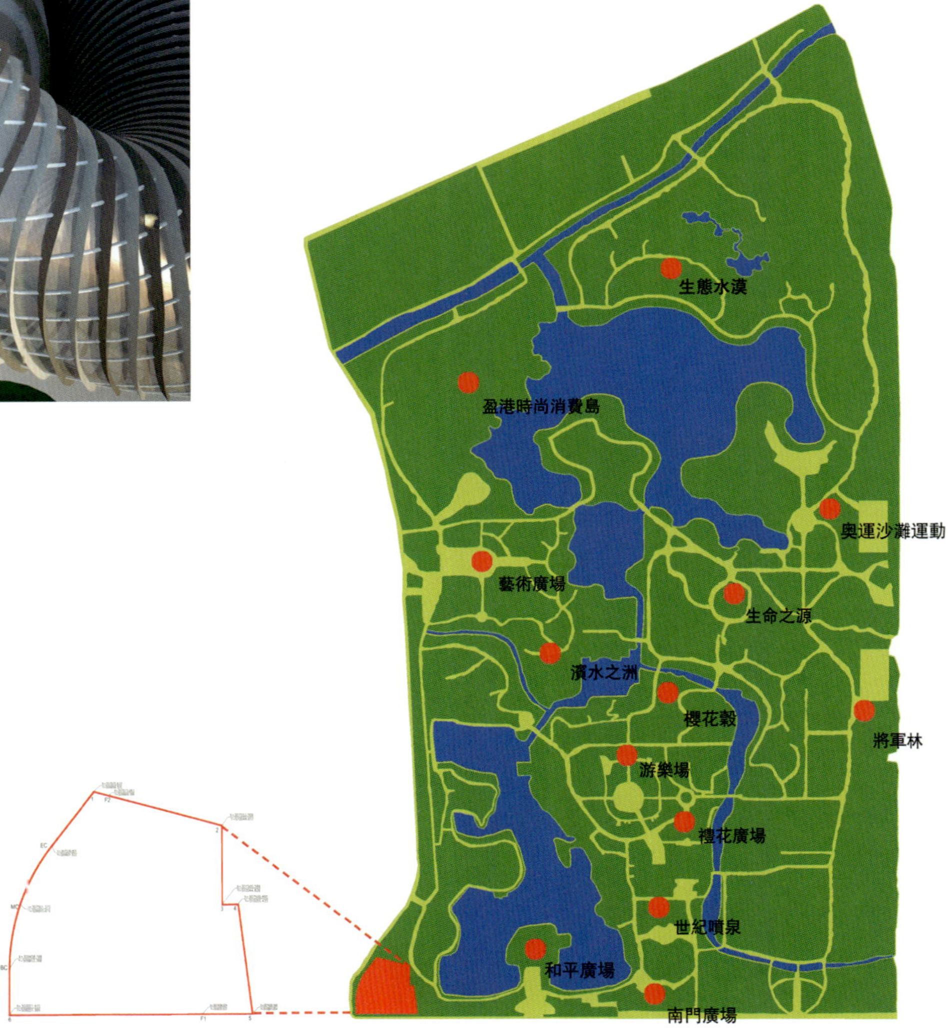

▲ 北京朝阳公园凤凰国际传媒中心位置

具，采用了双轨扫略和多断面的控制方法来塑造全新三维空间。莫比乌斯母线根据功能、演播区和公共区的不同空间要求建立若干参数变量，利用脚本①语言（Rhino/VB/Grasshopper，Maya/MEL，3ds/MAXScript）设定和优化概念来产生形体，从而制作出概念的三维数字模型。由此可见，未来设计创新必须越来越多地依赖脚本化的参数系统才能达到预期目标②。方案从概念设计到逐渐深化以适应更多功能种类的参数化控制和大量信息脚本化：从复杂形体的数字三维语言到工程语言的演进优化；与相关专业接口的协同化越来越不可或缺。所以，渐进地建立完整BIM③建筑信息模型，提供更加精确的参数设计系统至关重要。BIM模型包括建筑外壳、平面呈曲线形并在层间不断收放的办公主楼以及演播体验裙房，在东西两个共享空间内设置了连续的台阶、景观平台和流畅空中环廊和通天自动扶梯。在生产阶段使用Digital projects和CATIA，制作出参数化的建筑信息的同时，更好地利用强大的计算机技术对方案实施数据有理化，参数化模型工具（GC和DP）变成普遍的辅助设计方法。设计深化过程就是逐步从以Rhino为中心的计算机辅助设计（CAD，Computer Aided Design）向以Digital projects为核心的计算机辅助制造计算机辅助制造（CAM，Computer Aided Manufacturing）转变。整个建筑充满动感和活力，并具有技术的合理性，同时体现了生成的几何性、设计的不可预知性以及建造的缓慢性。

上面的思考与三个项目是我在参加建筑实践过

① 脚本script是使用一种特定的描述性语言，依据一定的格式编写的可执行文件，又称作宏或批处理文件。脚本通常可以由应用程序临时调用并执行；另外也有故事构成和剧本的含义。

② 见参考文献［1］

③ 建筑信息模型（BIM）解决方案是建立在从设计到施工再到营运的协调、可靠的工程信息基础之上的一个完整的工作流。

▲ 演播厅的室内效果

程中的一些经历和感悟。在当今社会中业主与建筑师主次倒置，造成了社会活动不均衡。物质外在特征远远超过了事物内在秩序。在建筑设计中建筑语言表现难度大，精确设计不同功能、场所、材料、空间，巧妙协调施工、管理、开发人员，凡此种种都不是一蹴而就。在对建筑进行逻辑性推理和抽象化思考，并将建筑嵌之特定的地点，对其物理环境、精神土壤进行场所性思考之外，往往需要另外一种思路，那就是勇气与决心，不要对自己的设计失去信心、放弃自己的理想，而是不断追求、克服阻力。然而，地位与作用的不对称性让具有这种多重能力的建筑师们心态渐渐浮躁，往往放弃了原来的梦想，转而从事难度更低、回报更大的工作，建构语言的乐趣逐渐远去。

社会环境、经济发展、设计过程都使建筑设计实践

▲ 演播厅的室内效果

▲ 凤凰雪景

▲ 施工中的内部庭院（陈鹤摄）

▲ 鸟瞰（凤凰传媒摄）

变得不确定，一切都成为未知数。但我相信，只要做好该做的事情，坚持走自己的路就会有收获。认识了建筑语言作用与魅力的建筑师能更加执著地拥有梦想，并有希望等到社会回归本真的转变，而终将解开这些迷人的未知数。

参考文献：

[1] 辛淑玲. 浅谈社会观念的变化对工业革命的影响[J]. 东北师范大学学报，1988(2).

[2] 塞西尔·巴尔蒙德. 塞西尔·巴尔蒙德《建筑与都市》中文版发行三周年纪念特别专辑[M].

[3] 邵韦平, 刘宇光. 下沉花园1号院 御道宫门[J]. 世界建筑，2008(6).

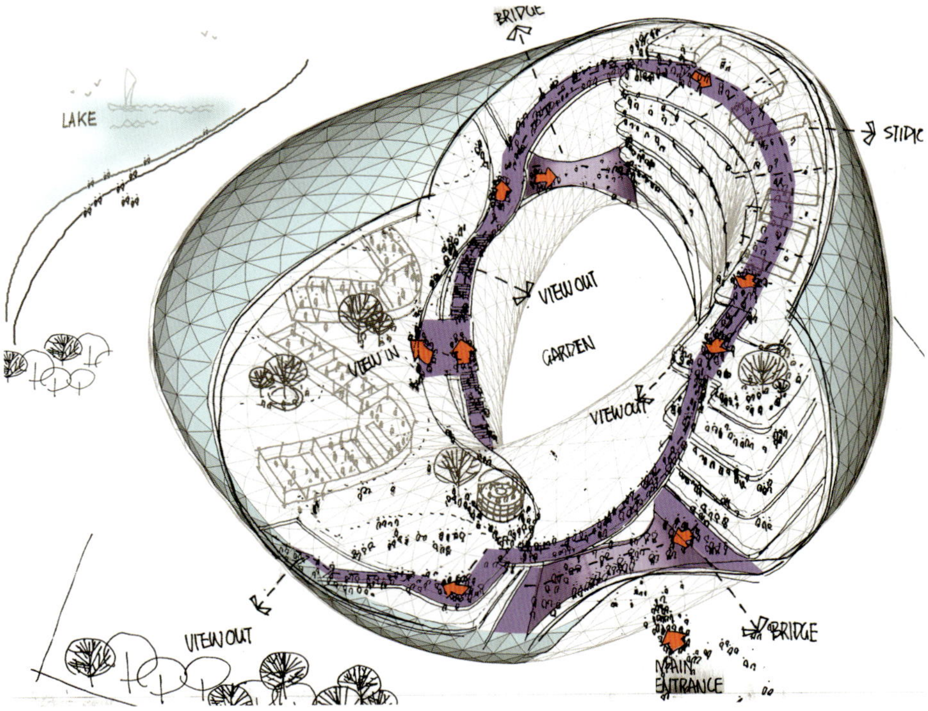

▲ 流线分析

Impressive New Architecture in Beijing Interviewing with Liu Bosheng and His Team, Designers of Siemens China

令人瞩目的北京新建筑 走访刘伯生负责的西门子中国总部设计团队

本刊记者（CAH Reporter）

▲ 刘伯生

编者按：北京望京区花家地南路有一座独具特色的弧形玻璃幕墙建筑，巍然耸立于裙楼中，让人很容易将其与德国人谨慎严密的血统联想到一起。作为中国区总部大楼，这里被形象地誉为西门子在中国136年成功发展的又一里程碑。北京的城市景观随着经济的不断发展发生着日新月异的变化，西门子中心更成为北京经济蓬勃发展的望京电子产业区的地标式建筑。西门子中国总部是由北京伯尔明建筑工程设计有限公司与台湾李祖原建筑事务所合作设计。笔者怀着对西门子中国总部的敬慕之心及对中国本土建筑师的仰慕之情走访了设计总承包单位负责人刘伯生及其设计团队（主创团队现就职于九合宝佳，刘伯生现为宝佳集团常务副总裁）。本文力求将访谈及阅读、品思到中国建筑师、工程师创作云妙展示出来，让读者也随我们一同发现在哥特与华夏之间的点睛与和谐之笔。

Editor's Note: On Huajiadi South Street, Wangjing Area, Beijing, there's a tower with arc-shaped glass curtain walls massively rising out of a podium building, which makes people easily associate it with German's cautiousness and strictness. Being the headquarters building in China, it is regarded as one of the milestones in Siemens' 136 years of successful development in China. The urban landscape of Beijing is going through dramatic changes along with economic development. Siemens Center has become a landmark in the rapidly developing Electronic Industry Area in Wangjing. This headquarters building was co-designed by Beijing Paramount Architects & Engineers Co., Ltd. and C.Y.Lee & Partners Architects/Planners. With the respect and admiration to Siemens China Headquarters and the Chinese local architects, our editor of *China Architectural Heritage* visited the project director Liu Bosheng and his design team. (The team has now joined Architects Crang & Boake Inc. Liu Bosheng is currently the Executive Vice President there.) This article tries to present the interview and reveal the beauty of these Chinese architects and engineers' works, discovering the distinction and harmony of the Gothic and the Chinese culture.

工程概况

2008年9月24日落成的西门子中国总部由原有建筑和新建建筑组成。西门子中国总部扩建工程是西门子公司在海外最大规模的基本建设项目，是集办公、会议、科研于一体的综合性公共建筑，总建筑面积60 000平方米，总投资8.5亿元，高达30层的西门子中心将为3 000余名员工提供工作场所。西门子中国总部不仅是西门子中国的新总部大楼，同时也将部分西门子在京的业务机构和运营公司集中在一起。

▲西门子中国总部外景图

▲ 西门子中国总部夜景（细部）

该工程自2002年10月设计招标，2004年6月开工建设，2008年竣工使用，历时6年。该工程设计为国际招标，参加投标的单位均是国内外“强手”：欧洲Gerken Marg、Albert Speer、亚洲刘太格、澳洲Woods Bagot及北京四家大型设计院共计7家设计单位，九合宝佳（原北京伯尔明建筑工程设计有限公司）与台湾李祖原建筑事务所联合，因方案以“保留历史的轨迹，树立西门子旗帜”的理念超越标书要求而一举中标。新建建筑分两个阶段实施，一期工程主体办公楼高度约为123米，地上30层，标准层层高3.9米；地下2层，埋深约12米。主楼北侧通过连廊与5层裙房相连，裙房设一层地下室，主楼与裙房之间设抗震缝。工程主体建筑平面形状近似四分之一椭圆形，主体结构采用钢—混凝土混合结构体系。外框柱距7.2～8.4米，在建筑核心部位结合楼电梯布置剪力墙形成核芯筒，外框架与核心筒间距8.4～8.8米。如果纵观该项目，立即能感受到它是一个“常读常新”的项目，有太多可供建筑专业乃至其他专业学习、领会、借鉴的设计创新点。总体看西门子中国总部是一项节能环保的绿色工程，既展示了西门子的创新产品和科技理念，也实现了可持续发展的目标。西门子中国总部采用了绿色建筑设计理念和多项先进的节能技术措施，已体现在可持续发展场址、水资源利用、能源与大气、材料与资源和室内外环境质量提升等方面。此外，由西门子制造的自动化及能源管理系统被广泛应用于所有的楼宇系统中以提供最优化的管理控制，这些系统包括变压器和配电设备、楼宇控制和照明系统、安防系统、数据系统、网络及电话系统等。完善的系统集成为员工创造了舒适“智能”的办公环境，更好地提高了办公安全度。西门子的总部大楼凭借其独树一帜的智能和环保特色，在最大限度的节能方面也处于国内同类楼宇前列。曾记得21世纪初北京某专业媒体针对新保利大厦展开的北京新品质办公建筑研讨，当时最响亮的一个词是如何用建筑塑造一种精神。从刘伯生总及其团队的介绍中，从与建筑摄影师的交流中，从阅读了大量网站始终看到的低调而富于内涵的解读中，笔者悟出该建筑的特质，试做解读。

新旧建筑和谐传承文化

西门子中国总部传承并整合了整个园区的建筑风貌，方案之所以能被采纳主要因它在尊重原有设计的基础上竖起了西门子在中国区的“新旗帜”，是建筑与文化又一传承力作。刘伯生总介绍说：按照德国西门子总部设计方案邀标文件规定，西门子中国总部分为两期建设，以现有场地北角点与南角点连线为界将场地划分为东西两个区域，东侧区域为一期，西侧区域为二期。在分析西门子基地现状、周边道路及民居现状之后，李祖原先生提出：跳出西门子德国总部邀标书要求的规划格局，保留西侧现有办公楼，拆除东侧两栋办公楼，利用东侧场地进行一次性规划建设，且于场地南侧规划建设123米的西门子大楼。李祖原先生称其为：保留历史轨迹（保留西侧既有建筑物），升起西门子“旗帜”（建设123米的地标性主

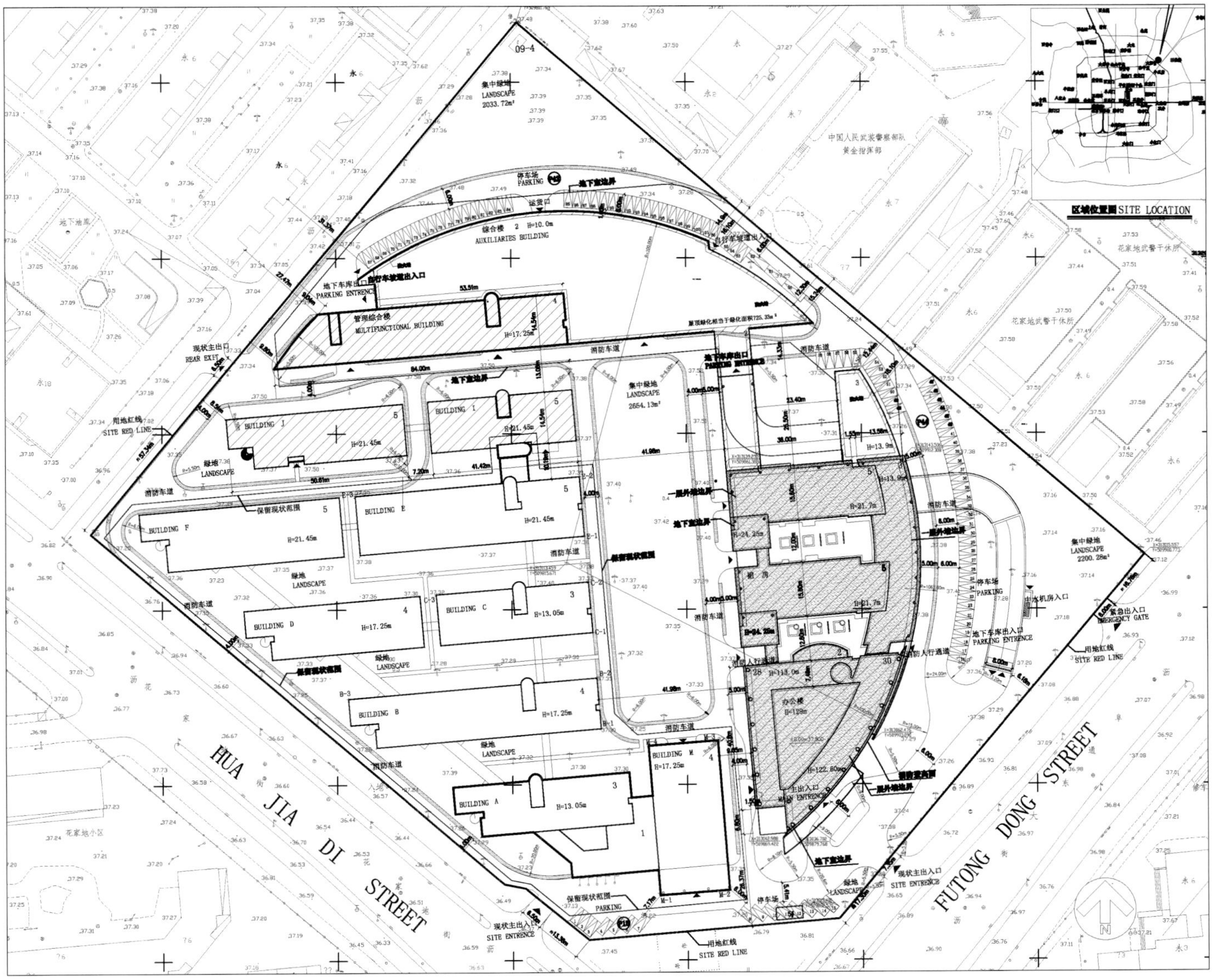

▲ 西门子中国总部总平面图

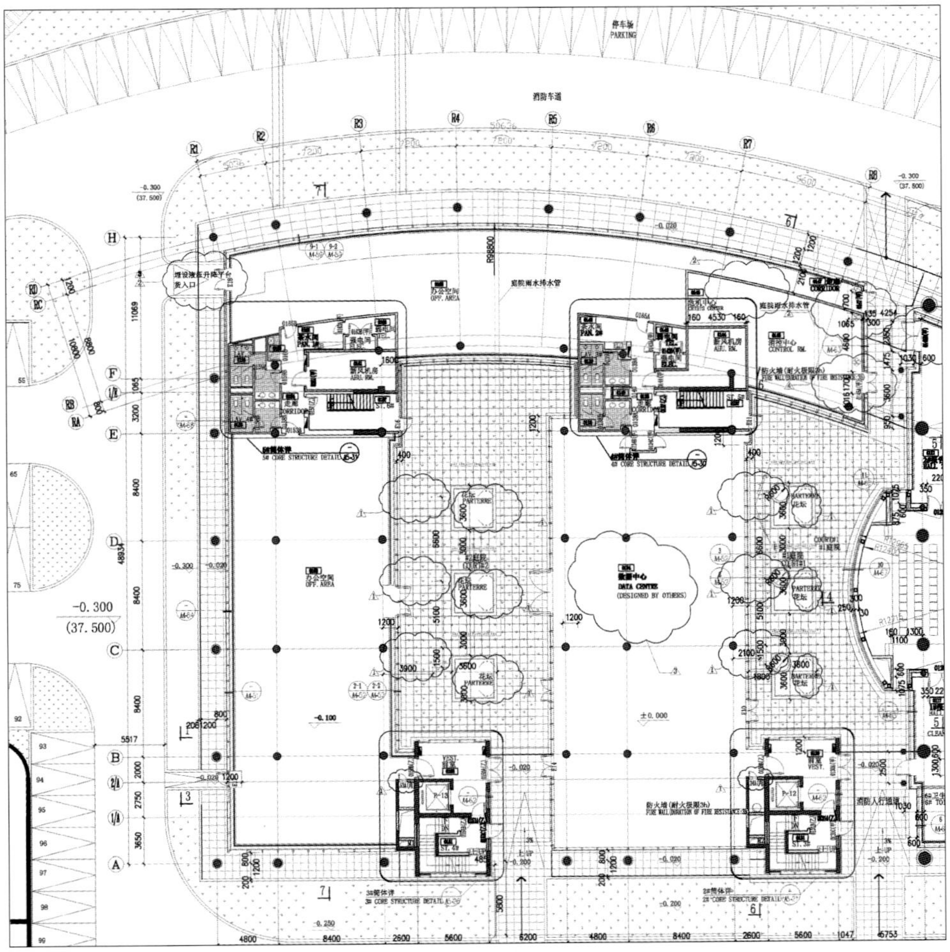

▲ 西门子中国总部首层平面图

楼），该方案总平面规划动线流畅，建筑形象挺拔，建设周期短，投资效率高 尽管方案有悖标书要求却深受西门子业主推崇而成为中标方案，由此可见华人著名建筑大师李祖原先生具有非同一般的智慧与功力。早在2007年4月，西门子公司就向同济大学捐赠价值200万元人民币的节能型楼宇自动化管理系统以及照明产品，用于将同济大学校园历史建筑“文远楼”改建成生态建筑。历史悠久的同济大学文远楼作为世界著名现代建筑艺术，是包豪斯风格在中国唯一的一栋历史文化建筑，至今仍被奉为中国现代建筑史上的经典之作。为了让经典建筑重放光芒，西门子中国总部方案以跨越标书要求，却又最终得以中标的惊人成绩再次证明了德国人对建筑文化遗产的高度认知与保护精神。

到位的结构抗震设计

近年来全球地震问题日益严重，北京虽在地震预防与保护工作上令人瞩目，但据《北京城市总体规划（2004—2020）》防灾篇的介绍：“北京在2020年以前不排除发生6级及6级以上地震的可能。”据此，该设计团队以李祖原先生为灵魂，在方案设计阶段便委托国家地震局进行了地表安全性评估，又咨询了北京超限结构审查委员会，采用了“中震弹性”的高于规范要求的抗震设防水准，确保中标方案的实施。本工程属平面不规则结构，结构抗震设计融入了性能设计思想，结构底部扭转效应较大的钢管混凝土柱承载力按“中震”不屈服设计，核心筒为内置钢支撑框架劲性钢筋混凝土筒体，核心筒与外框架间为钢—混凝土混合楼盖，核心筒内楼面为钢筋混凝土楼盖。设计遵循《建筑抗震设计规范》的指导思想，即“三水准设防目标，两阶段设计步骤”进行。通过两阶段设计步骤，分别按照50年超越概率63.2％、10％、2％三个水平地震作用，进行结构承载力和变形计算，并据此进行结构设计，从而达到结构三水准抗震设防目标。本工程抗震设防烈度为8度，已经明确的工程结构抗震设防目标如下：①多遇地震作用下，结构保持弹性，承载力及变形满足GB 50011-2001、JGJ 3-2002有关规定与要求；②设防烈度“中震”作用下，主要抗侧力结构构件一核心筒剪力墙截面不屈服，严格控制墙体截面剪应力，保证墙体满足剪应力的截面控制条件，墙体截面保持弹性；③“大地震”作用下，满足规范最大层间移角1/100的要求，控制塑性铰不出现在结构底部，保证结构在规范允许的变形范围内不被推覆。

满足高可靠的智能办公

该工程的另一个特点是采用先进的欧洲安装总线系统技术，它成为西门子楼宇科技的集成楼宇管理系统的重要组成部分。它可以将楼宇自动化，包括对空调、照明、供水和电子设备的控制，安防和消防系统整合在一个中央控制中心。在大楼的运行管理过程中，智能化、自动化的运行，既避免了人工的随意性，又提高了操作的精确性，各个系统的运行彼此相得益彰，各自发挥其最好的功能。据电气工程师介绍，该项目是北京超高层办公大楼少有的实施了全智能设计的办公建筑，与其他办公建筑智能化特点不同的是：该设计能提供的电气设施，保证达到高质量、高可靠性、高灵活性及高冗余度，从而消除了来自今后工作或改建过程中出现的单独的缺陷造成最小损害的风险。大楼每周7天，每天24小时全天候开放。全楼应急容量：1 061kW；考虑电机启动因素后应急容量：1 204kW，考虑10％备用容量；实装柴油发电机容量：1 628kW备用功率（机组不允许超载运行），1 480kW常行功率（24小时运行）。这些都是保障该大厦可靠运行的先进的抗风险技术指标。

绿色建筑与低碳节能并存

绿色建筑要通过大楼对用户、场地、社区和地区带来的影响进行衡量。凭借绿色建筑设计理念和多种先进的节能技术，西门子中国总部成为当今建筑先进技术和产品的“橱窗”。如热能回收、免费供冷和冷梁技术措施的采用，使得西门子中心的能耗比未采取节能措施的同等规模楼宇降低28%，从而实现二氧化碳年排放量减少1 200～1 600吨。通过采用无水小便斗和中水系统将减少水资源消耗20%～30%。这些不仅有利于环境保护，最终还将节省21%的运营成本（其中不包括使用小区供热而产生的采暖费用）。

特别是空调系统，采用了外区低矮型暗装式风机盘管，内区采用吊顶诱导器（主动式冷梁）方式，新风系统采用了二级设置方式——初级转轮热回收变频新风机组（集中设置）+ 次级定频新风机组（分层设置）。工程空调系统运行数据表明，采用以上方式的本工程空调系统比传统空调系统（全空气空调系统、风机盘管+新风系统等）节能30％以上。近年

▲ 不同角度下的西门子大厦 1

▲ 不同角度下的西门子大厦 2

来，随着经济的发展和社会的进步，人们对空调系统的节能性和空气品质的要求不断提高，传统的风机盘管加新风系统正逐步被新的技术与产品替代。在这个过程中，VAV系统目前大行其道，得到大规模地推广应用，成为升级空调系统设计的不二选择。而诱导器系统在我国却很少有人问津，该设计本着大胆创新且可持续的设计原则，大胆使用1 800台诱导器，依据德国标准在国内生产，不仅产品质量得到了用户的肯定，还大幅度降低了工程造价。经测算，本工程空调系统单位面积造价高于传统风机盘管系统，但明显低于VAV 系统。按国家《公共建筑节能标准》排风热回收技术要在空调工程中得到应用。如采用了转轮全热回收技术，在新风系统共设置了6套进口转轮式热回收机组，其中主楼4套，每套设计送风量40 000 m^3/h，排风量32 000 m^3/h；裙楼两套，送排风量分别为20 000 m^3/h，16 000 m^3/h，送排风比为1.25。根据有关统计，设计状态下热回收效率达到70%。

应该说，北京至今已先后评选出50年代、80年代、90年代及21世纪奥运会之后的“十大建筑”，西门子中国总部在时间上当时虽无法赶上上述评选，但它早已被誉为独具品质的高端绿色办公建筑。迄今为止，西门子中国总部已荣获北京市建委颁发的“长城杯结构金奖”、建设部有关部门颁发的“国家级2006年中国建筑钢结构金奖”等荣誉。以建筑大师李祖原、项目负责人刘伯生为首的设计团队凭借建筑师丰富的经验和中国本土设计师细腻的建筑技法，让每一位亲临西门子中国总部的人都为其卓越的功能而惊叹，中国人手中诞出的德国摩登哥特在望京引领了一个时代的绿色办公建筑典范。

西门子中国总部项目设计施工图团队
项目负责人：刘伯生
项目主持人：李建文　王宏宇、林　松
建筑负责人：林　松
结构负责人：张小玲
设备负责人：王振平
电气负责人：王大明
合作设计：李祖原　齐　才

（刘晓姗文 / 陈　鹤图）

▲ 竣工图景着色照，照片提供：黄建德。

On Achievement of the Structure Design of Guangzhou Sun Yat-sen Memorial Hall

广州中山堂结构设计成就的再发现

编者按：2011年9月16日，中共广州市委宣传部等主办，广州市中山纪念堂管理处具体承办了“纪念辛亥革命100周年暨广州中山纪念堂建堂80周年大会”及“中山纪念堂建筑成就研讨会”。对于建筑学界而言，此次活动意义有二：其一，历经百年风云，更加彰显了以南京中山陵、广州中山纪念堂为代表的“中国固有式”建筑经典的历史意义和文化价值；其二，经过对结构工程师李铿、冯宝龄等建筑结构技术方面工作和遗文的发现和整理，说明辛亥革命时代建筑界不仅仅在民族化建筑艺术的创作上取得了巨大成就，而且在建筑技术方面，也达到了当时的国际先进水平。

为此，本期特重刊20世纪30年代《工程》杂志所载李铿、冯宝龄、崔蔚芬等的学术论文、施工纪要以及李铿先生哲嗣李昭熹先生的回忆文章，向读者推介广州中山纪念堂这份珍贵的建筑文化遗产。（殷力欣）

Editor's Note: On September 16th this year, under the sponsor of the Publicity Department of the CPC Guangzhou Municipal Committee, The Administration Office of Guangzhou Sun Yat-sen Memorial Hall organized a conference to commemorate the 100th anniversary of 1911 Xinhai Revolution and the 80th anniversary of Guangzhou Sun Yat-sen Memorial Hall, and to discuss the architectural achievements of the Memorial Hall. The conference has two significance for the architecture circle: first, the ebb and flow over the past 100 years have highlighted the historical significance and cultural value of typical Chinese architecture like Nanjing Sun Yat-sen Mausoleum and Guangzhou Sun Yat-sen Memorial Hall; second, by collecting and sorting the technical documents on construction structural technology left by Li Keng, Feng Baoling and other construction engineers, we found that at the time of Xinhai Revolution, Chinese architects had not only made great achievements in creating the art of national architecture, but also reached the world level of the time in terms of construction technology.

Therefore, in this issue we reprint the papers and construction minutes by Li Keng, Feng Baoling, Cui Weifeng and other engineers, which was published in the magazine Engineering in 1930s, and a memorial composed by Li Keng's son, Li Zhaoxi, to present the precious architectural heritage, i.e. Guangzhou Sun Yat0sen Memorial Hall to our readers. (Yin Lixin)

80th Anniversary Ceremony Held in Guangzhou Sun Yat-sen Memorial Hall: The Descendants of the Designers and Architects of the Hall Gathered for the First Time

广州中山纪念堂举办建堂80华诞纪念会 中山纪念堂设计和建设者的后人首度齐聚

徐　楠（Xu Nan）　陈　欣（Chen Xin）*

▲ 广州中山纪念堂建堂80华诞纪念大会

▲ 广州中山纪念堂80华诞研讨会。出席者：薛晓育、李自炜、黄建武、李昭熹、冯恕、殷力欣、赖德霖、李吉奎、佘其昭、熊英、蔡振远等

今年的10月10日是辛亥革命100周年，同时也是广州中山纪念堂建堂80周年的重大日子。9月16日上午，由中共广州市委宣传部、中共广州市委统战部、广州市人民政府台湾事务办公室、广州市林业和园林局、广州市教育局、广州市档案局、广州市文化广电新闻出版局、广州市旅游局、广州市政协文史委主办的纪念辛亥革命100周年暨广州中山纪念堂建堂80周年大会在中山纪念堂举行。纪念会选择这个日子，缘于1945年9月16日华南日军在此签字投降，使得这座建筑更加彰显了其象征民族文化复兴的历史意义。

出席会议的有广东省政协副主席徐尚武，广东省政协原副主席、孙中山基金会理事长石安海，广州市委常委、常务副市长苏泽群，广州市政协副主席黎宝松，广州市政协原副主席郭锡龄，中山市政协副主席王远明等省市领导和老领导以及省委、市委、市政府各机构的负责人，各近代革命纪念地、公园、风景区、演出公司、艺术团体等单位的负责人，中山纪念堂设计和建设者后人，文史和建筑专家及广州市部分高校和中小学的学生代表和师生共约3 000人。

大会由广州市林业和园林局局长王国如主持，广东省政协副主席徐尚武、广州市常务副市长苏泽群等领导发表了讲话。徐尚武副主席表示举行纪念辛亥革命100周年暨广州中山纪念堂建堂80周年大会是广东省、广州市纪念辛亥革命的一个最具地方特色的重

* 广州中山纪念堂管理处

▲ 广州中山纪念堂正面全景

要活动之一，是宣传广州作为“中国近现代革命策源地”文化品牌的重要平台。作为广州的标志性建筑和历史名片，中山纪念堂在下一个80年里将以其丰厚的历史内涵、独特的建筑魅力，为广州文化名城的建设做出更加突出的贡献。

本次大会还安排了美国路易维尔大学美术系亚洲艺术教授、著名建筑史学家赖德霖先生代表与会专家学者进行中山纪念堂设计理念等专题演讲。《新快报》总编辑陆扶民也就在辛亥百年、广州中山纪念堂建堂80周年之际向中山纪念堂捐赠巨幅油画《孙中山》发表了感言。大会还举行了广州中山纪念堂建堂80周年征文活动颁奖仪式及“百年辛亥 中山永恒——纪念辛亥革命100周年暨广州中山纪念堂建堂80周年图片展”、《广州中山纪念堂历史图册》（重订版）和《中山纪念堂——八十周年影像志》、油画《孙中山》的揭幕和首发仪式。以黄花岗72烈士为题材拍摄的革命史诗电影《英雄·喋血》首映礼也在揭幕和首发仪式后举行。

一、中山纪念堂设计和建设者的后人首度齐聚

本次大会附设学术研讨会，中山纪念堂设计师吕彦直的侄孙女薛晓育、李自炜夫妇，工程监管主要负责人黄檀甫之子黄建武先生，结构工程师李铿之子李昭熹先生，结构工程师冯宝龄之女冯恕女士，中国近现代史及近现代建筑史知名学者殷力欣、赖德霖、李吉奎、余其昭、彭长歆等应邀出席。

中山纪念堂设计者、建设者的后人都纷纷表示在纪念辛亥革命100周年暨广州中山纪念堂建堂80周年的日子里，他们能齐聚中山纪念堂，目睹父辈建造伟大建筑今日的辉煌，感受父辈建设伟大建筑之理念，重温父辈建设伟

▲ 纪念堂庭院西侧华表

大建筑之艰辛历程，是一次非常难得的机会。李昭熹先生和冯恕女士还分别向中山纪念堂管理处赠送了亲手创作的书法作品和当年发表在《工程》期刊上的关于纪念堂结构设计和施工的原始技术文献。

与会学者介绍了近期的学术成果，并对今后的研究与保护工作提出了具体的建议。他们的共识是：广州中山纪念堂“以伟大之建筑，作永久之纪念”为初衷，以“庄严固丽而能暗合孙总理生平伟大建筑之意味”为建设标准，无论是建设伊始还是在21世纪的今天，无论是设计理念还是建筑实体，均堪称中国革命精神的徽章，世界建筑史上的瑰宝。

▲ 位于中轴线上的纪念堂正门门楼

▲ 纪念堂侧壁窗式

二、新增两处抗战期间纪念堂历史事件说明牌

为迎接中山纪念堂80周年，管理方还新增了两处抗战期间中山纪念堂的历史事件说明牌。其中一个说明牌设置在中山纪念堂的东北角处。此处斑驳的墙体无声地诉说着1938年6月8日日军飞机轰炸广州中山纪念堂的历史。另一个说明牌则设置在舞台区域。这里曾是1945年9月16日上午10时，驻广东日军签字投降的地方。在那一天，日本华南派遣军司令田中久一神情沮丧地走进中山纪念堂，走上中山纪念堂舞台，参加由广州地区第二方面军司令张发奎主持的受降仪式。两处历史事件说明牌的设置能让游人感受到广州中山纪念堂在日军侵华期间经受的灾难及抗战胜利洗刷耻辱的自豪。

在此，笔者对今后纪念堂研究方向提出几点浅见。

1.与申遗结合做一些基础性的资料收集工作。

目前关于纪念堂、纪念碑（应该把这两者看作一个整体）的研究资料已经开始逐步充实起来，按照资料的类型基本上可以分为三大类。

① 文字资料：主要包括现存于各大档案馆和图书馆当年纪念堂、纪念碑筹备、建设、管理、维修的政府公文档案和相关媒体报道以及当年关于纪念堂、纪念碑设计施工的原始技术文献。

② 图片资料：主要包括纪念堂、纪念碑的设计图纸，当年建设纪念堂、纪念碑过程中的历史照片，设计师和建设监理专家（如吕彦直、黄檀甫等人）的相关图片资料。

③ 口述资料：主要包括当年参与纪念堂、纪念碑建设者后人的回忆文章。

资料整理仍有不足之处：

① 纪念堂与纪念碑的设计竞赛方案，除吕彦直获首奖外，杨锡宗、范文照分获二奖、三奖，刘福泰、陈均沛、张光圻获名誉奖前三名。遗憾的是与南京中山陵不同，目前纪念堂只有吕彦直的设计方案被保留下来，其他参与设计竞赛的作品还没有找到。希望今后能够在这个方面有所发现和突破。

② 当年参与纪念堂、纪念碑建设的其他专家的相关资料还不完整，有些人如裘燮钧、崔蔚芬、卓文扬甚至连个人的肖像都没有找到，希望今后能够发现

▲ 纪念堂一层观众席

更多当年参与建设专家的详细资料。

个人建议：抓紧联系当年参与纪念堂建设者后人，尽快完成相关口述史料的工作；参考南京出版《中山陵档案史料选编》的做法，今后在时机成熟时出版类似《广州中山纪念堂纪念碑档案史料选编》，为后人的研究提供基础史料和线索。

2.开辟新的研究领域

发表在《工程》期刊上的《广州中山纪念堂工程设计》和《广州中山纪念堂施工实况》是目前已知关于纪念堂结构工程技术和施工细节的珍贵文献，其中《工程设计》作者李铿和冯宝龄是当年纪念堂建设的结构工程师，具有康奈尔大学土木工程专业背景。《施工实况》作者崔蔚芬是当年纪念堂建设的工程监理。这两篇文章对于我们了解纪念堂的结构特点和工艺特色具有重要参考价值。希望今后有相关学者能够在纪念堂的结构工程和施工工艺研究上有所突破。

3.认真思考纪念堂作为建筑文化遗产究竟给我们留下了什么？

从时代背景上说，中国正处于历史上第二个社会大转型期。第一次大转型发生在春秋战国时期，在秦统一中国之际，基本完成了从周代封建制向皇权专制制度的过渡，汉武帝“废黜百家，独尊儒术”，标志着这个专制体系的臻于完善。第二次转型则从清末开始，经民国对共和制、宪政民主的短暂探索，直至今天，艰难地寻找“儒表法里”制度的替代物。中山纪念堂作为当时中国社会转型期的一个精神图腾，见证了近代中国社会的风云变幻。或许在今天，我们可以将纪念堂中孙中山的遗教“革命尚未成功 同志仍须努力”改为“转型尚未成功 国人仍须努力”，让中山纪念堂在新时期发挥凝聚国人信念、重塑社会价值的巨大作用。

▲ 纪念堂穹顶

▲ 吕彦直绘广州中山纪念堂设计图之一（黄建德提供）

In Memory of Our Father Lee Kung

回忆我们的父亲李铿

李震熹（Lee Chen His）　李昭熹（Lee Chao His）　李蕴文（Lee Yung Wen）

编者按：李铿先生是我国老一辈杰出的建筑结构工程师，曾在广州中山纪念堂、上海中国银行大楼等重大工程中发挥了举足轻重的作用。其后人在《父亲李铿百年诞辰纪念集》上所做的这篇回忆文章，不仅记录了李铿先生在事业上的成就，更展现了一代知识分子至死不渝的爱国情怀，令后人倍感钦敬。

Editor's Note: Mr. Li Keng is an outstanding senior construction engineer of China. He had played a big part in the construction of Guangzhou Sun Yat-sen Memorial Hall, the Bank of China Building in Shanghai and other major projects. The memorial article composed by his son in To My Father Li Keng's 100th Birthday not only records his achievements in his career, but also shows his deep and abiding love for our country, which is worthy our respect and admiration.

▲1931年李铿设计广州中山纪念堂，时年36岁。

序言

一九九六年八月三十日是父亲诞生一百周年纪念日，我们众子女虽因工作原因，远隔重洋，但大家都有一个心愿，要为父亲刊印纪念集，以表达我们的缅怀之情。

父亲是中国近代爱国知识分子的一员，青年时代在上海交通大学就学，在校时学习认真，名列前茅，公费留学美国，抱着科学救国之热情，刻苦攻读土木建筑，学成回国，以自己的专长为国家建设做出努力。在祖国解放前的数十年间，主持了许多宏伟的建筑，但因当时政府之腐败，父亲未能充分发挥其特长。解放后父亲本可大展宏图，惜以年老体衰，亦未能更好地为祖国建设尽力。父亲一生致力于祖国的土木建筑事业，呕心沥血，并屡有建树。父亲为人正直不阿，工作勤奋进取，为我们子女留下了宝贵的精神财富，使我们能在各自的工作岗位上取得成绩，为此我们深感有撰文纪念的必要。

为编印此集，年前特请我们四兄弟的老师赵宪初先生刊首题词（赵先生亦为父亲交大校友）；并请华致和先生作图；我们的同学吴承康院士，凌崇裕、夏邦琦高级工程师，沈祖武高级会计师题词，他们四位的父亲都是父亲的好友。吴兴业医师，原交大校长凌鸿勋土木建筑工程师、夏叔吕化学工程师、沈仲寅土木建筑工程师，他们与我家均是世交，在此一并致以感谢。

震熹、昭熹、蕴文谨序

一九九八年六月

Introduction

Our father Lee Jung（李铿）, was born on August 30, 1896 in an engineering family. His father Lee C.P.（李序伯）, our grandfather, was a surveyor for the railway during the period when China was building railway throughout the whole country. Our father was a gifted inborn genius with extraordinary intelligence. In 1912, at young age of sixteen he was accepted in Shanghai Jiao Tong University with his schoolmate Xue Zeh Zin(薛次莘), At the age of twenty he was awarded Zin Hua(清华) University scholarship to go to Cornell University in the United States of American and accomplished his Master of Science degree in civil engineering at the age of twenty two. His schoolmate and good friend Xue, Zeh Zin went to M.I.T. under the same scholarship.

In 1921, our father married our mother Yu Teh Lin(余德邻). They had four sons and one daughter. Our father worked with Meyer Edison and Company in command of Structural Engineering Department for more than thirty years. He also established Dah Sin(大兴) Engineering Company with his old friend Li H.S.(李垕身) and Kay Lin(开林) Engineering Company with his partners Fung, Pao Lin (冯宝龄), Chen C.H.(陈昌贤) and his brother

▲ 父亲留学期间与薛次莘伯伯及二位同学在美国南部参观（1917年）。

Lee Ngo(李锷) in Shanghai with successful and prosperous designing and engineering business.

Numerous bridges, buildings, industrial factories and movie theaters were designed and built. Among them, the Dr. Sun Yeh-Zen's Memorial Hall(中山纪念堂) in Canton, Wing On Company's Heavenly Tall Building(永安公司摩天楼), Grand Theater (大光明电影院) and Wen Zes Hall (文治堂) in Shanghai Jiao Tong University were the outstanding highlights in his long professional career…

Our father was very active in Chinese engineering society and was responsible to organize the Chinese engineering society in Shanghai. In 1931, Chinese Engineering Society held the National Convention at Zin Tao(青岛). Our father and his partner Fung Pao Lin presented an engineering paper at the convention to demonstrate the design and construction of the famous Dr. Sun Yeh-Zen's Memorial Hall. The Hall could accommodate six thousand people and utilized steel structures throughout the whole building. It was the first steel building designed and constructed by Chinese engineers at that time and listed in *CI HAI*(辞海) as one of the great magnificent buildings in China, which established our father's extraordinary engineering talent in China. The architect was the famous Chinese architect Re Yeh Teh (吕彦直) and the structural engineers were our father Lee Kung and his partner Fung Pao Lin.

Our family has always lived in Shanghai. All the years my mother managed the home affairs with great love and devotion and the education of their children.

Our father passed away on March 11, 1959 at the age of sixty four, and our mother passed away on June 19, 1955 at the age of fifty six. They had four sons and one daughter. The first son Chen His (震熹) is a civil engineer, the second son Chung His(崇熹) is an aeronautical engineer, the third son Kao His(杲熹) is a railway engineer, the fourth son Chao His(昭熹) is a teacher, and the youngest daughter Yung Wen(蕴文) is a physician. They are all well educated and good to the society. Our father and mother were well liked and respected. They spread their gentle kindness and loving care to all their friends and relatives.

▲ 交大毕业考取公费留美出国前摄于交大上院前草坪，时年21岁（1916年）。

▲ 美国康奈尔大学学习取得土木工程硕士学位（第一名），摄于康奈尔大学，时年23岁（1918年）。

父亲李铿字又彭，生于1896年8月30日，自幼聪颖，1912年中学毕业后，投考上海交通大学（原交通部上海工业专门学校），年仅十六岁，初试成绩较差，不及录取成绩。素以严格要求治校的唐文治校长亲自审阅试卷及报考表后，评定曰：“李铿、薛次莘二生入学考试成绩虽较差，但二人年龄较他人为幼，考得此成绩，亦属不易，特准二人入预科试读。”薛次莘伯伯是父亲好友，他在76岁高龄时对昭熹回忆说：“我二人当时闻此喜讯，入学后即日夜奋读，悬梁刺股，一年后即转为正式生；其后再接再励，努力学习，我二人每年成绩皆为土木科首二名。”在校学习四年，于1916年薛伯伯与父亲仍以总平均分数第一、二名毕业，成为唐文治校长的得意弟子。

1945年抗日战争胜利后，交大老校友在校内筹建新文治堂，大家公推老校友杨锡镠建筑师和父亲（土木工程师）主持设计建筑工作，该堂建筑费用，全系交大老校友筹措，杨伯伯和父亲义务为母校设计建成。

1916年父亲于交大毕业，当时家中人口众多，父亲是长子，欲减轻祖父负担，思托人找工作。其时适逢庚子赔款，大学毕业生有考公费出国留学之闻，薛伯伯对父亲说：“我二人成绩优秀，当可一试。”父亲乃与薛伯伯二人报名投考。据说当时交大土木系亦有许多优秀毕业生亦想报名投考，闻得父亲与薛伯伯报名，他们都说：“李、薛二君报名，我们不必去考矣。”考试毕，父亲与薛伯伯果然仍以优良成绩名列前茅，获得清华庚款特班公费留美学习资格。据交大校史资料，当年全国仅十个名额，交大学生占其丰（裘维裕伯伯亦于是年考取，裘伯伯学成回国后，长期担任交大理学院院长之职）。喜讯传到家乡嘉定南翔，镇上乡民纷纷传说，我们南翔出了一位新“状元”了。祖父在乡亦甚高兴，勉励父亲出国好好学习，将来为国建设，父亲时年仅二十岁。

是年办妥出国手续，父亲与薛伯伯即乘美轮“S.S.China”号赴美，当时留美学生团领队是李松涛伯伯。我们四兄弟在南洋模范中学求学时，李伯伯教我们英文。船上三人一室，薛伯伯、李迪华伯伯与父亲。李伯伯后在南模教我们生物。李伯伯在课余时讲“西游记”，他说，当时一室内只二小床，一长沙发，三人都争睡沙发，争执不下，只好抽签，李伯伯说，他很幸运，抽到沙发，父亲与薛伯伯只好睡小床了。

1916年父亲进康奈尔大学深造，康奈尔大学是美国著名高等学府，素以严谨教学著称，父亲在学习期间，对土木建筑工程的某些结构理论，提出独特的见解，他的创见被康奈尔大学称为“Lee Kung’s Law”，得到当时学府的肯定和尊重。学习期满在康奈尔大学毕业典礼上，父亲又以第一名的成绩，获土木工程硕士证书（羊皮制），毕业论文为“桥重分析”，该论文校对是父亲同学罗英伯伯。惜乎父亲的硕士证书及数十万字的论文，二纪念品皆在“十年浩劫”中丢失。其年父亲在美原可再读博士学位，因思及祖父日趋年迈，家中人口众多，乃毅然回国，一方面能为祖国建设，一方面亦能接替祖父，挑起家庭重担。

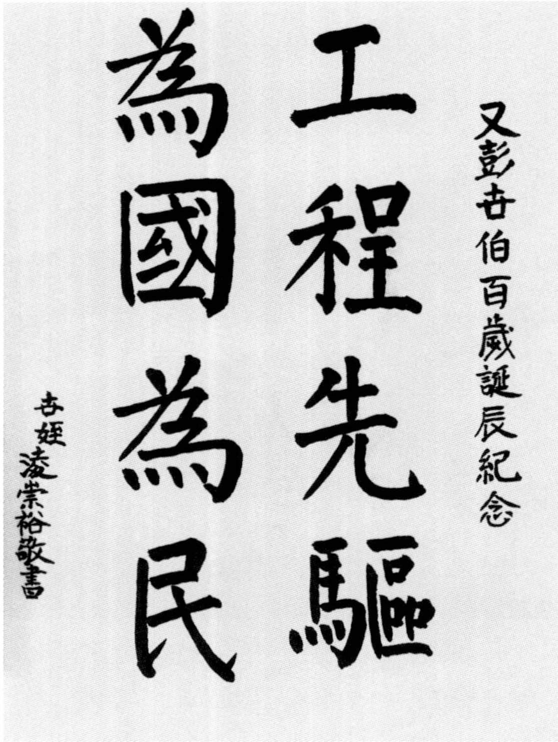

父亲回国后，即受聘于美商慎昌洋行，任土木建筑部工程师之职。父亲因系留美学生且有学位，故待遇较丰，越五年，父亲与母亲余德邻假上海一品香饭店举行婚礼，前来祝贺的亲友有三百余人。是时父亲在同孚路（今石门一路）大中里租赁房屋，组织家庭。父亲回国工作后，即挑起全家生活重担，父亲结婚时，年二十七岁，母亲二十三岁（母亲1900年8月5日出生，上海清心女子中学毕业）。翌年生震熹，时祖父年五十岁，当时已属老年，祖父即于家乡南翔纳福，其时全家，祖父母在家乡，父亲有姐琬仪、弟铮、妹芬仪、洛仪、威仪、弟锷、妹舜仪，生活重担，即由父亲承挑。

父亲长期在慎昌洋行工作，业余时间并与友人李垕身伯伯等组织大兴建筑事务所，开展建筑设计业务，其间设计多项建筑，有桥梁、房屋、戏院、工厂等。当时外滩一带，各大厦刚开始兴建，南京路口的汇中饭店（今和平饭店南楼）为八层建筑，已属最高。其时字林西报社（现中山东一路17号友邦大厦）屋主，欲建十层大厦，而当时舆论，外滩不能建十层高楼，否则建成亦要坍落，屋主乃提出工程师能否负责建成，且十年不坍。父亲乃与冯宝龄、沈仲寅伯伯三人共同负责设计建成，迄今日已逾半世纪而巍然屹立。其后如广州某大桥、上海外滩中国银行大厦、新永安公司大厦（新永安与老永安大楼间二座封闭式天桥系沪上首座天桥建筑，建成后成召为南京路上引人瞩目的特景）、大光明、国泰、平安电影院等。1933年大光明电影院建造时该院的设计由国外某建筑师担任，并拟请慎昌洋行承办结构工程设计与建造，而慎昌洋行建筑工程部的主任（洋行各部门的主任都由美人担任）表示为难，因该院有楼厅，且整座戏院跨度大，美人不敢负责。当时父亲研究了建筑师的设计图样后，即表示可以完成结构设计，父亲即承担全部结构工程，建成大光明电影院，当时该院可称远东第一。事后父亲曾说外国人没有什么了不起，有的是徒有虚名。且如平安电影院的建造，父亲采用的是无柱设计方案，当时上海亦是独一无二的。最著名的有吕彦直建筑师设计的广州中山纪念堂（南京中山陵亦系吕彦直设计）由父亲与冯宝龄伯伯、沈仲寅伯伯主要负责结构工程设计，该堂于1931年建成，该堂当时可称世界伟大建筑之一（中山纪念堂及设计人员已载辞海）。1934年中国工程师学会在青岛举行年会，父亲与冯伯伯即著文《广州中山纪念堂的结构设计》，在会上宣读，该文即登载于中国工程师学会会刊。文中说当时建成后，考验该堂楼厅之负重，组织了在场工人三百人及当地兵士七百人，荷枪实弹，站立于最前悬空部，不时跳跃，以试其是否坚固，结果颇称满意。说明该堂之稳固。该堂建成，父亲在学会上宣谈此论文后获得工程界之显著声誉，父亲是年仅三十六岁。在此期间，由茅以升伯伯任局长，罗英伯伯任总工程师的钱塘江大桥建设总指挥部亦请父亲任顾问，共同建造当时中国的第一座铁路公路大桥。

父亲回国后在国内主持设计了许多建筑，赢得国内土木工程界的声誉，在中国工程界享有一定声望。当时有凌鸿勋伯伯等工程界人士创建中国工程师学会，后经广大会员推选，父亲曾任学会负责工作，处理学会各项工作。

1943年父亲在曹家渡万航渡路759弄自建四层楼房一座，新楼建成，全家即从大中里迁居。该屋系父亲自己设计，底层有中、西式会客室、餐室各一间，二、三层前为卧室，后为储藏室，二层有文娱活动室一间，四楼为晒台，布局完美，且有暖气设备。

新屋设有文娱活动室，亲友皆甚羡慕。父亲在大学和美国留学期间，学习勤奋，成绩显著，但父亲对文体活动，亦极爱好。父亲会篮球、网球、游泳、乒乓，他曾对我们说，在大学时他喜打篮球，每投必中，身体灵活，惟后来因身长、体格不及他人，拼抢不过身强力壮的同学，因而作罢。父亲回国后，每逢暑天，下班后必与几位好友打网球，那时我们年小，父亲就为我们购置小型网拍，带我们一起打网球，直到五十岁左右。几位好友间，父亲年最长，好友叫他“老人”，但他打球，常用巧劲，还是胜多负少。父亲喜爱文体活动，那时亲友聚会，每每猜拳饮酒。父亲猜拳在亲友中又是常操胜券，因之饮酒又少，所以父亲会饮酒而又不嗜酒。亲友皆说父亲实在是聪颖过人，文武全才，大家都自叹勿如。南模同学沈祖武（沈仲寅伯伯之子）回忆说：“我们弟兄时对父亲说你真聪明（指建筑设计及日常生活中），但父亲对我们说李家伯伯还要聪明。”

父亲思维敏捷，记忆特强。昭熹记得在初中学习时学校英文课要背诵课文，隔日在家复习，父亲叫昭熹背诵，支支吾吾，经父亲提示数次，方才背成。当时父亲说，我背给你听，他只看了一遍课文，当即背诵，一气呵成，当时昭熹心想：“父亲本事真大。”

抗战前夕，我们兄弟皆十岁左右，耳闻东北沦陷，战事紧迫，对日寇侵略激起义愤。我们房屋的隔壁，隔开一条弄堂，适为某日人的住宅，花园内有玻璃花房，在震熹的带领下，我们在四楼晒台上用石块练眼光，数次掷玻了多块花房玻璃。据珏孃回忆说，当时日人向父亲提出抗议，父亲以小孩不懂事为由，了结此事。回想此事，我们从小在父母亲教育下，对祖国有爱国之心，而兄弟间更是团结友爱，手足之情弥深。

我们幼时，父母即以祖父家训“仁诚”教育我们，为人必须仁诚。父亲一生正直，为人仁诚，言辞不多、爱国爱家、勤奋学习，认真工作。父亲贬视官、商，不谀富、不弃贫，将我们送进南洋模范中小学求学，即意求以南模校训“勤俭敬信”培养我们。

▲ 父亲留美回国后在南翔家乡与铁叔、锷叔合影（1919年）。

▲ 1922年父母亲结婚于上海一品香饭店（父亲时年27岁，母亲23岁）。

▲ 父母亲与震熹、崇熹、杲熹、昭熹、蕴文（1943年）。

▲1946年父亲与好友冯宝龄伯伯等七人摄于上海晋元公园（现静安区体育场）网球场，父亲时年50岁。

我们从小在父母亲的家庭教育和南模的学校教育下，才能茁壮成长。

抗战初期，曹家渡苏州河上某桥被炸，其时曹家渡一带称越界筑路，父亲恐家庭不安全，乃携全家匆匆搬至当时为法租界的静安寺路(今南京西路)安乐坊。其时上海附近战事纷起，祖父母与碧孃、珑孃亦从南翔逃难来沪。当时沪地八百孤军及其他将士，奋起抗日，沪地激战，锷叔正值青年，乃参加救护伤员工作，一次与救护队乘车赴前线救护，车遭日寇炮弹击中，多人伤亡，锷叔幸免，回家后谈起此事，祖父、父亲因恐祖母受惊，乃劝锷叔暂停救护工作。其时安乐坊因屋小人众．又经友人介绍租得古神父路(今永福路)房屋二层，全家十余人才能居住。

抗战时，锷叔、震熹、崇熹，正值青年，恐遭日寇、汪伪抽壮丁，祖父、父亲乃嘱他们赴内地生活，锷叔在父亲老友凌鸿勋伯伯(曾任交大校长)主持的甘肃天水路局工作，震熹在重庆交大求学(其时薛伯伯任土木系主任)，崇熹在重庆南开中学求学。

八年抗战，父亲只能退居在家，而家庭人口众多，生活紧迫，只能靠父母战前积蓄，母亲精打细算，安排生活。我们记得当时以杂粮、碎红米等制以面食、稀粥为餐。而当时祖父母年迈，祖母二次中风，祖父患心脏病，更须医治服药。父母亲千方百计，节衣缩食，为祖父母请医治病。其后祖母、祖父先后逝世，而抗战末期，家中更为困难，我们似乎记得，父母商量，欲变卖家具，全家去内地，其事未成，幸而八年抗战胜利，全国欢腾，全家幸喜。

抗战胜利，父亲再度进慎昌洋行任工程师，并与好友冯宝龄、姑父陈昌贤、锷叔等组建开林建筑工程事务所，经办土木建筑设计工作，家中生活亦逐步恢复正常。锷叔、震熹、崇熹亦已先后回沪，一家团聚，惜祖父母已逝世矣。其时国内建筑业复苏，“开林”业务亦忙，永安纱厂加建厂房，父亲老友吴蕴初伯伯创建的天原化工厂，建造新漂粉塔(该塔系原德国某漂粉塔的外形草样，父亲进行结构设计后建成)，还有上海近郊的一些公路桥等工程。“开林”乃购置旅游车一、轿车一，旅游车可乘六七人，供同事们上下班及赴建筑工地用，父亲从未用轿车，每日与同事们共乘旅游车上下班。其时家中收入较丰，而永福路住房房东亦由重庆返沪要收回自用。全家乃搬回万航渡路老屋。时震熹已交大毕业，留校任助教，一方面亦在“开林”见习，当时在“开林”工作的有姑夫陈昌贤(美密歇根大学留学回国)、锷叔（之江大学土木系毕业)、表兄杨人溥及一些友人等。崇熹自重庆南开中学毕业回沪，即患肺疾，在家休养，后病愈进交大(后院系调整进华东航空学院)，杲熹在交大。昭熹在沪江大学、蕴文在中西女中学习，毕业后进上海第二医学院学习。

抗战胜利初“开林”业务兴旺，家中亦略有积余，但当时政府腐败，物价飞涨，当权者推出金圆券制度，国家经济崩溃，人民生活困难。父亲在此社会环境中，金圆券贬值，胜利后家中经济刚复苏，稍有积余，即全部贬值，加以战前、战后长期的艰苦工作，八年抗战的失业，身心损伤，即时感头痛，记忆力衰退而致病矣。

父亲自美留学回国，工作稳定，收入较丰，亲友中有困难者，父母时与帮助，而在抗战后到解放前夕，日寇侵略八年，胜利后政府腐败，社会不稳定，父母亲亦无力时常帮助亲友，父亲一生都不愿麻烦人，但是不论是父亲的亲友，或母亲的亲友，哪家有特殊困难，父母仍千方百计设法予以帮助。

1948年震熹已获美密歇根大学入学通知，乃于是年冬，父母送震熹赴美留学，时父亲仍在“开林”工作，据锷叔云，解放前夕，党的有关部门曾与父亲联系请父亲勿离上海，而其时父亲亦痛恨当时政府腐败，本不欲离沪出国，故在沪等候解放。1949年5月上海解放，父亲在台历上写道：“上海解放，欣喜万分……”想当时父亲的心情：“痛恨旧社会，希望得解放”。父亲是一名知识分子，学有所长，总望能为国建设，盼祖国富强，但旧社会政府腐败，建设寥寥，父亲虽负责建造了如广州中山纪念堂等许多建筑，但他常说，他的专业是桥梁建筑，而旧中国建造的大型桥梁可说寥寥无几。

上海解放，父亲心情舒畅，当时病尚不重，仍能去“开林”工作。“二六”轰炸，闸北水电厂被

▲ 广州中山纪念堂

▲ 上海交通大学新文治堂

炸，有关部门请“开林”抢修，父亲即率全体同仁前往抢修，厂房及时修复，立即恢复供电，但其后父亲因解放前金圆券贬值之伤且积劳成疾，病情日增，且言语不清，记忆力大失。其后上海原中苏友好大厦(现上海展览馆)建成，不久听说质量有些问题，有关部门拟请父亲前往检察，但父亲因病已不能前往矣。

父亲患病，亲友对母亲说，曹家渡房屋虽敞，但较阴暗，还是换个环境，母亲乃决定另找新居，迁入襄阳南路，时为1951年。新居结构良好，光线充足，但父亲终因身心受损且积劳成疾，病情亦无好转。初病时，母亲每日陪伴父亲去“开林”工作半天，其后不能上班，“开林”同仁只能来家请示工作，最后因脑力日衰，连同仁来家请示工作亦不能作答矣。而当时适值解放初期，父亲与同仁创办的开林建筑工程事务所，究属私人组合，不能继续。据锷叔云，当时政府虽欲聘请父亲担任土木建筑方面要职，许多国家单位亦都争聘，惜父亲病情已重，不能再工作矣。其后“开林”工作结束，姑夫陈昌贤受南京工学院聘为教授，锷叔受机电局聘为工程师，而父亲只能在家养病矣。

1955年，震熹在美工作，崇熹在南京航空学院学习，杲熹在北京铁道部工作，昭熹在上海中国人民银行工作，蕴文在上海第二医学院学习。是年春，母亲和铁婶同去商店购物，是日天气闷热，母亲不幸在商店中风，铁婶电告昭熹，乃急送第一人民医院，急诊诊断为脑溢血。母亲当时即不能言语，经医院抢救三日，药物无效而逝，悲哉！痛哉！

忆及母亲，书香闺秀，外祖父母生儿众多，唯母亲为女孩，素得外祖父母宠爱。母亲幼时，仍属清代，但母亲不缠足，且幼时即在校求学，毕业于上海清心女子中学。与父亲结婚后，因是大家庭，父亲是长子，数十年辛勤工作，挑起家中重担，母亲则主持家务，勤俭持家。抗战前祖父母居南翔家乡，父亲在沪工作，创家立业，必须照顾二地；抗战后，一家三代，十数人口，更靠母亲妥善安排，其间琬、芬、珏、碧诸姑嬢结婚，我们兄妹五人求学，大量费用，均由父母筹划。父母亲时对我们教育，在校好好学习，长大好好工作。父母为家庭耗尽心血，而母亲突遭噩耗，我们未能恩报养育之情，实为痛哉！

母亲急疾，三日而逝，当时诸亲友商议，父患高血压，不能告之噩耗，乃对父亲云：“母亲去美探望大哥。”当时父亲已病多年，思维不清，乃能隐瞒多年。惟有时父亲思及母亲，时说：“汝母无理，不告而去美探亲。”我等只能尽力照顾，安慰父亲。其时父亲在家里养病多年，生活尚有规律，三餐正常，闲时收听评弹、京剧广播，午后休息，起床后，时坐窗前，眺望街景，但病情日重，于1959年3月11日终因身心受损及高血压、心力衰竭而逝，享年六十四岁。

父亲辛勤一生，爱国爱家，惜生不逢时，解放前虽主持建设了许多宏伟建筑，但父亲时说，他专长桥梁建筑，但屈指可数，未能尽量发挥，而解放后，他本可大展鸿图，为国家建设，发挥才能，惜乎旧社会给他的创伤，致使解放时已一病再病，不能为国效劳，以酬平生之志，惟解放初期，因“二六轰炸”，大力抢修闸北水电厂工程一事，亦能略表父亲热爱新中国、热爱新社会之举也。

1996年适逢父亲百岁诞辰，乃书以纪念。

子震熹、昭熹，女蕴文谨记

1998年6月

▲ 上海友邦大厦（原字林西报社）

▲ 上海外滩中国银行大厦

Engineering Design of Guangzhou Sun Yat-sen Memorial Hall

广州中山纪念堂工程设计

李 铿（Lee Kung）* 冯宝铃（Feng Baoling）**

编者按：在以往的建筑史上，广州中山纪念堂以民族化建筑艺术创作上的成就载入史册，近期，随着历史文献的发现和建筑学研究的进展，现在可以肯定，其在建筑技术方面也居当时的国际先进水平。而这一切，很大程度上得益于李铿、冯宝龄先生将当时的钢架桥梁技术创造性地应用于建筑工程。文章摘自1932年9月1日出版的《工程》杂志第7卷第3号，转载自《父亲李铿百年诞辰纪念集》。

Editor's Note: In the history of architecture, Guangzhou Sun Yat-sen Memorial Hall was noted for its achievement as artistic creation of national architecture. Recently, with the discovery of historical literature and the progress of architectural research, we now know for sure that it also reached the world level of the time in terms of construction technology. And all this is largely due to Li Keng and Feng Baoling creatively applying the technology of steel bridges in construction engineering. The article is excerpted from the 3rd issue of the 7th volume of Engineering published on September 1st 1932. It was also included in the book To My Father Li Keng's 100th Birthday.

广州中山纪念堂，为近代我国伟大建筑之一，出于已故名建吕彦直先生之硕制，规模宏大，布置堂皇，洵足表扬国艺，追念先哲，诚建筑工程界之奇迹。本编所载，只限工程构造，至于建筑一项，非属本编范围，故不赘述。

堂屋基地及建筑大概

堂居广东省城之北，为旧总统府原址，中央公园位于前，观音山麓峙于后，左通吉祥路，后达纪念路。堂面正南，光线充足，环景幽秀，交通便捷。堂之外观，式仿古殿，偏屋列于四边，居中者为会堂，堂宽207英尺(1英尺=0.304 8米)，长234英尺，高160英尺。由南面正门而进，两边走廊，计有三层（图1），通达三面。有扶梯四，可达看楼。会堂与走廊间以砖墙相隔，形成八角，对径计158英尺，上盖五彩玻璃天墁，离地板计77英尺。再上即八角屋顶，顶下四周，备有钢窗，堂中光线皆由此射入。讲台位于北部，与正门相对，地位宽大，阔96英尺，深26英尺。会堂中间无柱子。看楼建筑系肱杆式，前面临空，惟后部近砖墙处有钢柱十。上部亦无柱子，故视线广大，堂厅可容三千人，看楼可容两千人。

工程材料及计算方式

凡设计建筑工程者，对于材料之选择，必先考其特性之适合，然后根据“永久”，“经济”及“易于建造”三原则周密配置，如是则造价廉而工程固，本堂工程材料亦本斯要旨而择定焉。按本堂工程复杂，用料浩大，选用一料焉，必求克尽坚力；如堂之底脚，用钢骨三和土造成，下打以洋松木桩；地板、楼板及屋顶板皆用钢骨三和土；樑之大者用全钢，小者用钢骨三和土；看楼大料以及臂架皆用钢制，全部屋架，亦用钢料，以期重量轻，物质固而易于装置也。因此本堂工程材料，除桩为木料外，其余均无木制者，虽精细之托架，难造之几斗，无不用钢骨三和土造成，以期垂久。

全部工程之设计，凡系钢料者，均照美国钢料工程建筑会（American Institute of Steel Constructions)所定之规则计算之。凡系钢骨三和土者，均照上海公共租界工部局所定之规则计算之，今将各部所定之保安活载重量（1磅=0.453 6千克）列如下：

* 李铿：中国著名结构工程师。
**冯宝龄（1897-1960）：江苏武进人。与吕彦直、李铿等多次合作，完成广州中山堂、海珠桥，上海永安公司等一系列重大建筑工程。

会堂地板	每英方尺	112英磅
看楼地板	每英方尺	112英磅
讲台地板	每英方尺	112英磅
走廊地板	每英方尺	112英磅
扶梯地板	每英方尺	100英磅
屋顶板	每英方尺	25英磅
屋架横风力（horizontal wind pressure)	每英方尺	40英磅

底脚设计

计划底脚之先，必须预定地土之保安载重量；惟各地地质结构不同，其载重量因之而亦异，而该量之检定，更非经多年之试验及经历不可，欲求准确，尤非易事。凡地土下无坚实之石层者，苟求建筑物设计之经济，则不免有下沉之虞。其沉量虽随地而异，然下沉则一也。只观上海一隅，近年所建之高大房屋，其计划不可谓不精，然遍查全境，几至无屋不沉；有沉数寸者，有沉尺余者。足证屋之下沉，实不可免。只求各部沉量之均等可耳。惟欲求其均等，则须于设计时审查各部之重量。按房屋重量，共分两种：一曰物料死重量；一曰计算樑板时所假定之活重量。各部底脚大小，应与各部之死重量；及相当时有之活重量，成正比例。若如是则底脚既有下沉，其沉量当可均等。凡设计底脚者，必须注意及此也。

本堂地毗观音山，地质较上海为佳，其保安载重量，当较上海所规定者为大。本工程所用为每英方尺2,000英磅。桩木保安载重量，以桩木与泥土之阻力以每英方尺300英磅计算之。本堂因构造复杂，各部重量参差甚大，底脚尺寸及桩木大小，亦因之不等（图2）。桩木之最大者为十寸方洋松木，长40英尺；其次为8英寸方洋松木，长30英尺；再次为6英寸方洋松木，长24英尺；最小者为6英寸方洋松木，长12英尺。兹将各桩木之保安载重量开列如下：

10英寸方、40英尺长之木桩	保安载重量	40,000英磅
8英寸方、30英尺长之木桩	保安载重量	24,000英磅
6英寸方、24英尺长之木桩	保安载重量	14,400英磅
6英寸方、12英尺长之木桩	保安载重量	7,200英磅

全部底脚均用钢骨水泥造成，在墙下者为接连式，余为单独式。底脚载重最大者，在第四十一及第四十二号柱下。此柱上支八角屋顶，屋架最大钢料，即置此柱头。柱为长方形，阔2英尺11寸，长16英尺，用1英寸方钢骨计七十二根，载重1,704,000英磅，约760吨。底脚阔15英尺，长23英尺，厚4英尺6寸，下有10英寸方、40英尺长之洋松木桩四十根。

底脚底面，低于地平面下4英尺又5英寸，木桩上端与此面平。广州地形甚低，故地下水面甚高；该处地下水面约在地面下3英尺左右。木桩之上端在地面下4英尺5英寸，故全身常在水中，白蚁等不能化

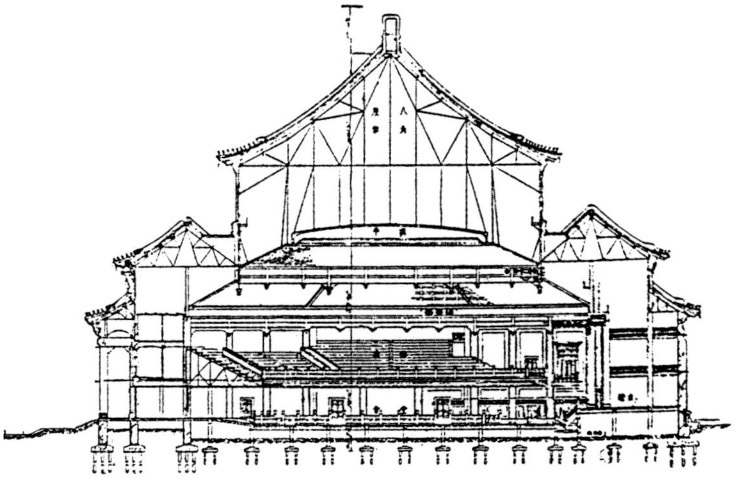

图1 立视剖面图

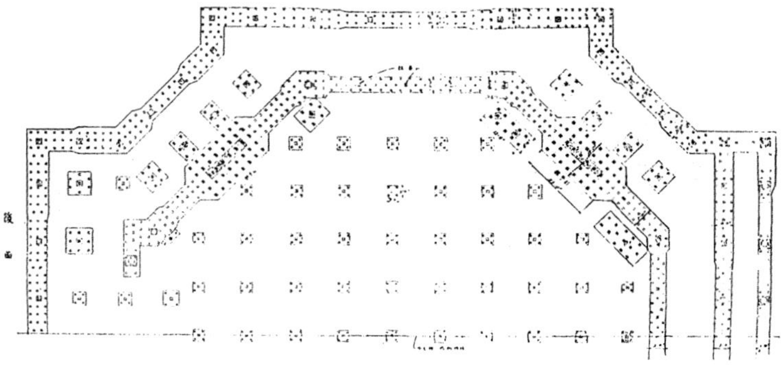

图2 底脚及木桩图

▲ 纪念堂地址全景

▲ 看楼钢架工程

▲ 屋顶大钢架之一

▲ 屋顶钢架工程

生；盖此等虫类，不能在水中生存，木桩之能为永久建筑料者，胥赖于此。

看楼下之钢柱十根，其底脚亦系单独式。看楼臂架后端，因有向上支力，故用拉条数条向下拉住。此项拉条最大者，为1英寸半圆钢条，钩于底脚钢骨内（图3），赖底脚及砖墙之重，压住向上支力，故此处底脚大料，除应支持向下之重量外，又须支持向上之拉力。

看楼设计

看楼全部除楼板外，皆以钢料构成，钢料系美国Bethelhem钢厂出品，共用一百余吨。沿会堂三面，在砖墙外约9尺许，立钢柱凡十（图4）。其两旁之四柱，分架横樑各一，长约59英尺又9寸，高约5英尺。正面入口处之两柱，架钢架一具，高约9英尺又3寸，长约59英尺又9寸。其余四柱，分列左右两角，上架钢架两具，高约7英尺又6寸，长约42英尺，与前部之钢架及两旁之横樑相连。臂架共十九具（图5），长短大小各异，其中部均架于钢架上。较长之一端，空悬于堂中，其后端则用钢条拉紧于墙内，伸入钢骨三和土底脚，借砖墙及底脚之重，以均其悬空部分。下弦（bottom chord)连以支杆，用以支撑钢网平顶。上弦（top chord）上造钢骨三和土楼板，拾级而上，即成看楼。看楼之下端，连以扶手，成半圆形，其对径为127英尺又6英寸，扶手中心离讲台129英尺。看楼建筑，除近墙之十柱外，场内全无障碍物。至设计时之死载重量，兹特附述如下：

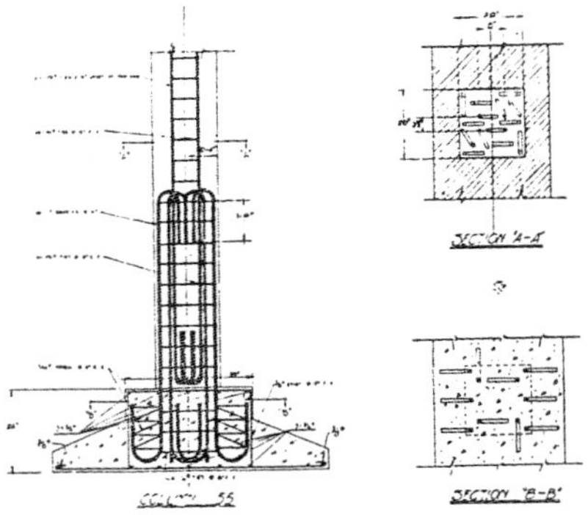

图3

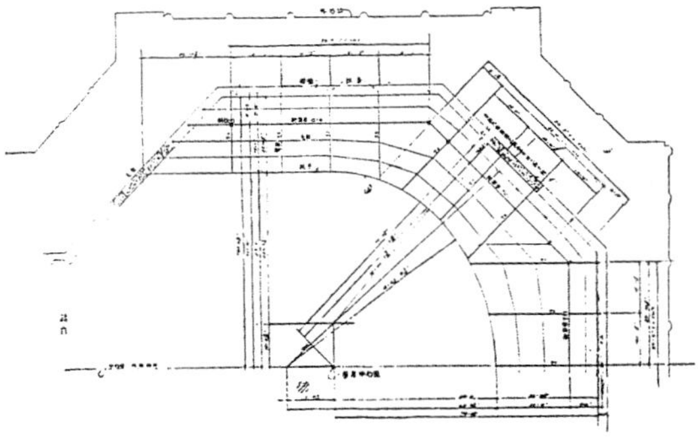

图4 看楼钢架图

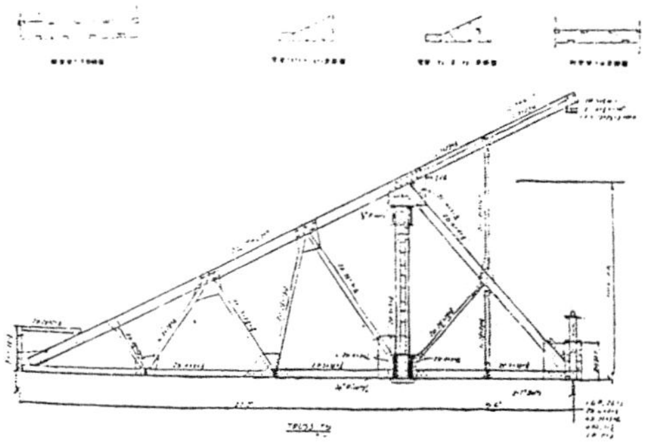

图5

钢骨三和土楼板	每平方英尺	24英磅
楼面粉刷	每平方英尺	6英磅
平顶粉刷	每平方英尺	10英磅
钢料	每平方英尺	5英磅

看楼建筑工程完毕后，即雇在场工人三百人，及当地兵士七百人，荷枪实弹，站立于最前悬空部，不时跳跃，以试其是否坚固，结果颇称满意。兹将各部分用料分列如下表：

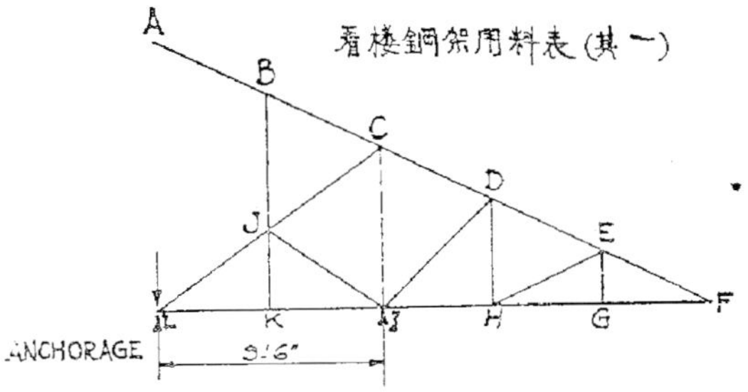

	T1	T2	T3	T4
AB	[7@9.75 L3×2½×¼	[7@9.75 L3×2½×¼	[7@9.75 L3×2½×¼	[7@9.75 L3×2½×¼
BC	[8@13.75 L3×2½×¼	[7@9.75 L3×2½×¼	[7@9.75 L3×2½×¼	[7@12.25 L3×2½×¼
CF	2-[8@13.75	2-[7@9.75	2-[7@9.75	2-[7@12.25
CL	2-L6×4×½	2-L5×3½×5/16	2-L5×3½×5/16	2-L6×4×3/8
LI	2-L6×4×3/8	2-L4×3×5/16	2-L4×3×5/16	2-L4×3×3/8
IF	2-L5×3½×3/8	2-L3½×3×5/16	2-L3½×3×¼	2-L3½×3×5/16
BJ	2-L2½×2×¼	2-L2½×2×¼	2-L2½×2×¼	2-L2½×2×¼
JK	L2½×2×¼	L2½×2×¼	L2½×2×¼	L2½×2×¼
DH	L2½×2½×¼	L2½×2×¼	L2½×2½×¼	L3×3×5/16
EG	L2½×2×¼	L2½×2×¼	L2½×2×¼	L2½×2×¼
JI	2-L2½×2×¼	2-L2½×2×¼	2-L2½×2×¼	2-L2½×2×¼
DI	2-L3×3×5/16	2-L2½×2×¼	2-L3½×3×¼	2-L3½×3×5/16
EH	2-L3×3×¼	2-L2½×2×¼	2-L3×3×¼	2-L2½×2×¼
ANCHORAGE	4@1¼φ up Set 1⅝	4@1φ	4@1φ	4@1⅛φ up Set 1½φ

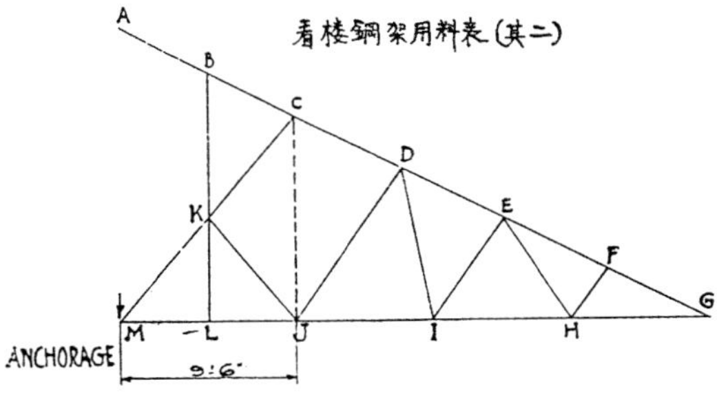

	T5	T6	T7	T8	T9
AB	[7@9.75 L3×2½×¼	[7@9.75 L3×2½×¼	[7@9.75 L3×2½×¼	[7@9.75 L3×2½×¼	[7@9.75 L3×2½×¼
BC	[7@9.75 L3×2½×¼	[7@9.75 L3×2½×¼	[8@13.75 L3×2½×¼	[8@13.15 L3×2½×¼	[7@12.25 L3×2½×¼
CG	2-[7@9.75	2-[7@9.75	2-[8@13.75	2-[8@13.75	2-[7@12.25
CM	2-L5×3½×3/8	2-L6×4×3/8	2-L6×6×½	2-L6×4×½	2-L6×4×½
MJ	2-L4×3×5/16	2-L4×3×5/16	2-L5×3½×3/8	2-L5×3½×3/8	2-L5×3½×3/8
JI	2-L4×3×5/16	2-L4×3×5/16	2-L5×3×3/8	2-L5×3½×3/8	2-L5×3½×3/8
IG	2-L3½×3×5/16	2-L3½×3×¼	2-L4×3×3/8	2-L4×3×3/8	2-L4×3×5/16
BK	2-L2½×2½×¼	2-L2½×2½×¼	2-L2½×2½×¼	2-L2½×2½×¼	2-L2½×2½×¼
KL	L2½×2½×¼	L2½×2½×¼	L2½×2½×¼	L2½×2½×¼	L2½×2½×¼
KJ	2-L2½×2½×¼	2-L2½×2½×¼	2-L2½×2½×¼	2-L2½×2½×¼	2-L2½×2½×¼
DJ	2-L3×3×¼	2-L3½×3×5/16	2-L4×3×5/16	2-L4×3×5/16	2-L3½×3×5/16
DI	L2½×2½×¼	2-L2½×2½×¼	2-L3×2½×¼	2-L2½×2½×¼	2-L2½×2½×¼
EI	2-L2½×2½×¼	2-L2½×2½×¼	2-L3×2½×¼	2-L3×2½×¼	2-L3×2½×¼
EH	L2½×2½×¼	L3×2½×¼	L2½×2½×¼	L3×2½×¼	L3×2½×¼
FH	L2½×2½×¼	L2½×2½×¼	2-L2½×2½×¼	L3×2½×¼	2-L2½×2½×¼
ANCHORAGE	4@1φ up Set 1⅜φ	4@1⅛φ up Set 1½φ	4@1½φ up Set 2φ	4@1⅛ up Set 1¼φ	4@1¼φ up Set 1⅝φ

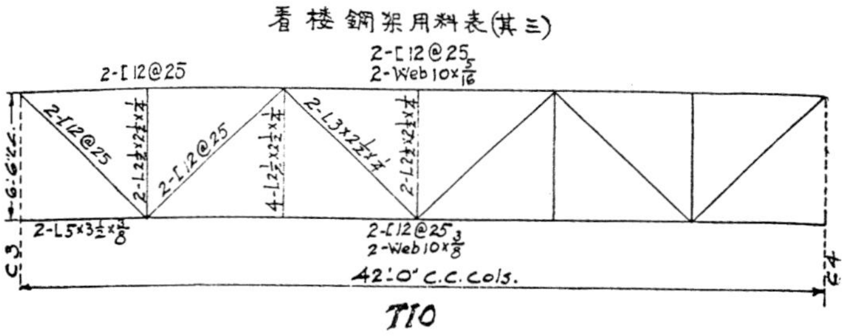

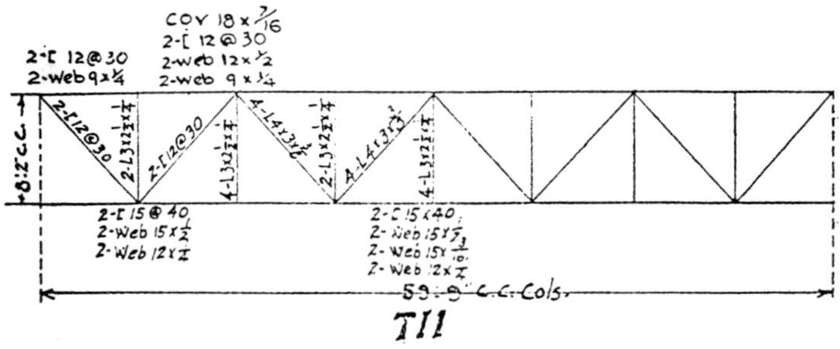

G1 SPAN = 59'9"		4-L6×6×5/8 Web 60×3/8 2-Cov. 16×5/8×51'0" 2-Cov. 16×5/8×44'0" 2-Cov. 16×5/8×33'0"
C1. C2		4-L 6×4×3/8 Web 12×3/8
C3 C4		4-L 5×3½×5/16 Web 9×¼
C5		4-L 6×4×3/8 Web 8×¼ 2-Cov. 14×3/8

屋顶设计

本堂屋顶可分为两部：①四周偏屋屋顶，②会堂中部之八角屋顶（图6）。两部均用钢架，横以水流铁桁条，其上铺以钢骨三和土屋板，板上再铺绿色之琉璃瓦。屋面成弯弓形，四周饰以华丽之钢骨三和土托架。两部屋顶连以大钢架四具，合全部为一。

前后偏屋屋顶之设计，较为简易。屋顶分两级，下级以钢骨三和土造成，上级为钢架；其式系普通之三角架，一端架于边墙钢骨三和土樑上，一端架于八角屋顶下部之大钢架上。屋顶凹凸异常，故桁条装置接榫计算，亦因而繁复。

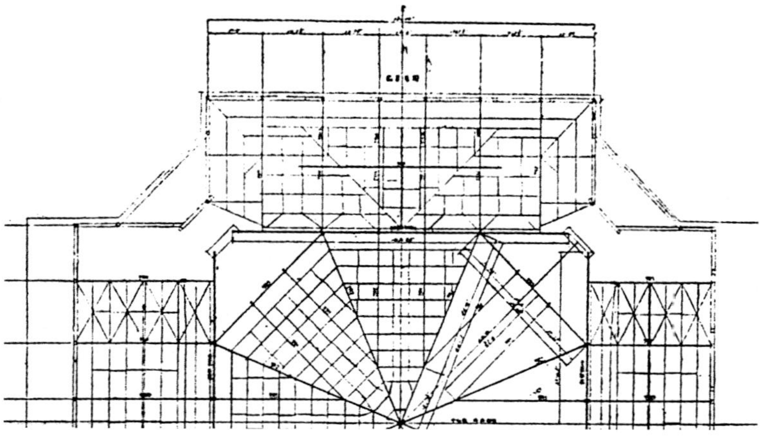

图6 屋顶结构图

两旁偏屋屋顶与前后屋顶稍异。屋顶中部有尖形之气楼，与凹面屋顶相接成不规则之曲线及奇形之三角度，是以设计与绘图尤多困难。

中部八角屋顶，高出偏屋顶尖离地约160英尺，面亦弯弓形，以大小钢架二十四具接成。屋顶八周有钢柱，立在下部大钢架上。大钢架纵横各二，成四方形，再于四角间连以钢樑，而成八角。大钢架长约107英尺八寸二分，高约19英尺，与铁路桥梁相仿。此为全屋最重要之钢架，上载中部屋顶，旁支偏屋架，下罄平顶钢料。四大钢架，离地约60英尺，以钢骨三和土2英尺11寸阔、12英尺长之大柱支撑之。柱记四个，嵌在砖墙中，故在表面观察，如此巨大屋顶之下，不见一柱竖立也。兹将设计屋顶死载重量如下：

瓦	每平方英尺	25英磅
屋板	每平方英尺	24英磅
灰泥	每平方英尺	6英磅
钢架	每平方英尺	5英磅

屋顶钢料分列如下：

（原文有“八角屋顶钢架用料表”，“偏屋屋顶钢架用料表”，前图因原文献模糊难辨，现列后图如下。）

偏屋屋頂鋼架用料表

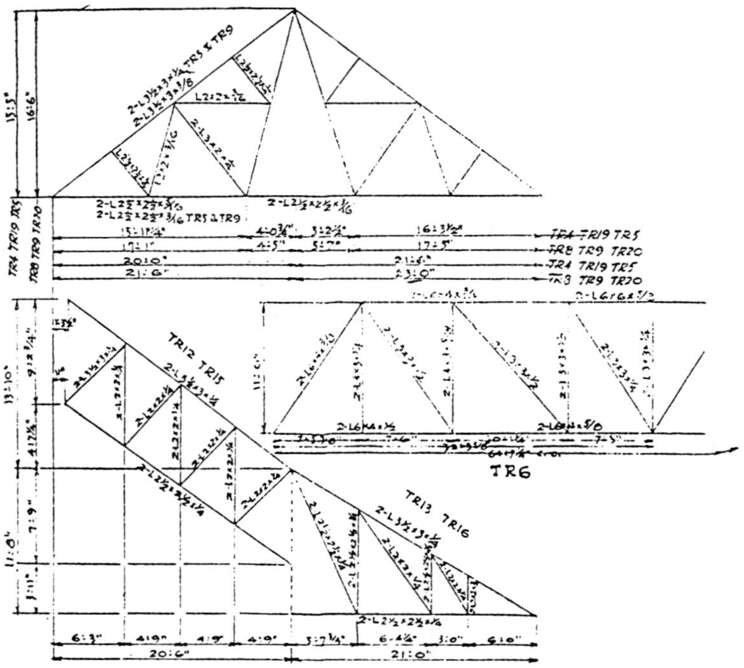

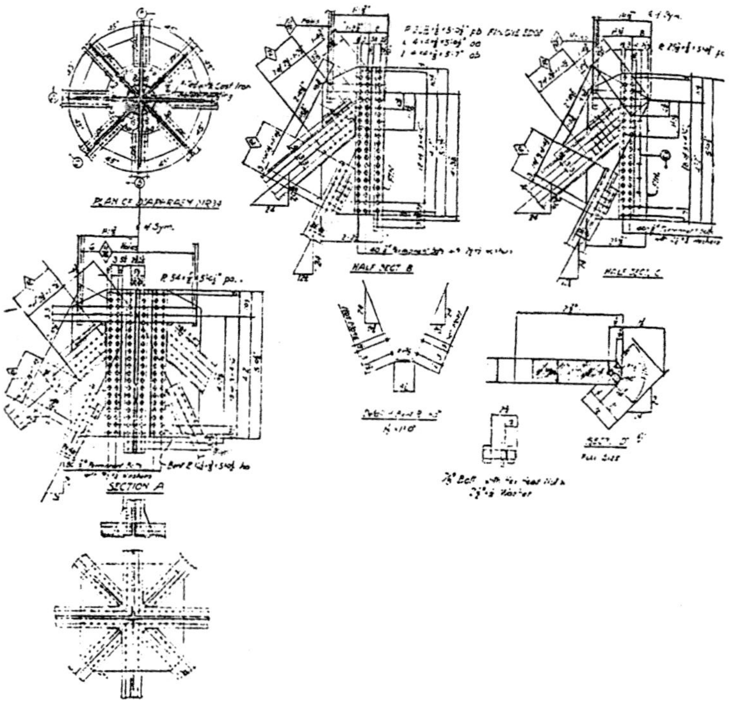

图7 八角屋顶钢架之交接

按该屋顶中部奇高而宽阔，形成八角，屋面多凹线，于设计绘图，殊增困难。且屋面倾斜异常，载瓦极重，故屋板之构造，必须轻巧坚固而易于装置。以上数点，曾经详加研究，而得下列之图样及公式，兹特分别说明于后。

（一）八角屋顶钢架交接处（见图7）

八角屋顶共有大小钢架二十四具，大若（TR_2）八具，小者（TR_1）十六具（图6）。小者分架于大者之上，大者复会聚于屋尖。此屋尖交接处之设计，较普通之钢架为困难。所载之重量，虽可计算，但实际上能否均分于各部，当视钢料之置配适当与否为准。八角屋顶交接之设计，详载图7。其造法先用钢板，角铁，及弯曲钢板等制成一八角星式之中心物，其中灌以生铁，而成屋架接筍，用此接筍而连接各钢架于一处。钢架于接筍相连皆用螺丝，因各架交角甚小之故，且便于工作。其上部再连以钢板，遂成尖形。

（二）钢骨三和土板之构造

屋面板为钢骨水泥三和土制成，每块规定阔为一英尺半，长约6英尺10英寸半，厚为1英寸。两旁有2"×3.5"筋两条，四周皆有接筍（见第图8）。三和土成分，为一份水泥，两份黄沙，四份小青石子之和合。此项屋面板，均于使用前三星期预为制就。

（三） 桁条斜角计算公式（见图9）

工程价格

本堂工程总价，共计上海规银一百一十余万两。今将各项工程价格分列于下（表内价格均以上海规银计算）。

工程项目	总价	单价（以每一百平方英尺计）	单价（以每一立方英尺计）
房屋工程约	$1,220,000	$2,900	$0.27
电线电灯工程等约	$75,000		
卫生工程	$33,750		
家具及台上帐篷等约	$50,000		

本堂所用之工程材料分列如下：

钢料　　约600吨
和三土钢骨　　约450吨
水泥三和土　　约1 200立方米
（每立方米为一百立方呎）

木桩　　10英寸方、40英尺长　　约222根
　　8英寸方、30英尺长　　约136根
　　6英寸方、24英尺长　　约1351根
　　6英寸方、12英尺长　　约238根

本堂全部建筑，为已故名建筑师吕彦直先生规划，由彦记建筑公司绘图监造。一部分工程由慎昌洋行建筑部设计绘图，著者主任其事。

全部房屋工程，由陶馥记营造厂承造。其中钢料柱架工程，由慎昌洋行承造及竖立。房屋卫生工程由亚洲机器公司承办及装置。电线电灯工程，由慎昌洋行承办并装置，并此附注。

本编内大部分照片及价格等，由彦记建筑公司经理黄檀甫及崔蔚芬两先生供给。图样由慎昌洋行供给，大兴建筑事务所代绘，特此致谢。（旧照片提供：黄建德）

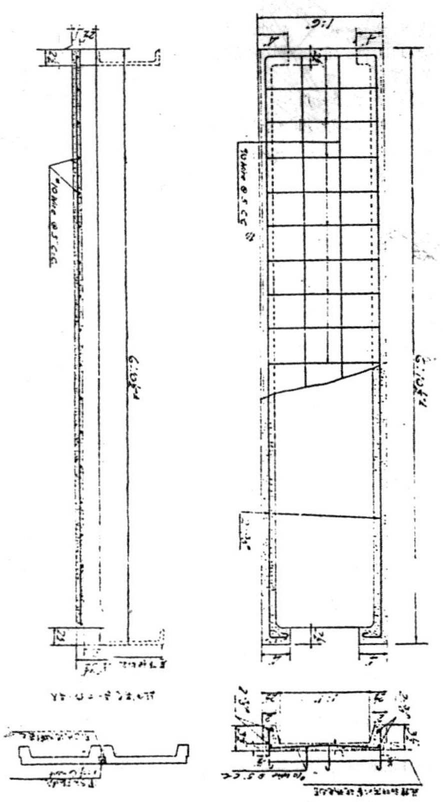

图8 钢骨三和土屋面板

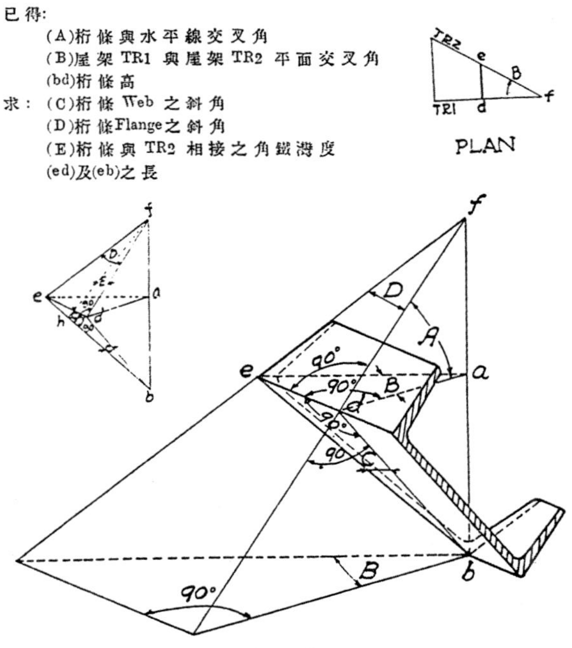

(1) $\tan.C.=\frac{ed}{db}=\frac{ab\ \tan B}{ad\div\sin A}=\tan.B.\sin.A.$

(2) $\tan.D.=\frac{ed}{df}=\frac{ad\ \tan B}{ad\div\cos A}=\tan.B.\cos.A.$

(3) $\tan.E.=\frac{hd}{bf}=\frac{ed\ \cos C}{ed\div\tan D}=\cos.C.\tan.D,$

(4) $ed=bd\ \tan C.$

(5) $ed=bd\div\cos.A.$

图9

Construction of Guangzhou Sun Yat-sen Memorial Hall

广州中山纪念堂施工实况

崔蔚芬（Cui Weifen）*

编者按：本篇翔实记录了20-30年代中国营建一项大型建筑工程的全部过程，是一份可供当代建筑业界借鉴的珍贵的建筑工程历史文献。文章摘自1932年10月出版的《工程》杂志第7卷第4号。

Editor's Note: This article records in details the whole process of a major construction project of China, presenting a precious literature of construction engineering for the reference of the present architecture industry. It is excerpted from the 4th issue of the 7th volume of *Engineering* published in October 1932.

广州中山纪念堂，建筑范围甚广。纪念堂而外，有门亭、铜像座、华表、旗杆、大平台、停车场、工人室及办公厅等（图1）。全部工程，占地共约百亩（1亩=666.67平方米），于民国十七年（1928年）四月兴工，今除门厅、工人室及办公厅尚在建筑中外，其余均以完工。兹将纪念堂之施工概况摘述于次。

工料之采办

本堂全部工作人员，均由上海选雇，按照工程进行状况往返更调。建筑材料亦大部自外阜采办，用料繁多，运输艰困。故均须按照施工程序，预为策划，俾所需工料得应时到达。下表列本建筑应用之重要材料及其用途与采办处。一切装置及设备品，如电灯卫生器具等从略。

材料名称	用　途	采办处
1.意大利云石	铺地、栏杆、柱墩	意大利
2.青色大理石	四周外墙护壁	辽宁
3.花岗石	房屋落脚、石阶、华表、铜像座	香港
4.□□（原文献无法辨识）	四周外墙面	上海泰山公司
5.马赛克	大门平顶及走廊铺地	上海中国制瓷公司
6.青色水泥	砌墙及一切水泥三和土	龙潭中国泰山水泥公司
7.白色水泥	颜色人造石	美国
8.颜料粉	颜色人造石	德孚洋行
9.金色马赛克	屋面结顶	法国
10.琉璃瓦	全部屋面	广州裕华公司
11.普通砖	一切砖墙	广州市
12.黄沙及石子	水泥三和土	广州市
13.石灰	内部粉刷	广州市
14.石膏	内部粉刷	广州市
15.松木	桩木	美国
16.柚木	一切门窗	新加坡

*崔蔚芬（1899—1978）：江苏宜兴人，上海南洋路矿学校土木科建筑专业毕业，1923入（上海）东南建筑公司，1928—1933参加广州中山纪念堂建设，任监工，曾任上海市建工局技术处副处长、副总工程师。代表作包括：与人合作建造广东银行大楼、淮海大楼、光陆大戏院、上海市立图书馆、上海市立博物馆，并在南京主持中央大学、中南银行、中山文化教育馆等工程建设。

（续表）

材料名称	用　　途	采办处
17.檀木	𠆢地板	新加坡
18.矫音地板	大会堂内平顶及墙面	美国
19.铺地胶	看楼地板	上海恒大洋行
20.锁及铰链	门及窗	美国
21.其他五金	门及窗	上海瑞厂工厂
22.铅条花玻璃	大会堂内天窗	上海亚细亚玻璃公司
23.二分厚玻璃	全部门及窗	英国
24.钢料	钢架及钢骨三和土	上海慎昌洋行
25.铜料	古铜气窗，踏步口，及凡水等	美国
26.钢丝网	平顶	美国

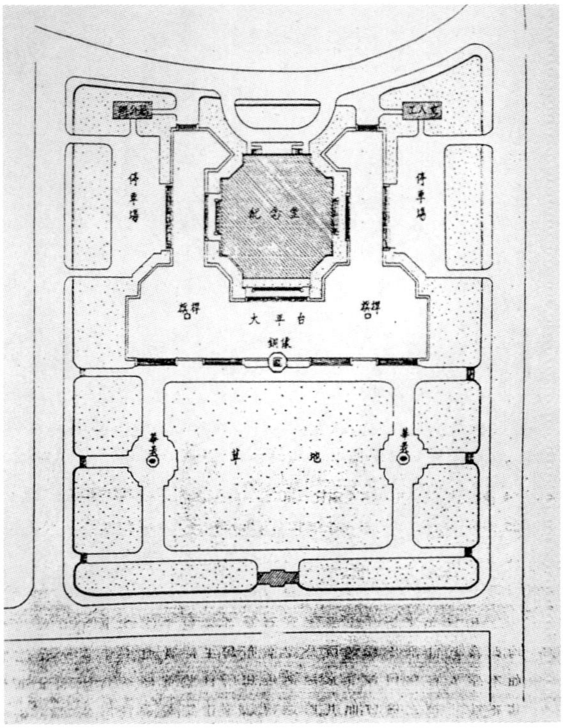

图1 纪念堂总地盘图

大会堂内钢骨水泥地板之施工

凡巨大建筑，其下无坚实石层者，难免下沉。惟下沉须求其平均，此当为计划工程者所公认，惟亦为主持实地工作者所宜注意。如本大会堂内钢骨水泥地板，其所负载重，几全为活重量，可信其绝少下沉之机会，而其四周砖墙等建筑，载重数层，所负之死重量极巨，难免有下沉之虑。此二者底脚，欲求其平均下沉，似属不可能，故在本工程进行时，该处地板，不与四周工程同时进行，而待全部纪念堂造成时，始铺行建造、使该四周工程，得先期下沉，而减少二者底脚间下沉之不均。

底脚工程

底脚打桩，系利用锅炉汽力，及铁锤打桩架施工。本工程共用锅炉二只，及打桩架三只，同时进行工作。打桩铁锤三具，一重二千磅，一重三千磅，系用以打六吋方木桩者；一重四千磅，系用以打八吋方及十吋方木桩者。

打桩时之平水，及桩之位置，最须注意。务求打入之木桩，深浅适度，地位准确。其平水符号，宜志于临近固定建筑物上，或远离打桩处所特立之平水桩上：因打桩时土地震动，附近所立之平水桩，易被抛起，而失准确。木桩之地位，在未打桩前，按图样所示地位，插小样桩，经校对准确后，始根据样桩地位进行打桩工作。唯该项样桩，或因受打桩时之震动，或因工作时之扰及，每易走动，故仍须时时加以校对。

铁锤打桩之下堕距离，规定不得过六呎使桩木不致因受过重压力，而受损伤及有歪斜等弊。又每打同一尺寸之木桩，均用同一重量之铁锤，及同一之下堕距离，借此以比较各部泥土之松软。本堂之建筑地址，因北近观音山，故北部土质，极为坚硬，桩木多有不能全部打入者。南部则土质较松，桩木亦较易下沉。于以知虽在同一地面建筑，土质亦每有不同。益见计划工程之匪易也。

木桩打入时，其端均使高出所规定之桩面平水少许，俾得将桩端被压毛部分锯去，使现坚平之桩面。此坚平之面，须露出碎砖底脚面约半吋，使其端嵌入钢筋三和土底脚，而受直接压力（图2）。

在遇泥土坚硬部分，至桩木打至不能再复沉入泥土之时（斯时铁锤遇桩木有反跳现象）即不再打，

▲ 北部底脚土质坚硬木桩未能全部打入泥土

▲ 桩端锯平后预备铺碎砖底脚

▲ 预备撑钢骨三和土底脚壳子板之前

▲ 第一层钢骨三和土楼板做成时之工场全景

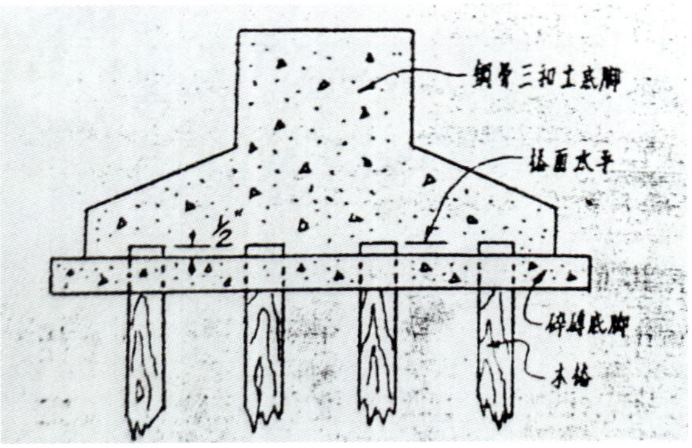

图2

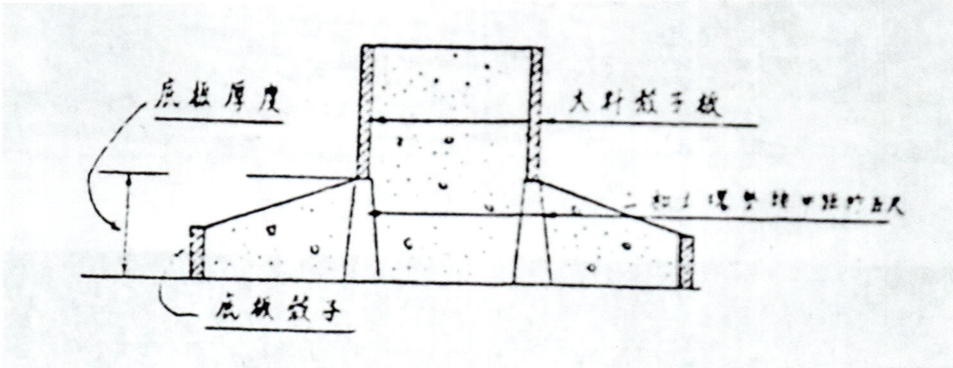

图3

而将剩余之未入土部分锯去。否则桩既无下沉可能，一味强打，则桩身势必受过重压迫，而致倾斜或开裂，桩之载重力反将受损矣。

底脚木桩锯平，及碎砖底脚铺妥安排坚后，在碎砖面涂一极薄层之水泥灰浆，俾得将底脚大料等之地位，完全用墨线明白弹出；既易于校对，复可得极准确之工作。

钢骨水泥底脚大料，因须与底板（Footing slab）同时做成，故所撑大料壳子板，其底与地面悬空。其间支撑物不宜用木料，应预作水泥三和土块备用（图3）。

底脚工程，须在地下水平线以下工作。故在底脚工程进行之先，在工厂四隅，预为开掘较深之水塘，使附近地下之水流，集中于该塘，而日夜以唧机抽出，泄之于马路沟渠，如此可使工作底面常保干燥。

骨架工程

继底脚而后之工作，为钢骨三和土及钢架等骨架工程。全部屋面及看楼，均系钢架构成，由外阜造妥后运送本工厂安装。其余柱、大料及楼板等，均用1：2：4钢骨三和土造成。

钢骨三和土柱　钢骨三和土柱之钢筋，及木壳立妥后，①逐一用线锤悬于长木杆，楼正其直度；②柱壳四角，用钉及铁丝攀住，柱内钢筋，使其保持在正中地位；③于灌注三和土前，将柱子木壳所现缝隙，完全嵌补完密；④清除壳内垃圾及将木板完全用水淋湿；⑤于离柱底五六尺高处，灌注三和土。每柱（指每层楼而言）于同日内，至少分两次灌成。因设在离柱底太高之处灌三和土，则石子因质重，将离水泥浆，而先下，致所灌三和土，不能得匀和之结果。

钢骨三和土大料及楼板，因载重上有连带关系，故在灌三和土时，二者均限定同时做成。撑楼板壳子时，其底板使互稍离开，于灌三和土之前一日，用水淋湿，使板涨密。其不能紧密之隙缝，均用白铁皮修补。盖如底板中无开离，而又不予完全淋湿时，则在三和土铺下后，底板将吸收三和土中之水分发涨，其板遂上拱，而使尚未干硬之三和土楼板生裂缝矣。

一切电线管、卫生管、落水管、电灯盒，及钢网平顶所需之吊铁等，均于未灌大料及楼板三和土时，预为埋设妥当。

水泥三和土，系用机器拌车拌成后，用小车输送工作处所。场内共装设拌车二架，每车工作人数三十至四十名，每日可做水泥三和土约十五方，每方

▲ 工作中之大会堂内部

▲ 屋檐之人造石几斗

▲ 全部骨架工程完成时

▲ 大门走廊之马赛克磁砖平顶

等于一百立方呎。

全部钢架陆续由上海慎昌洋行运至广州安装，以其计划复杂，运输艰难，工程颇受延缓。看楼下之钢大料(plate girder)两只，长六十呎，高六呎，系整件运来，极为重笨。计到达广州后，由广九车站运至工厂，费时竟至二星期之久。又大屋顶钢架，离地八十余呎，中间空无依凭，更须建立极复杂之临时桥架（scaffolding)，以进行工作，综计钢架工程，阅时凡一年有半。

装设钢架 承载钢架之钢骨三和土柱等，于三和土灌至离钢架底约二呎处，即进行埋置钢架螺钉脚（anchor bolt)。工作如下：

① 慎确测志钢架底板（Bearing Plate)之平水，及中线，于承载钢架之三和土柱壳子板上。

② 做与钢架底板同尺寸之木板一方，上以墨线画出十字中线，并鉴于钢架底板相同地位之螺钉眼于上。眼中即压置应埋之螺钉脚。

③ 将此板架钉于三和土柱之壳子板，使其平水及中线，完全与所志于该柱壳子板上者相合。

④ 钉脚上端四围，裹以长约尺许之竹管。于灌三和土时，将此管频频移动，俾后易于除去。竹管除去后，钉之周围，遂具空隙，故如钉脚之位置，稍有不符时，可将其偏移借正。

⑤ 螺钉脚装妥后，即徐徐灌三和土，至离钢架底板处为止。待三和土干硬后再用水泥浆窝置钢架底板，预备接装钢架。

安装钢架，先将底樑（bottom chord)架装于两端埋有螺钉脚之支撑柱。中间加以适当之木撑，使底樑完全水平，然后依次架装其他部分。其接筍处之钉眼，用螺丝钉暂行接入绞紧。

钢架装妥后，在帽钉（rivet)工作未完成时，架底撑头不可移去。否则钢架因本身重量下垂，其接筍处之暂用螺钉，遂受重压而难更易，致帽钉工作受其困阻。

查验帽钉　钢架所受之压力，完全由帽钉传递。故帽钉工作，在钢架工程上最为重要，其优劣由下二法测定之：

① 帽钉时，钉头经敲打易碎裂者，其质劣，须更换。

② 帽钉打成后，以小铁锤轻敲其头，如声铿然者，工作佳。如声哑然者，则此钉松，而不受压力，系因用钉太短，或工作不妥所致，必去之。

颜色人造石

纪念堂之内外装饰，如圆柱、花樑、护墙、栏杆及全部屋檐等，悉为颜色人造石粉成。盖取其耐久不变，永无腐坏等之优点也。

颜色人造石，为白色水泥、白石屑、颜料粉之适量混和物。粉成后，加以数次磨光而成，为纪念堂建筑中重要工程之一。

因欲人造石，颜色明显，所采用之白石屑，宜为粉碎者；否则如用较大之石屑，则一经磨光之后，石粒显露于外，即不能得明显之颜色。

所采用之颜料粉，于采办之先，宜经试用。以混和于水泥中，经久露不变色者为合。

粉人造石之处，第一度先以水淋湿，粉极薄之水泥黄砂浆作底，其而愈毛愈佳。第二度以水淋湿后，以水泥灰浆分层粉至所需之厚度，至离将粉之人造石面二分处为合。每层水粉之水泥浆，不得厚过半寸，其面并须划毛。第三度粉人造石层。在将粉时，先以极浓之水泥浆水，在底上刷过。所粉之人造石层，勿令厚过两分，盖过厚，则本层重量增加，而有垂离底层之虑，将来即易脱壳或碎裂。新粉成之人造石，勿宜曝露于日光之下，因其易致爆裂。

人造石粉成后，约阅二十四小时，即可加以初度磨光。磨后以同色之颜料水泥浆，浆粉之。至少须阅一星期后，可加以第二度磨光，及浆粉。然后经长久日期后，加以第三度磨光。

普通人造石工作，以第三次磨光为末度。但磨浆次数愈多则工作愈光洁精细。最后一度磨光时期以离初度磨光时愈久愈佳。盖久则水泥混合物愈坚硬，磨时不易起毛痕及裂斑，可得光细之结果也。

人造石工作之较为复杂及难造者，为栏杆、花樑、屋檐等工程，均系预先分件做成后，装配于实地，俾可减少工人在桥梁上工作之困难及危险，并可得较整齐之工作。但在工作进行之先，须在实地将尺寸及曲势等，精确量出，方可分件配置。设稍有差误，则全工皆弃矣。

屋檐工程

屋檐全为人造石粉，其构造及装配如图4。①先做成钢骨三和土底架如甲图；②次将桁条粉人造石层，及磨光之如乙图；③架装预先做成之人造石椽

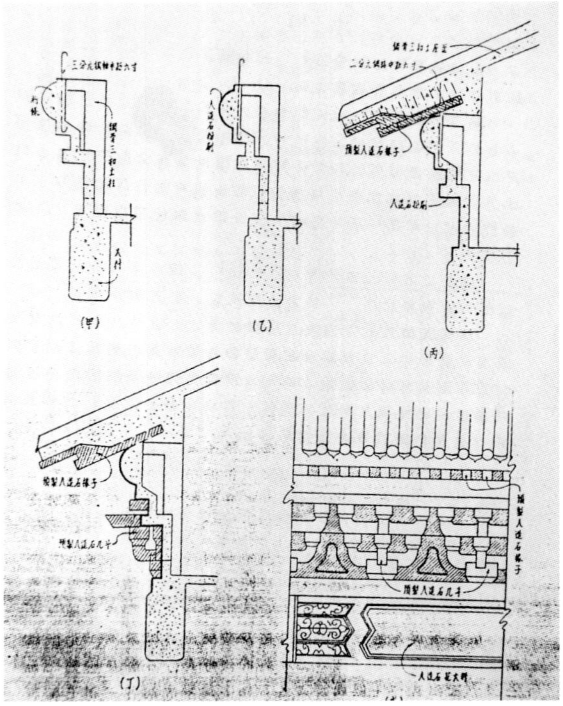

图4 人造石屋檐之构造

子，及盖造钢骨三和土屋面，如丙图；④装设预先做成之人造石几斗如丁图；⑤最后粉人造石花樑。全部屋檐即告完成如戊图。

屋面工程

全部屋面均盖钢骨三和土版，上铺蓝色之琉璃瓦。大屋面之结顶，则为金色马赛克所造成。

钢骨三和土屋面板，大部分为预先分块制成，该项屋面板，在浇制时，每边附入约三呎长之白铁丝，中距一呎，用以缚扎屋面之圆筒瓦。屋脊斜沟及近屋檐等处部分之屋面，其三和土板，均于各该地位，撑置木壳浇成；并于每距一呎中处，埋入三分圆之钢枝，用以阻琉璃瓦器之倾斜。

铺设屋面瓦，先自瓦脊地位开始，脊底做水泥三和土基，基面做出瓦脊应有之曲势。然后用水泥灰

浆，砌筑天狗及瓦脊。

底瓦及筒瓦逐行铺置。因屋面斜曲之处甚多，其每行之宽度及地位，于未铺瓦前，预为排定，用墨线在屋面划出，免瓦行有歪斜之虑。屋面斜沟等处，需用之斜瓦，其所需之尺寸及块数，均先行实地量出，做就样板定制。盖琉璃瓦片，质料非若普通红瓦之易于割截，其有特别形式者，必预为定造也。

内部工程

内部工作大都于屋面告成后，始积极进行。一切木门窗、古铜花窗、大理石装饰等，均由上海造成后，运粤装设。

钢网平顶，堂内平顶，皆用六分水槽铁(Channel)及有筋钢网构成。水槽铁中距至多十二吋，用十二号白铁丝，或涂过柏油之分半圆铁条，悬附于钢架及钢骨三和土楼板等。同时更用涂透柏油之木撑撑实，使其无上下弹动之可能。用钢网平顶之优点有三：①不易虫蚀；②质轻；③所附之粉刷，可保永久干燥，极易于油漆，但工作稍不合法，即易使粉刷龟裂，监工者极宜注意之。

内部粉刷，除一部分人造石外，余均为石膏粉刷，计分三度工作：第一度为石灰黄砂及麻筋之混和物，约粉三分厚，使之紧附于被粉之墙，或平顶上，而将其面划毛。待其干硬后，再用同样之材料，粉第二度。此层约粉半吋至一吋厚，其面须十分平直。第三度为石膏粉，及石灰浆之适量混和物。粉约半分至一分厚，并用钢板括至十分光平。所用第一及第二度粉刷材料，于应用前一月，将石灰化浆滤过后，与黄砂及麻筋混合，堆置备用。粉刷用之石灰浆，如不能经滤过手续，则粉刷间含有未净之石灰，日后必致有起泡之弊。如用新化成之石灰浆粉刷，则其面多起燥纹，而不得良好之工作。

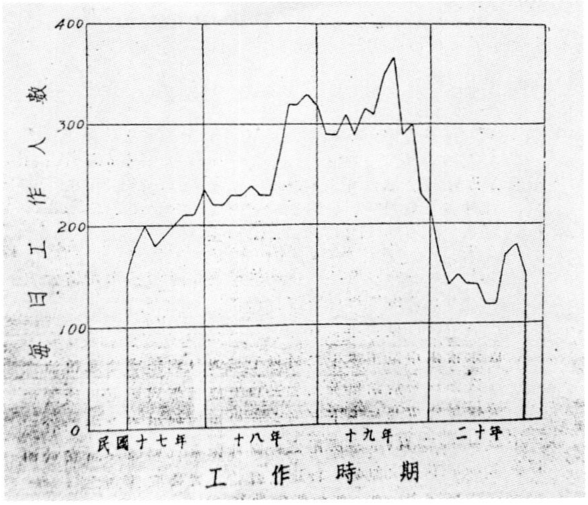

图5

人工核计

纪念堂于民国十七年（1928年）四月开工，二十年十月十日落成，为时共三年半之久。工作人数平均每日在二百名以上。上列图5为工作期间工人人数之增减情形。

本堂建筑费，共约规元一百四十万两。工作人数之总额，照上图计算，共二十九万三千余工。故本工程内，每人工一工，合占造价规元$4.77。

（旧照片提供：黄建德）

On Education of Architecture Survey Drawing in China

中国建筑测绘教育实践精粹

本刊编辑部（CAH Editorial Office）

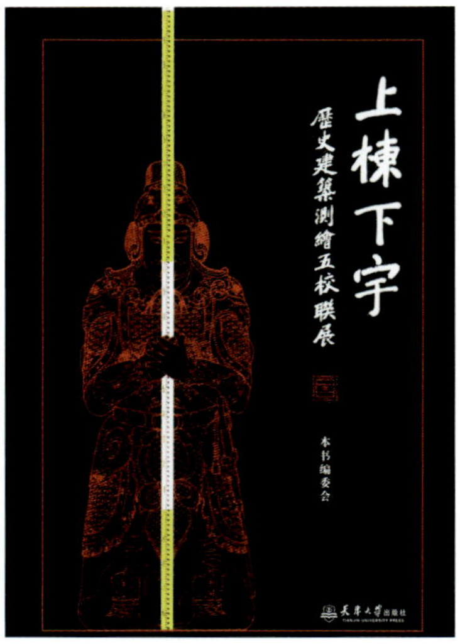

编者按：《上栋下宇——历史建筑测绘五校联展》一书，正如书名所揭示的，是由清华大学建筑学院、天津大学建筑学院、北京大学考古文博学院、东南大学建筑学院和同济大学建筑与城市规划学院（以加入展览筹备先后为序）于2004年联合主办的“历史建筑测绘五校联展”内容编纂而成。这种全部以历史建筑测绘和研究成果为展品的展览新中国以来还是第一次，最初发起者为天津大学建筑学院和清华大学建筑学院。秉承两院学生间长久以来定期交流的传统，双方决定于2004年秋测绘实习结束后随即举办两校间的测绘成果展览，借以加强建筑历史、古建筑测绘的教学交流，增进了解，互通有无，共同进步。在展览筹备期间，北京大学考古文博学院、东南大学建筑学院和同济大学建筑与城市规划学院闻讯陆续加入，使参展方从两校扩大到五校，展览也最终定名为“历史建筑测绘五校联展”。五校中的四个建筑学院均有半个世纪以上的历史建筑测绘传统，以测绘为内容的课程一直是四校及其他一些高校建筑院系的专业必修课。

这次展览共展出60块展板，精选了五校历届学生绘制的历史建筑测绘图400余张。绘制手段和技法，包括铅笔、钢笔墨线、国画、水墨渲染、水彩渲染、计算机制图和模型制作等，许多图纸本身已经成为珍贵的文物。测绘的对象、上自北朝、五代、辽、宋遗构，下至清季、民国史迹，时代越千年之久；恢弘雄伟如北京故宫太和殿、太庙享殿及明长陵祾恩殿之皇家三大殿，纤丽多情如江南宁沪间诸多士人园墅。村落民居，伽蓝石窟，浮屠经幢，石梁道藏 几乎涵盖了中国传统建筑各种等级、样式和用途的众多实例，琳琅满目，异彩纷呈。五校测绘的足迹，几乎遍及国内所有的省、自治区、直辖市，甚至还曾远涉重洋踏足非洲。

从2004年8月下旬开始，经各方认真磋商和精心准备，联展最终于9月20日下午在发起方之一清华大学建筑学院开幕。各校代表会聚一堂，在祝贺此次五校联展的首次举行的同时，分别介绍了各自学院进行历史建筑测绘的概况，表达了各自对历史建筑测绘在建筑学或文博专业教育中的地位、作用的理解。对于联展的未来以及各展方今后在相关领域进一步交流合作，各校代表也都寄予厚望。参展各方还听取了天津大学建筑学院代表做的“古建筑测绘教学改革的理论与实践”专题报告，并就此展开了热烈的讨论。在接下来的10、11月间，展览在参展各校间巡回展出。接着又先后被华中科技大学、沈阳建筑大学、西南交通大学等高校借展。联展不仅受到展出地高校大批建筑学、城市规划、文物建筑等专业师生的广泛关注和好评，还吸引了其他专业、其他高校师生甚至普通市民的目光。不仅达到了预期的扩大了解、增进学术交流，借以提高历史建筑测绘教学科研水平的目的，而且还扩大了高校所参与的文物保护工作的影响，宣传了保护文化遗产的重要意义，取得了良好的社会效益。

梁思成先生在1944年出版于四川南溪县李庄的《中国营造学社汇刊》第七卷第一期中《为什么研究中国建筑》一文的结尾指出：“以测量绘图摄影各法将各种典型建筑实物作有系统秩序的记录是必须速做的。因为古物的命运在危险中，调查同破坏力量正好像在竞赛。多多采访实例，一方面可以作学术的研究，一方面也可以促社会保护……研究实物的主要目的则是分析及比较冷静的探讨其工程艺术的价值，与历代作风手法的演变。知己知彼，温故知新，已有科学技术的建筑师增加了本国的学识及趣味，他们的创造力量自然会在不自觉中雄厚起来。这便是研究中国建筑的最大意义。”

时至今日，实现这样的意义在很大程度上仍然是建筑、文物保护及相关学科中教育、科研活动的历史使命，也正是这次五校联展的旨归。虽然中国营造学社停止工作已经60年了，但她播下的火种早已形成燎原之势，联展的成果也正是这一景象的生动写照和历史检阅。

书稿付梓在即，编委会有幸邀请到60多年前就开始从事历史建筑测绘的著名古建筑和文物保护专家、原中国营造学社成员罗哲文先生为这部图集著序。国家文物局局长单霁翔先生在繁忙的公务中也拨冗为本书作序。虽然出版时间紧迫，德高望重的考古学家、北京大学教授宿白先生还是欣然应邀为本书题写了书名。我们更要向历年参加历史建筑测绘的所有教师和学生表达最崇高的敬意和最衷心的感谢，今天的丰硕成果无不源自于他们默默无闻的奉献和无与伦比的聪明才智，尽管他们中间大部分人的作品并没有出现在这本图集里。本栏目在组稿中得到天津大学建筑学院王其亨教授、张龙博士的帮助，在此一并致谢。（本编者按根据该书编者序修正。）

Editor's Note: Just as the title goes, this book records the *Five Schools Co-exhibition of Survey Drawings of Historical Architecture* hosted by five schools including the Architectural Design and Research Institute at Tsinghua University, the School of Architecture at Tianjin University, the School of Archaeology and Museology at Beijing University, the School of Architecture at Southeast University and the College of Architecture and Urban Planning at Tongji University in 2004. It is the first exhibition that only exhibited the survey drawings and research results of historical architecture since 1949. The School of Architecture at Tianjin University and the Architectural Design and Research Institute at Tsinghua University are the initiators of the exhibition. As the students in these two schools have a tradition of regular communication, they decided to hold an exhibition after the fieldwork of survey drawings in fall 2004, to demonstrate their results, strengthen their communication of studying architectural history and ancient architecture survey drawing, and make common progress. During the preparation period, the School of Archaeology and Museology at Beijing University, the School of Architecture at Southeast University and the College of Architecture and Urban Planning at Tongji University joined them one after another, hence the title *Five Schools' Co-exhibition of Survey Drawings of Historical Architecture*. Four of them have more than half a century of traditions of historical architecture survey drawing, the lecture on survey drawing is always a mandatory course in the four schools and other architecture institutes in other universities.

The exhibition had 60 posters in total and selected more than 400 survey drawings of historical architecture finished by previous students of the five schools. There are lots of means and techniques of drawing, such as pencil sketch, pen drawing, ink painting, water color painting, computer graphics, modeling and etc. Many drawings had become precious cultural relics. The objects of survey drawings, from the antique buildings in the Northern Dynasties, the Five Dynasties, the Liao Dynasty and the Song Dynasty, to the historical relics in the Qing Dynasty and the Republican period, across thousands of years, including grand architecture such as the Hall of Supreme Harmony in the Forbidden City, the Sacrificial Hall of the Imperial Ancestral Temple and the Hall of Blessing and Grace of the Changling Tomb, and elegant buildings like the ancient scholars' gardens in Shanghai and Jiangsu in the south. Villages and dwellings, temples and grottoes, Buddhist dharani pillars and Taoist libraries almost cover Chinese traditional buildings of all levels, styles and functions. The Five Schools' Co-exhibition presents a dazzling and colorful collection of architectural treasures throughout all the provinces, autonomous regions, municipalities in China. Some students had even gone all the way to Africa to conduct the survey drawing of architecture.

After serious discussion and careful preparation since the late August, the co-exhibition opened in the School of Architecture at Tianjin University on September 20th. Representatives from the five schools gathered together to celebrate their first co-exhibition and at the same time introduced the general situation of historical architecture survey drawing in their own schools, delivering their understanding of the role of historical architecture survey drawing in the education of architecture, archaeology and museology. They also had high expectations for the future of co-exhibition and their further communication and cooperation in relevant fields. All the participants also listened to the report on *Theory and Practice of the Reform in Teaching Historical Architecture Survey Drawing* presented by the representative from the school of Architecture at Tianjin University, and had a heated discussion over the topic.

In the following October and November, the exhibition toured in the five schools. In addition, it was invited to show up in Huazhong University of Science and Technology, Shenyang Jianzhu University, Southwest Jiaotong University and other universities. The co-exhibition had not only received receives the widespread concern and the high praise from teachers and students of architecture, urban planning and historical architecture in these universities, but also caught the eyes of teachers and students from other disciplines and other universities, and even drew the attention of ordinary citizens. As expected it expanded people's awareness, promoted academic exchanges and advanced the level of both education and research in historical architecture survey drawing. What's more, it added weight to the cultural heritage protection work that those universities take part in, propagated the significance of cultural heritage protection and achieved sound social effects.

At the end of *Why to Study Chinese Architecture* in the first issue of the seventh volume of *Bulletin of the Society for Study of Chinese Architecture* published in 1994 in Lizhuang village, Nanxi County, Sichuan, Mr. Liang Sicheng said:"It is of urgent necessity to systematically record all kinds of typical architecture, as the historical relics are now at stake. It seems that the surveyors are fighting against a kind of destructive force. To collect as many as possible cases of architecture on the one hand it is helpful for academic research, on the other hand is beneficial to promoting social protection… The main purpose of case study is to analyze and calmly discuss the value of the artistic side of the project and the evolution of styles and techniques through the ages. As the old saying goes, you should know yourself as well as the enemy, and learn the new by restudying the old. Once the architects with technology have developed their knowledge and interests in the local culture, they would unconsciously enrich their creation. This is the greatest goal of studying Chinese architecture."

序一

党和国家高度重视文物保护工作，改革开放以来，文物保护事业有了突飞猛进的发展。但也应当看到，在国家经济快速发展的过程中，文物保护事业也面临着巨大的挑战，经济建设和文物保护的矛盾仍然存在。同时，文物保护基础工作也存在较为薄弱的方面，例如历史建筑的记录建档和高层次人才匮乏就是其中较为突出的问题。

《文物保护法》规定：各级文物保护单位，分别由省、自治区、直辖市人民政府和市、县级人民政府划定必要的保护范围，做出标志说明，建立记录档案，并区别情况分别设置专门机构或者专人负责管理。在文物保护单位的“四有”工作中，建立科学的记录档案是任务繁重、技术含量高的一项事务，而记录档案建立中最为繁重、技术含量最高的就是历史建筑的测绘工作了。历史建筑的测绘记录工作是文物保护基础工作的重中之重，是日常管理维护、从事基础研究、进行相关规划、设计和实施保护工程的基本环节和前提条件，其重要性不管怎样估计都不过分。但目前来看，这项工作即使在全国重点文物保护单位中也开展得不够理想。这主要是因为我国历史悠久、幅员辽阔，文化遗产众多，而与此形成鲜明对照的则是历史建筑保护的专业人员尤其是高级人才严重不足，资金短缺，面对如此众多的建筑瑰宝显得力不从心。

可喜的是，清华大学、天津大学、北京大学、东南大学、同济大学联合举办的“历史建筑测绘五校联展”给了我们新的启示：测绘记录工作完全可以与高校教学科研活动相结合，少花钱，多办事，实现高等院校和文物保护单位的双赢。

事实上，历史建筑测绘是西方传统建筑教育的重要组成部分，我国在现代建筑教育、建筑历史研究、历史建筑保护领域中的先驱和泰斗梁思成、刘敦桢先生等人也正是在接受西方教育中认识到对历史建筑实地调查和测绘重要性，并亲自实践，成为中国历史建筑测绘的先行者和开创者。这些理念和经验后来也融入到他们的教学实践中，历史建筑测绘成为我国建筑教育中一个重要实践环节和优良传统，并延续至今。可以说，历史建筑测绘源自高等学校。建筑院校参与历史建筑测绘具有不可替代的优势。从本图集的测绘图来看，如果统一要求，使之与文物保护工程的技术标准接轨，高等院校师生的历史建筑测绘完全可以达到较高水平。

国家文物局局长　单霁翔

序二

当我看到这次“历史建筑测绘五校联展”丰富精彩的成果之时，不禁心潮起伏，思绪万千，兴奋不已。60多年前和已故老友卢绳教授在中国营造学社首次参加四川宜宾李庄明代建筑旋螺殿的测绘情景如在眼前。也许是天意的巧安排，10年后的上世纪50年代初，我和绳教授又因古建筑测绘的因缘再次相聚。他在天津大学建筑系教建筑史，我在文化部文物局负责古代建筑的保护维修和调查研究工作。两者虽各有侧重，但测绘却都是同样重要、必不可少的工作。当时，我们都在承德测绘避暑山庄和外八庙古建筑，我未能完成这一项工作，而卢绳教授却很快完成了这一庞大古建筑群的测绘、摄影、后来还出版了大型专著《承德古建筑》。究其原因是在他的后面有一批年轻教师和许多参加实习的学生。我从这里也得到启发——大专院校在保护文物古建筑方面是一支水平很高、实力雄厚的力量，于是我便开始大力支持他们。当时还有清华大学、南京工学院（即后来的东南大学）、同济大学等一批高校的建筑系也都结合教学开展古建筑测绘工作，50多年来一直在不断努力。

从这次五校联展中我深刻地感到，高校学生结合实习参加古建筑测绘的好处甚多，主要有以下三点。

第一，从教学来说（这是学校的主要任务），直接受益的是学校和学生。要了解中国的国情，了解中国的历史文化，了解中国建筑的特色，了解如何创作具有中国特色现代化的建筑，为建设有中国特色的社会主义服务，首先是要学习中国建筑的历史。学习的方法最好是结合实物进行分析研究，而测绘又是进行分析研究必不可少的工作。我和卢绳先生在中国营造学社师从梁思成、刘敦桢、林徽因等先生学习古建筑的时候就是从测绘实物中开始的。

第二，测绘是研究历史尤其是科技史、文化史的重要手段。建筑是一门实用的科学，同时也是许多门科学和文化艺术的综合载体，历朝历代、从古至今，莫不把当时最先进的科学技术用于重要建筑之上，莫不把当时最好的工艺、艺术作品用于重要的建筑之上。宫殿苑囿、坛庙寺观，直到今天的人民大会堂、博物馆、歌剧院等等大型公共建筑莫不如此。建筑被称为凝固的音乐、木石的史书，但是要真正了解它们丰富的科学技术和文化艺术内涵，测绘是最为重要的方式。中国营造学社朱启钤、梁思成、刘敦桢等先生开创的科学建筑史的研究，就是以实测为基础的。

第三，测绘是保护维修古建筑最为重要的前提。对古建筑包括石窟寺、摩崖石刻、大型造像、遗址墓葬等不可移动的文物，要真正保护好必须做好“四有”工作，其中最重要而又工作繁重的就是测绘。全国重点文物保护单位公布已有40余年，至今还有不少单位“四有”工作尚未完成，就是因为没有测绘资料。对古建及石窟的保养、加固和维修工程的方案设计首先就要有测绘图才能进行。特别是一些重要建筑，如果万一不幸被毁坏，有了详细的测绘资料也可以科学地复原。在这次五校联展的测绘成果中已有不少转化为“四有”资料并用于保护维修和科学研究，有的还作为申报世界遗产之用，其意义之大可想而知。

关于测绘技术问题，也是随着社会发展不断进步的。中国营造学社当时利用的仪器和工具在今天已有了很大改进和发展，如近景摄影、三维扫描等先进手段为古建筑测绘提供了更为便利、更为准确的条件。我相信高校的测绘技术也会与时俱进，把工作做得更好。

总之，高校参与文物古建筑的测绘，是一件对于教育部门与文物部门都有利、可以取得“双赢”的好事。在测绘实践中培养出来的人才还可为文物部门增添新的力量。作为一个从事60多年测绘古建和文物工作的老兵，衷心希望文物部门与教育部门今后继续加强合作，提高质量，为我们文物建筑这一宝贵遗产的保护维修、科学研究、合理利用做出更多贡献。

为了广泛宣传、介绍高校与文物部门合作的测绘成果，改进提高今后的测绘工作，五所著名高校举办了测绘成果联展。现将展出作品编选成册，由天津大学出版社出版。编者知我与卢绳教授都是60多年前在中国营造学社开始测绘的老友，又是一贯支持高校与文物部门合作测绘的热心人，特让我写几句感想和意见，借此作为此册图书出版的序言。

罗哲文

北京大学考古文博学院

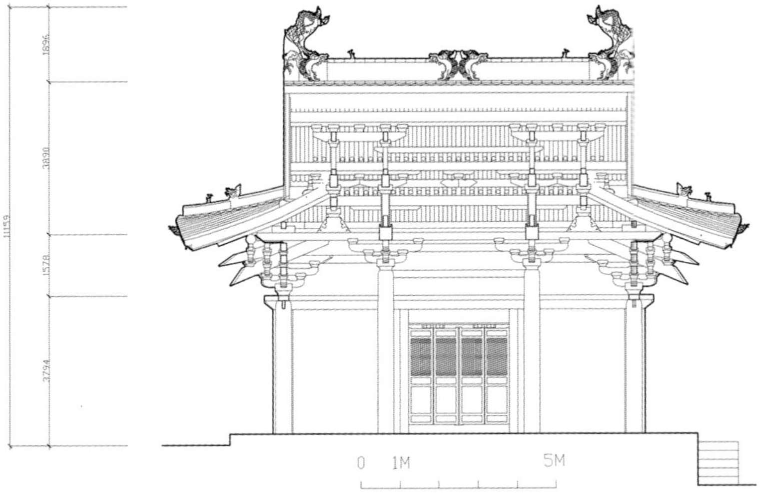

▲ 龙门寺大殿纵剖面图

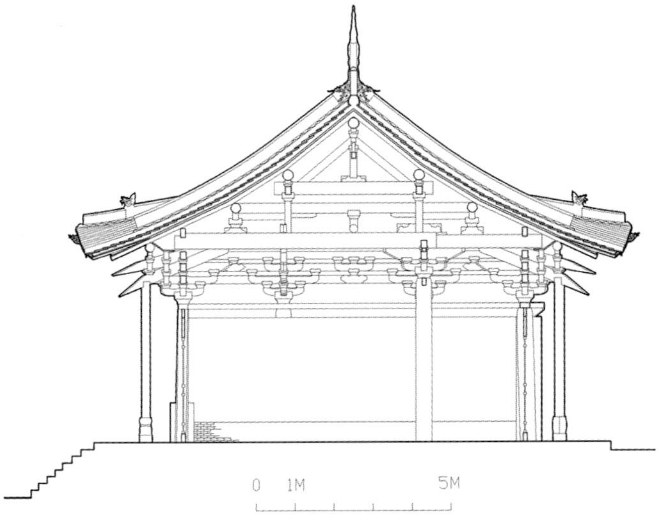

▲ 龙门寺大殿横剖面图

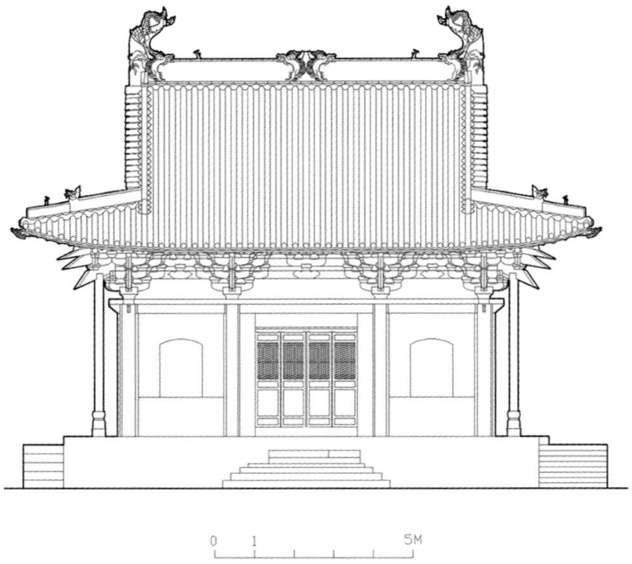

▲ 龙门寺大殿南立面

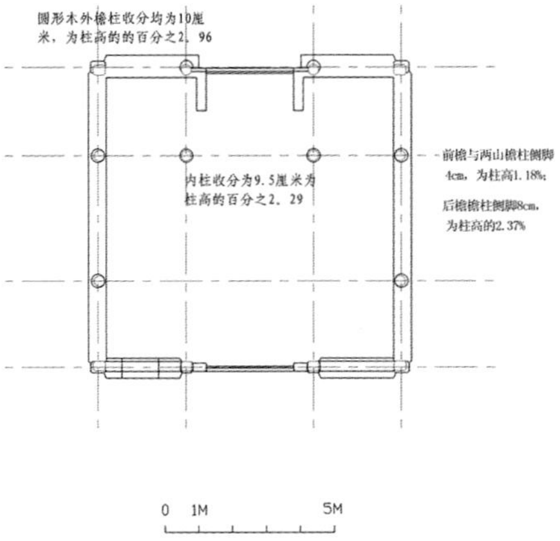

▲ 龙门寺大殿柱头平面图

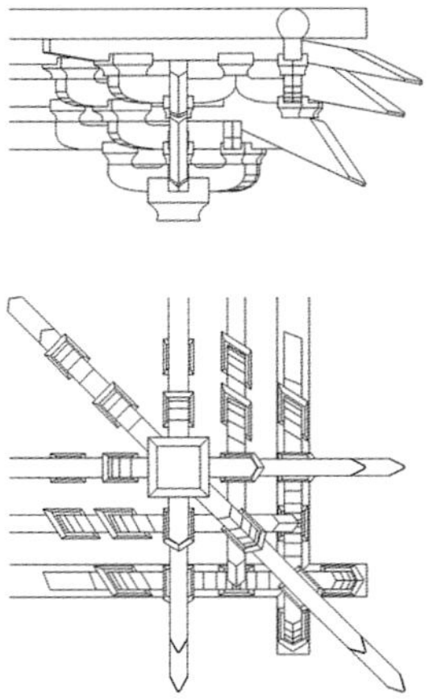

▲ 龙门寺大殿转角铺作大样

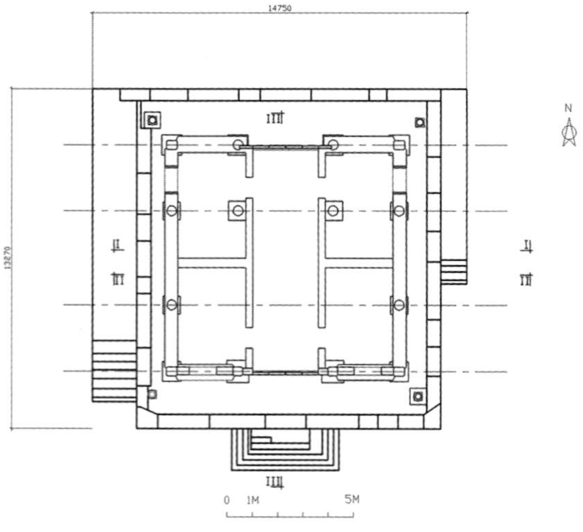

▲ 龙门寺大殿柱底平面图

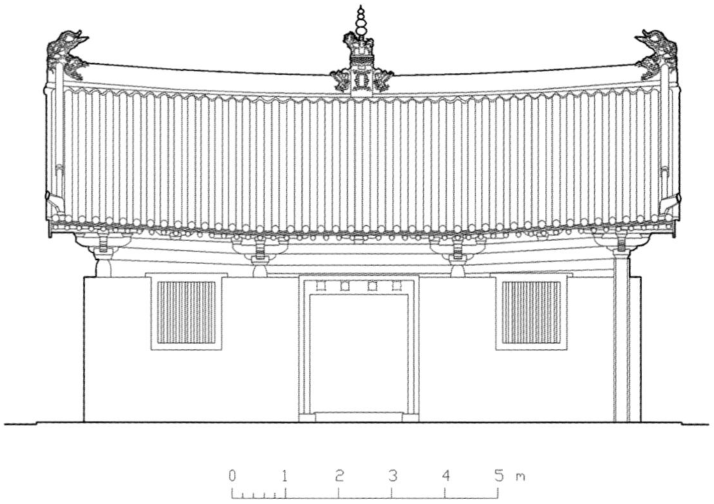

▲ 龙门寺西配殿正立面

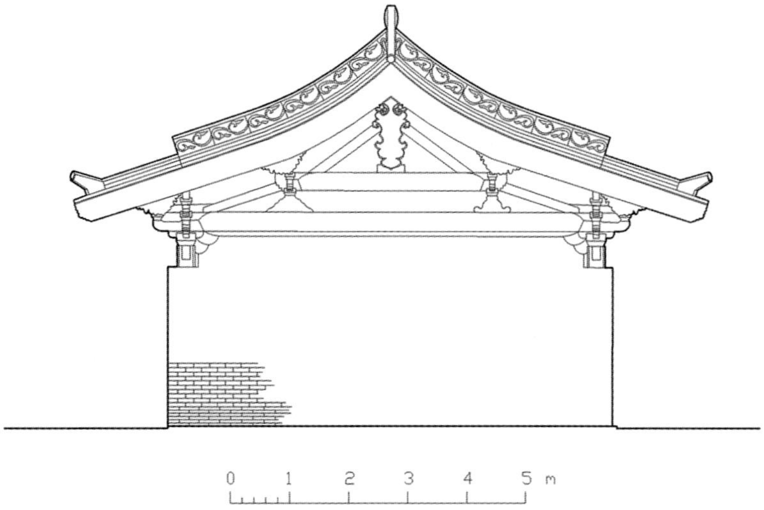

▲ 龙门寺西配殿南山面立面图

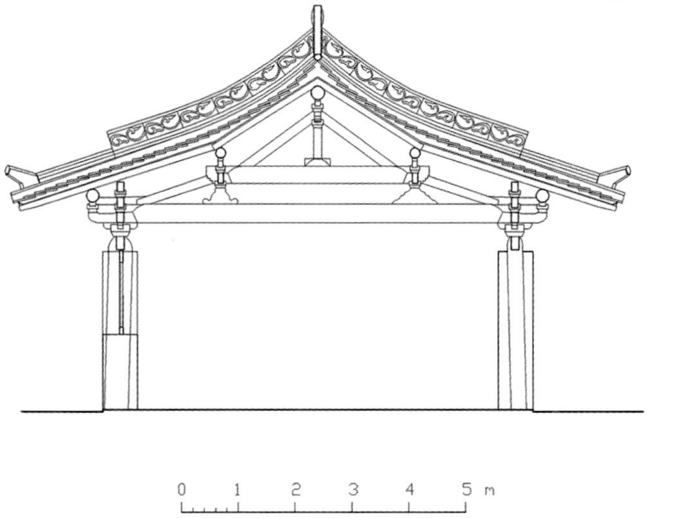

▲ 龙门寺西配殿I—I剖面

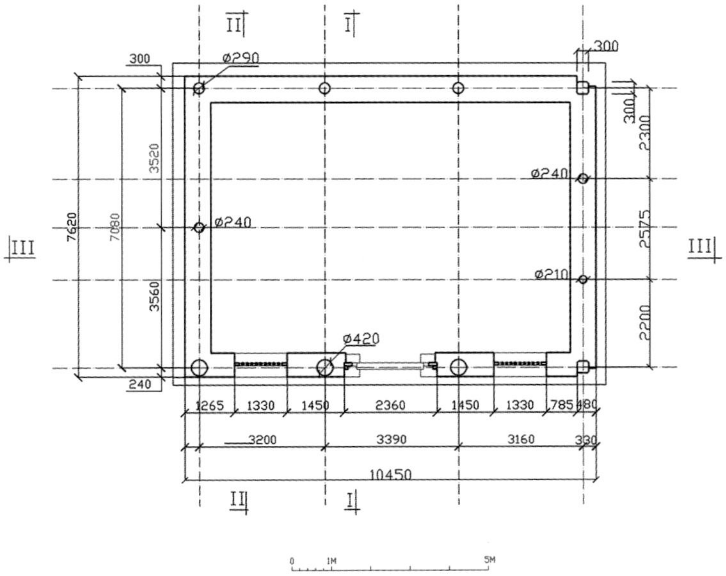

▲ 龙门寺西配殿平面图

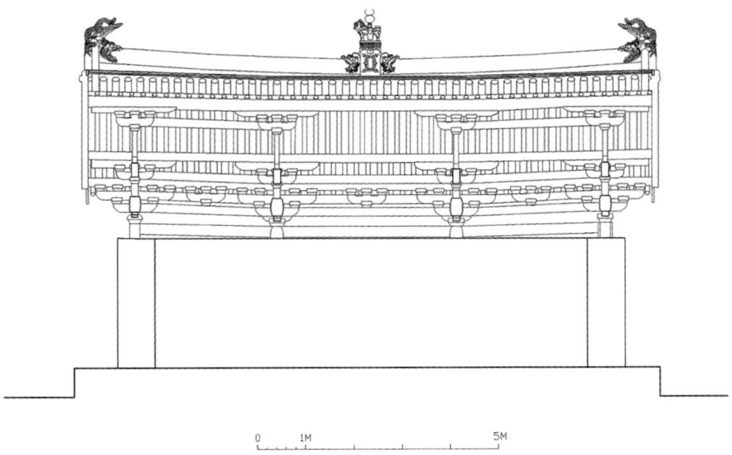

▲ 龙门寺西配殿III—III剖面

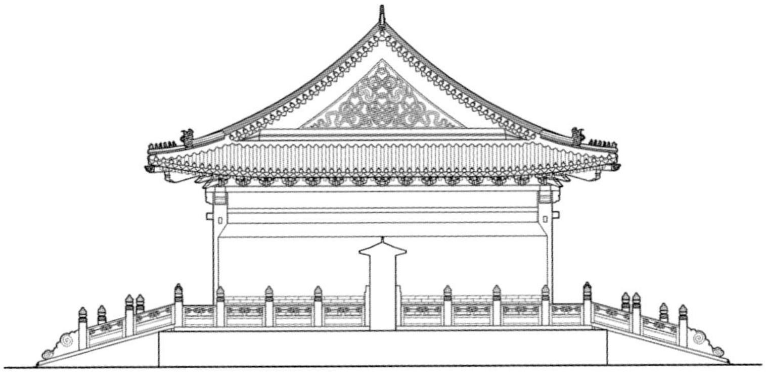

▲ 历代帝王庙景德门侧立面

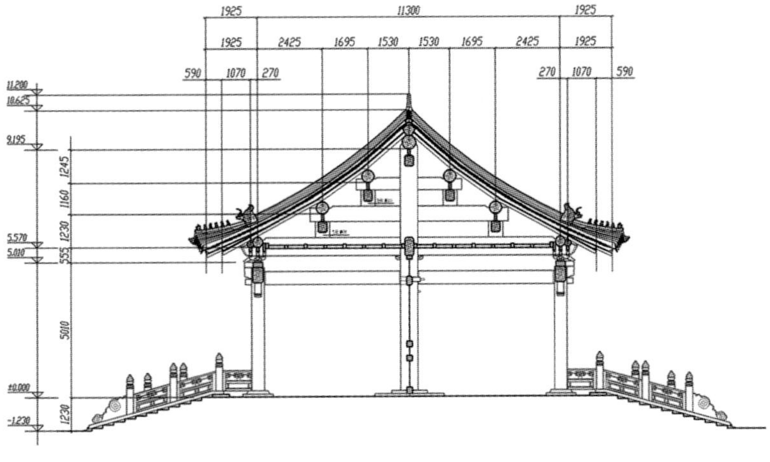

▲ 历代帝王庙景德门横剖面

东南大学建筑学院

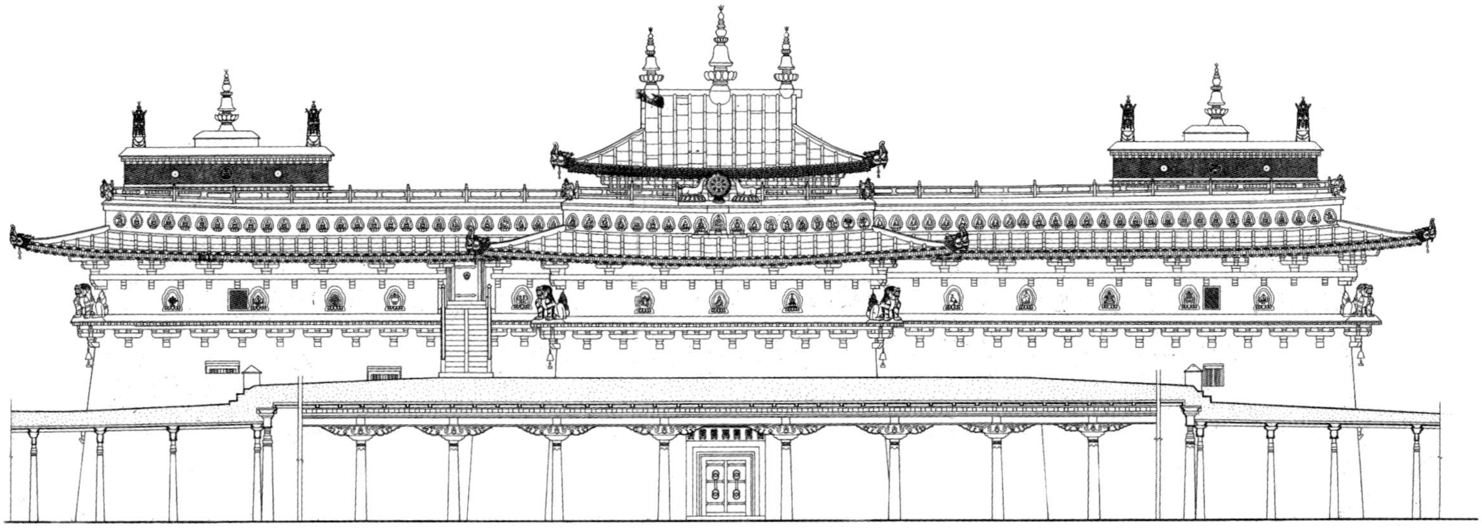

▲ 西藏大昭寺释迦牟尼佛堂立面图 1

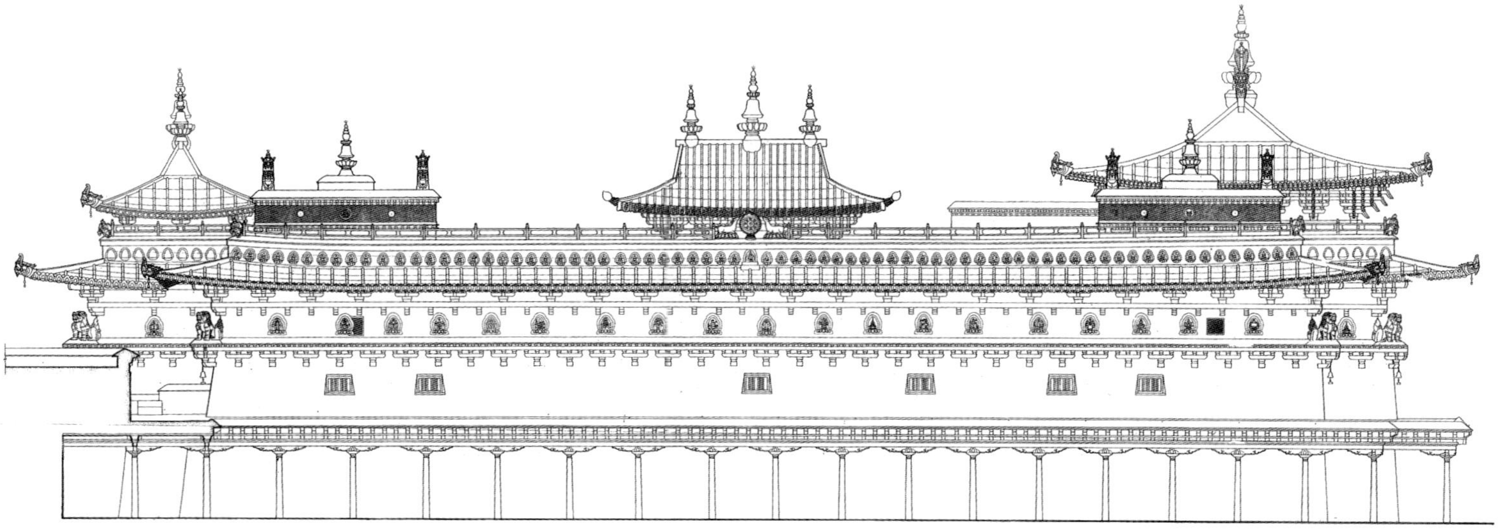

▲ 西藏大昭寺释迦牟尼佛堂立面图 2

▲ 西藏大昭寺释迦牟尼佛堂顶层立面图

▲ 西藏大昭寺觉康殿剖面图

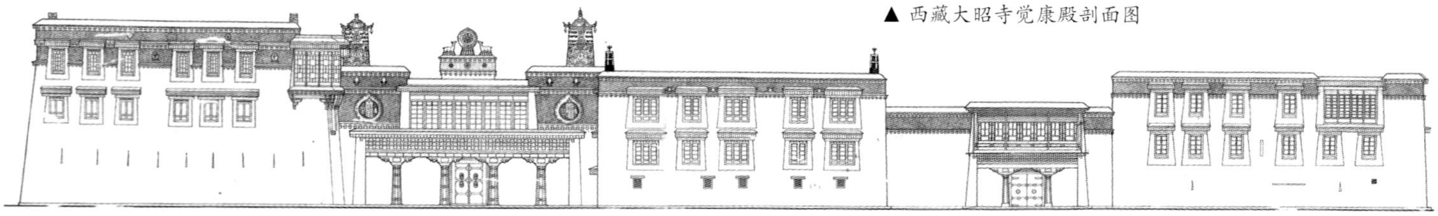

▲ 西藏大昭寺立面图

▲ 杭州西泠印社山顶西视剖面图

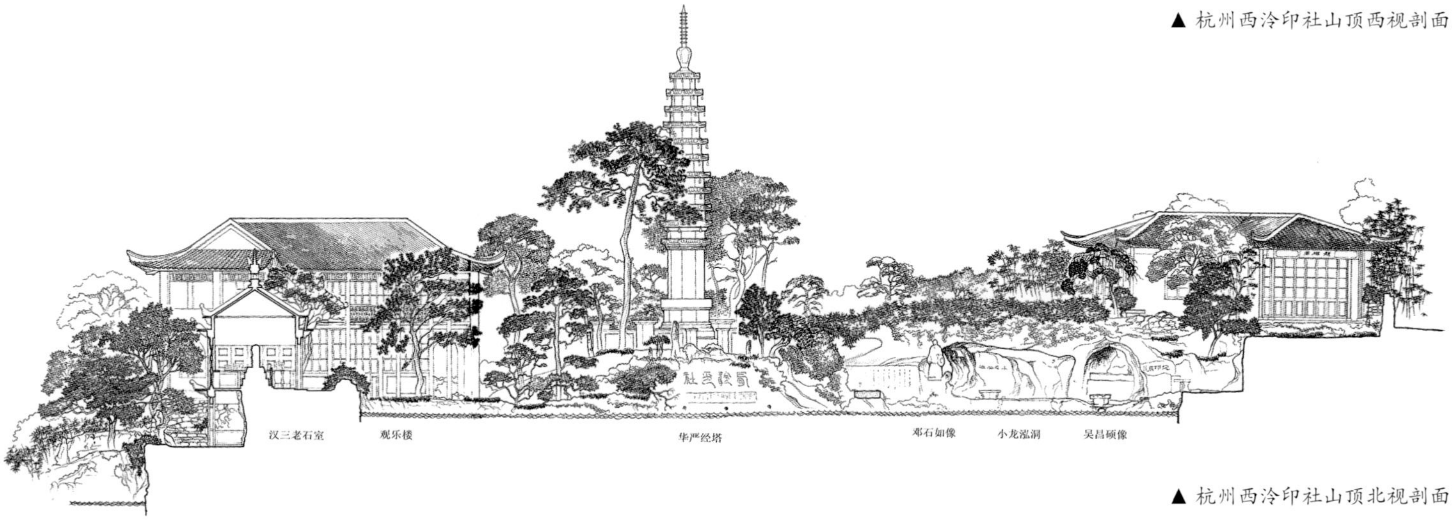

▲ 杭州西泠印社山顶北视剖面图

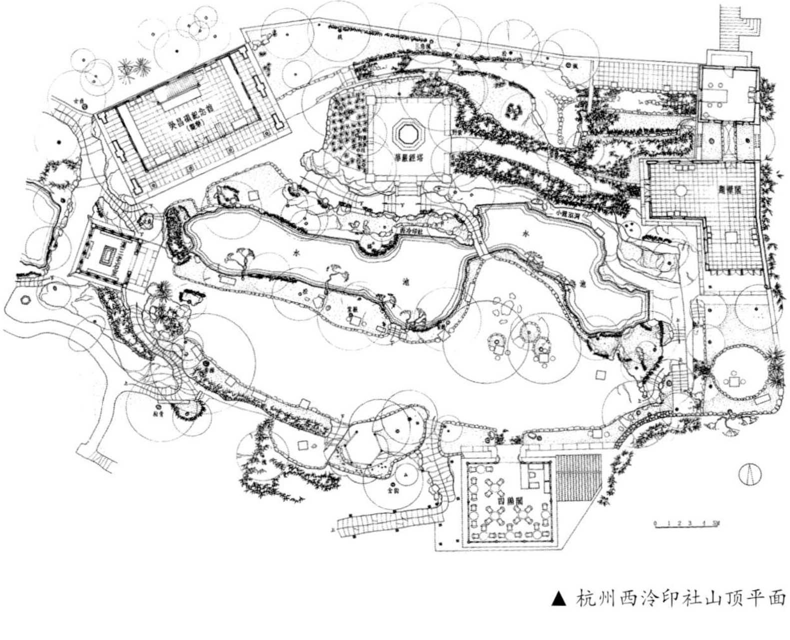

▲ 杭州西泠印社山顶平面图

▲ 杭州西泠印社总平面图

清华大学建筑学院

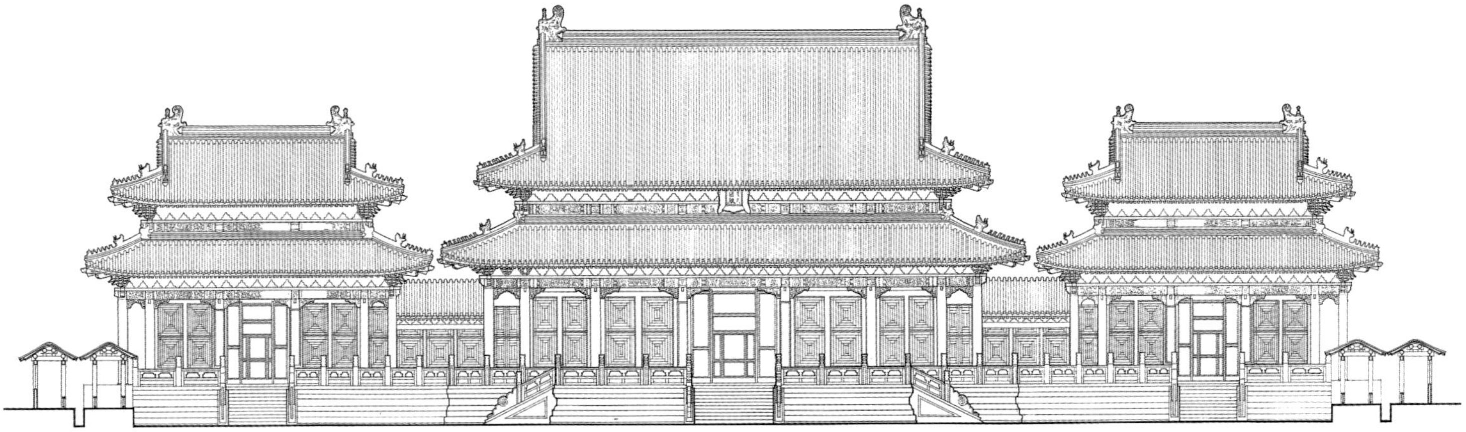

▲ 颐和园排云殿及配殿立面

▲ 德和园大戏台北立面

▲ 左至右云辉玉宇及众香界琉璃牌坊立面

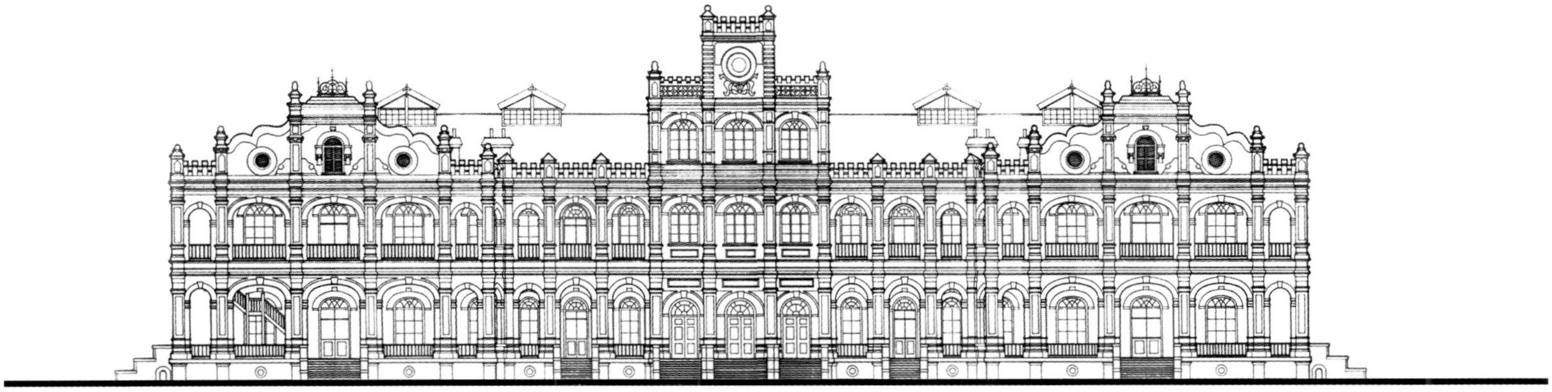

▲ 陆军部衙署主楼南立面图

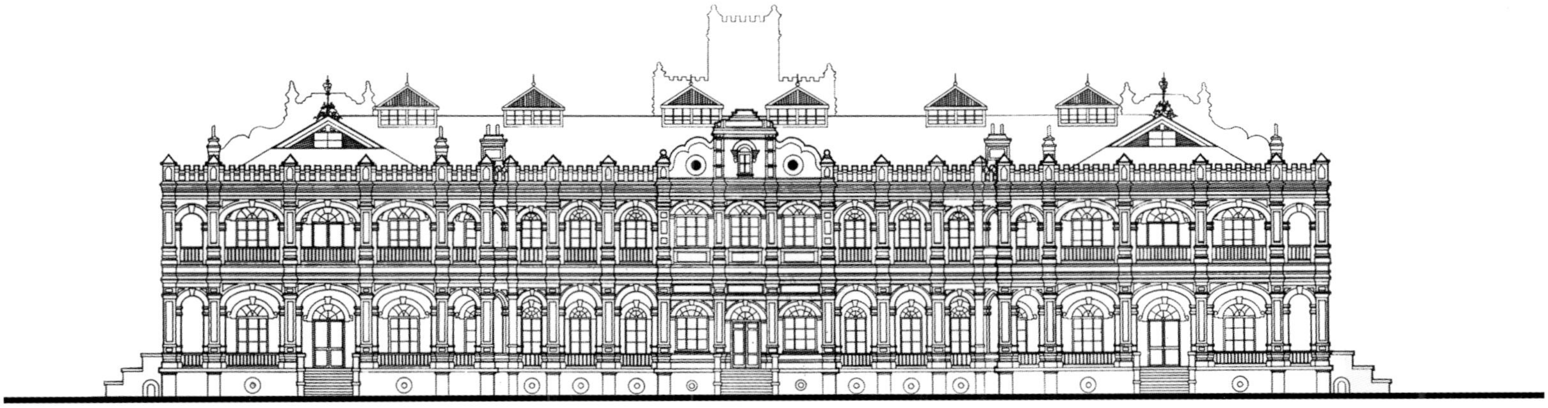

▲陆军部衙署主楼北立面图

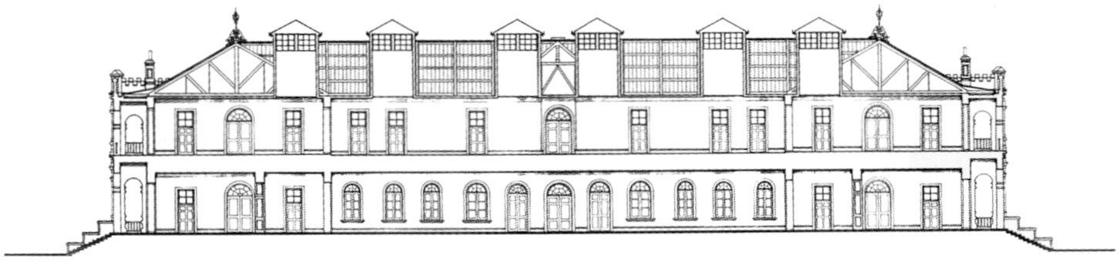

▲ 陆军部衙署主楼纵剖面图

▲ 王府井东堂西立面图

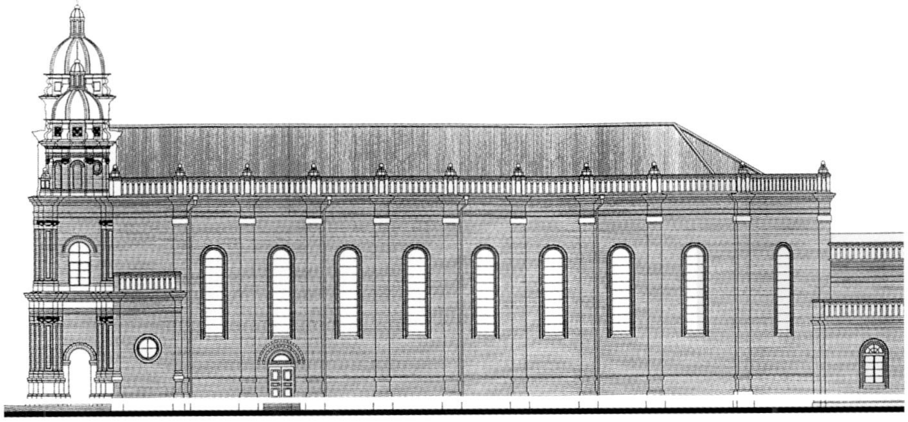

▲ 王府井东堂南立面图

天津大学建筑学院

▲ 承德普陀宗承之廟大红台南立面图

▲ 承德普宁寺大乘阁剖面图，钢笔墨线，1954年

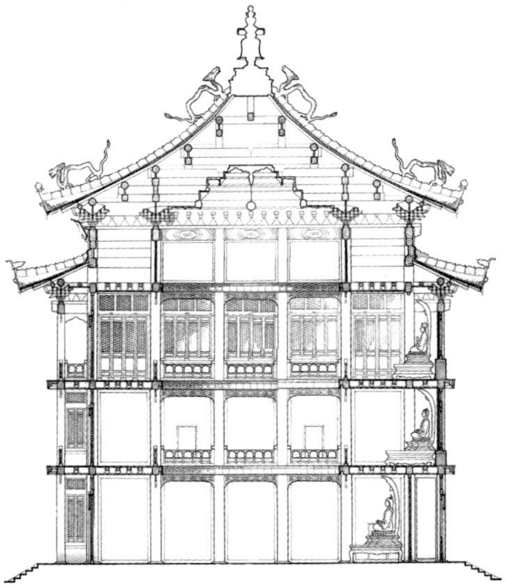

▲ 承德普陀宗承之廟妙高莊嚴殿纵剖面图

▲ 承德普陀宗承之廟妙高莊嚴殿正立面图

▲ 山西介休祆神楼正立面图

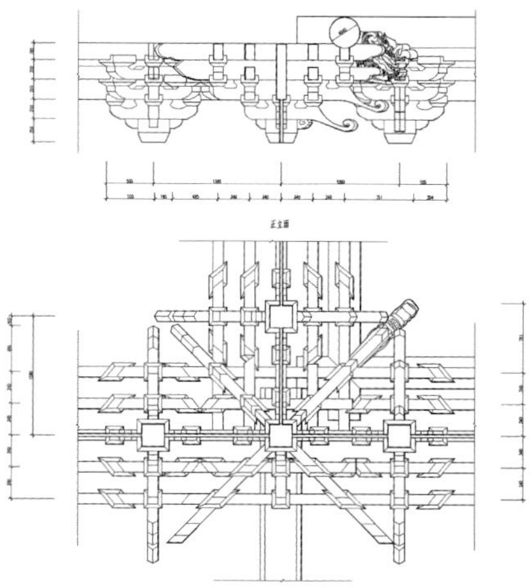

▲ 山西介休祆神楼上檐斗拱大样

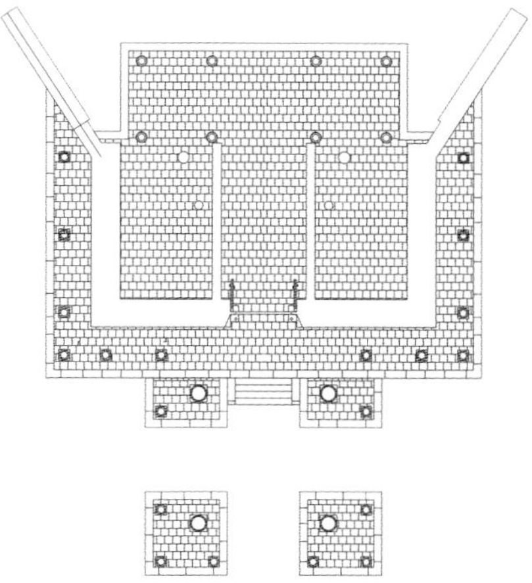

▲ 山西介休祆神楼一层平面图

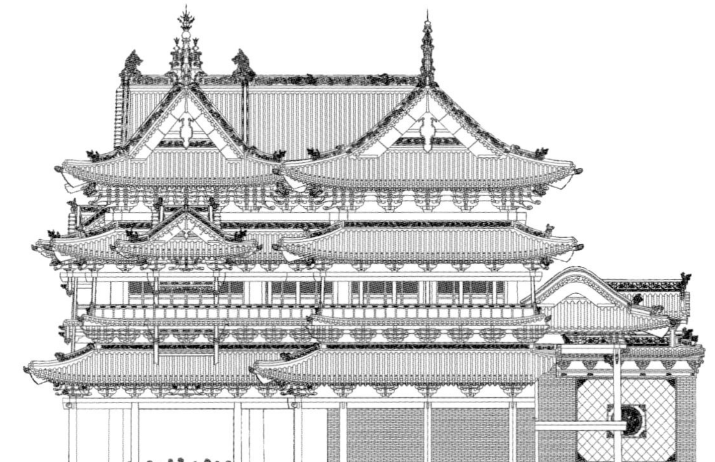

▲ 山西介休祆神楼横剖面图

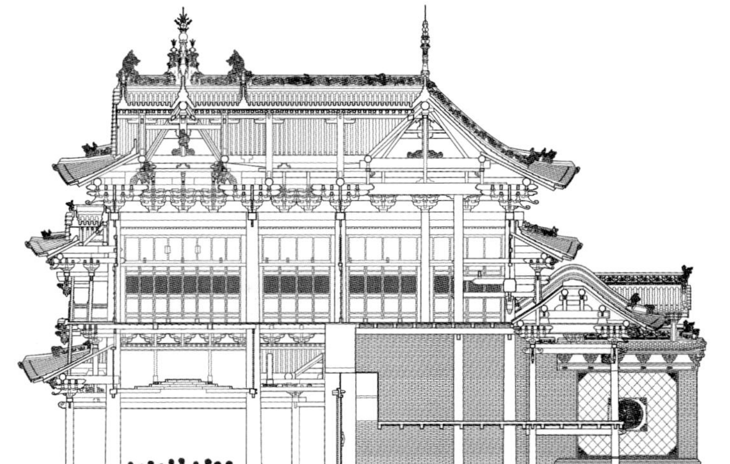

▲ 山西介休祆神楼侧立面图

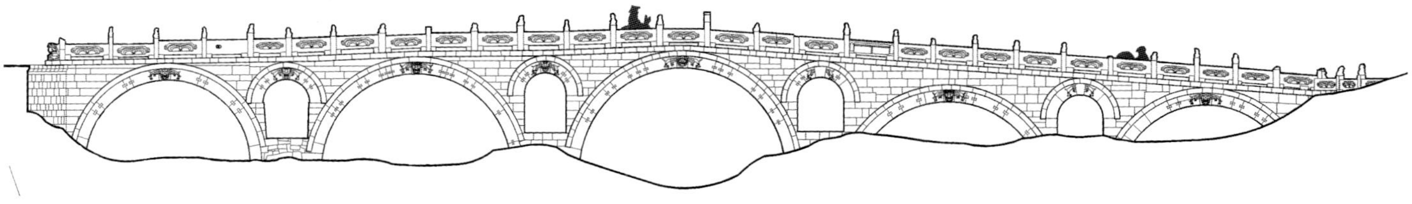

▲ 河北献县单桥立面图及平面图

同济大学建筑与城市规划学院

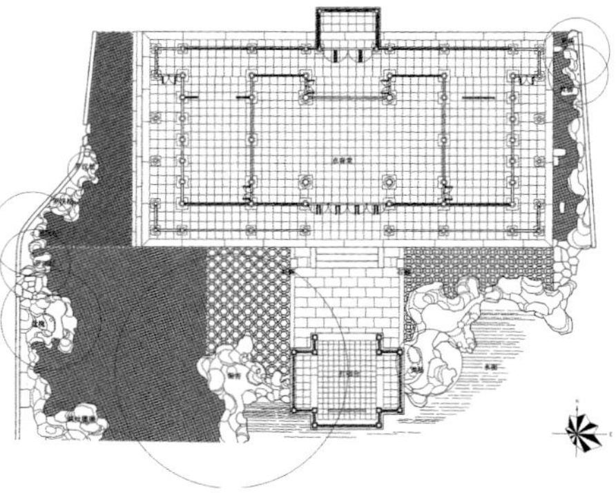

▲ 豫园点春堂一层平面图

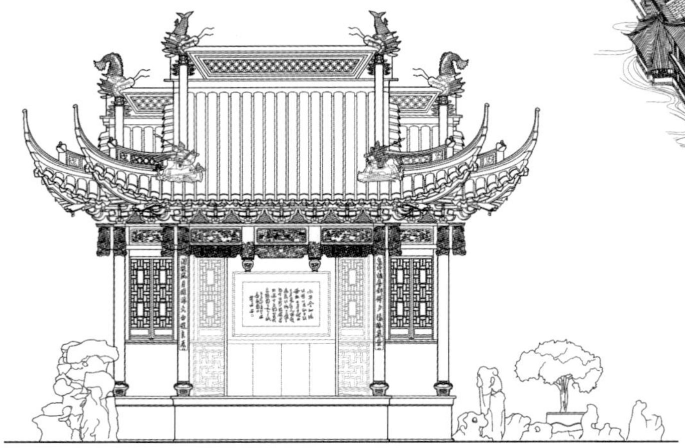

▲ 豫园打唱台正立面图

▲ 豫园全园轴测图

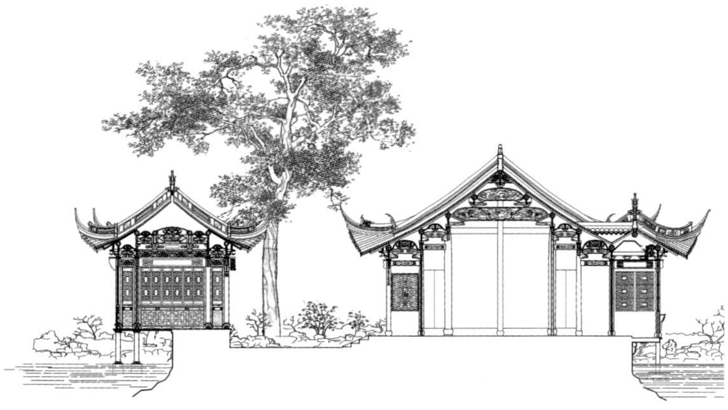

▲ 豫园点春堂与打唱台剖面图

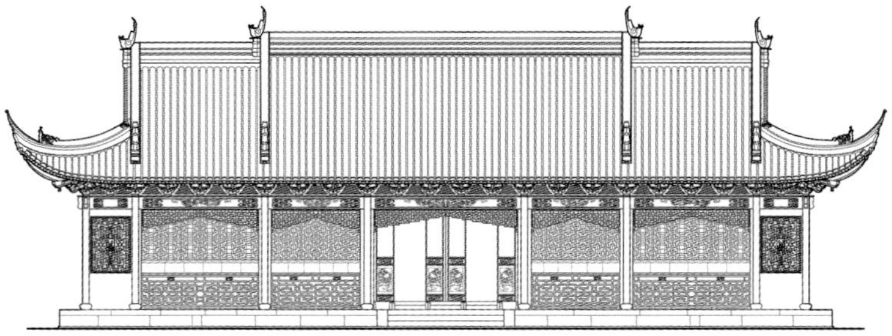

▲ 豫园点春堂正立面图

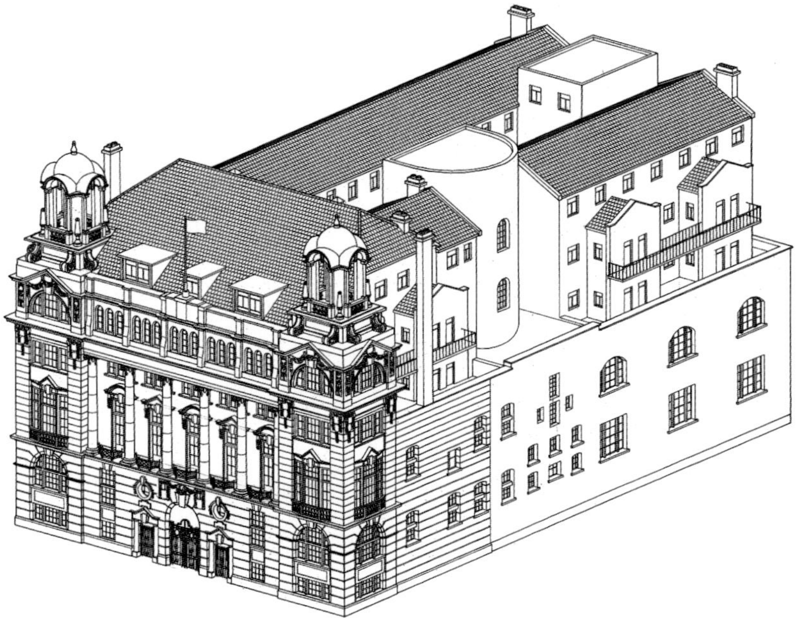

▲ 外滩上海总会轴测图

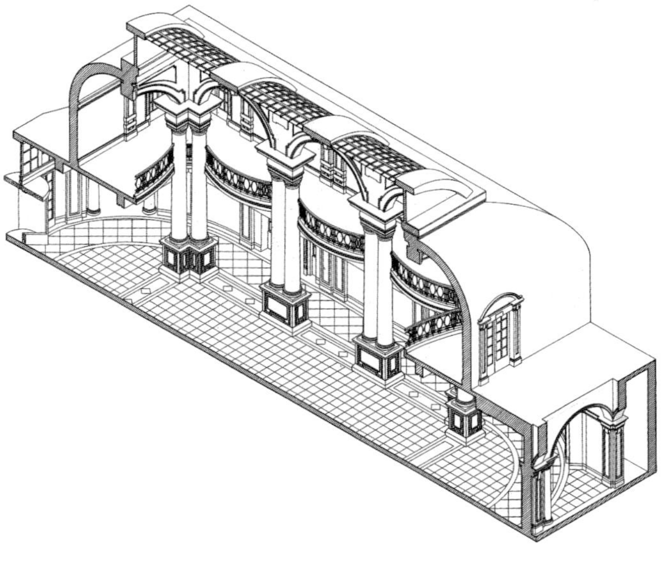

▲ 外滩上海总会局部轴测剖视图

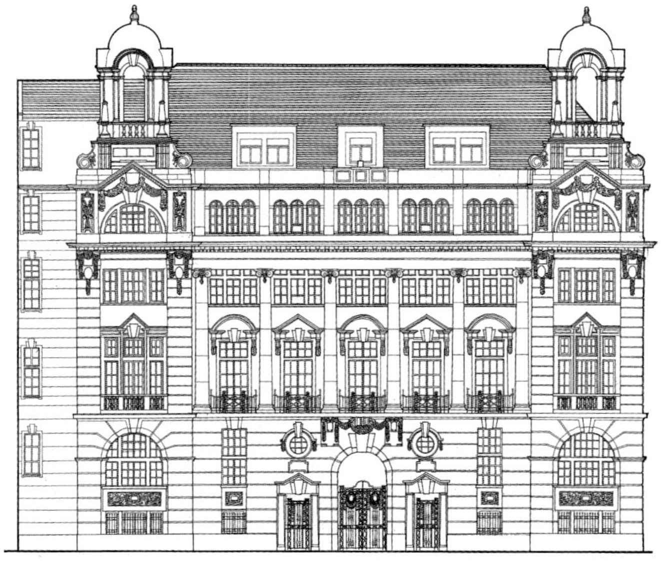

▲ 外滩上海总会正立面图

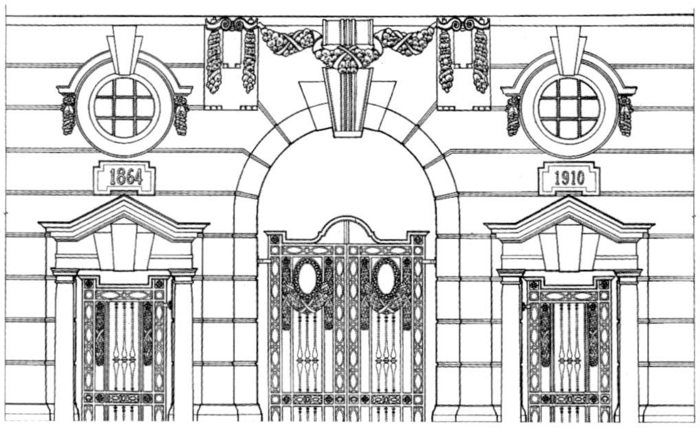

▲ 外滩上海总会立面装饰大样

▲ 外滩上海总会室内透视图

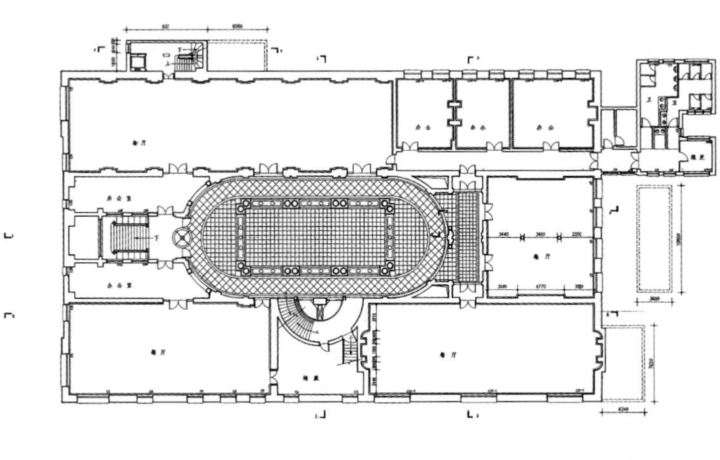

▲ 外滩上海总会一层平面图

清隽明朗——明清古典家具

Qing Juan Ming Lang: Classical Furniture of the Ming and Qing Dynasties

中国嘉德国际拍卖有限公司（China Guardian）

清早期　榉木透雕螭龙纹圆角柜
24.5 cm × 41 cm × 141.3 cm
Early Qing Period
A Jumu Corner Cabinet

People always say that furniture made in Shanxi Province looks wealthy, which is nothing to refute, since Shanxi is known as the richest province in China. History takes away the glorious Jin and Shang period, leaving the furniture which is still mellow and full as their grand back shadow. People also say that furniture made in Suzhou is handsome, with so many gifted scholars, beautiful ladies and their romantic love stories, furniture made in Suzhou is handsome. Furniture made in Suzhou inherits more from style of traditional “furniture in the Ming Dynasty”.

No matter wealthy or handsome, beautiful or bright, furniture can speak for itself and show you their unique artistic conception, who does not settle down and listen to the furniture talk.

雕刻要气韵，层次要分明，棱角要出清，疏密要相称。明清时期的家具师傅们大约是这样嘱咐自己和徒弟们的，也顺带提点了后来的鉴赏者。最为重要的是气韵。何为气韵，又何来气韵？豪迈的山西青年带着“走西口”的悲壮和叱咤商战的魄力，重回爱人身边，从此执中华金融之牛耳，左右中国经济的命脉，便是海内最富的气韵；吴侬软语、莺莺燕燕，“闲来写幅青山卖”，竟也成就了“江南第一才子”的美名，便是上有天堂下有苏杭的气韵。一个明朗，一个清隽，代表的是典型的北方粗犷和南方婉约。人如此，家具更是如此。

人们常说晋作家具富气，对号称海内最富的山西而言，富气是理所当然的。“吃的料，住的庙”，山西人对居室的讲究异常执著，而阔厅豪宅内必配精美家具方为珠联璧合。财富能带给家具的，是大众所不能及的用料不吝、用工不惜。名贵的紫檀、黄花梨途经千山万水运抵这富贾之地，由能工巧匠慢慢雕琢、细细制作，不需考虑时日和工钱，真真的阔气十足。若说好料、良工是含蓄的体现，大面积的描金彩绘甚至通体漆饰，则是直白的表达。不重雕工重漆饰，山西人亦将传统的漆工艺发挥到极致，使大漆家具成为晋作家具中一颗独特而闪耀的明珠。历史带走了辉煌的晋商时代，却让这些依旧圆润饱满的家具留下来作一个磅礴的背影。

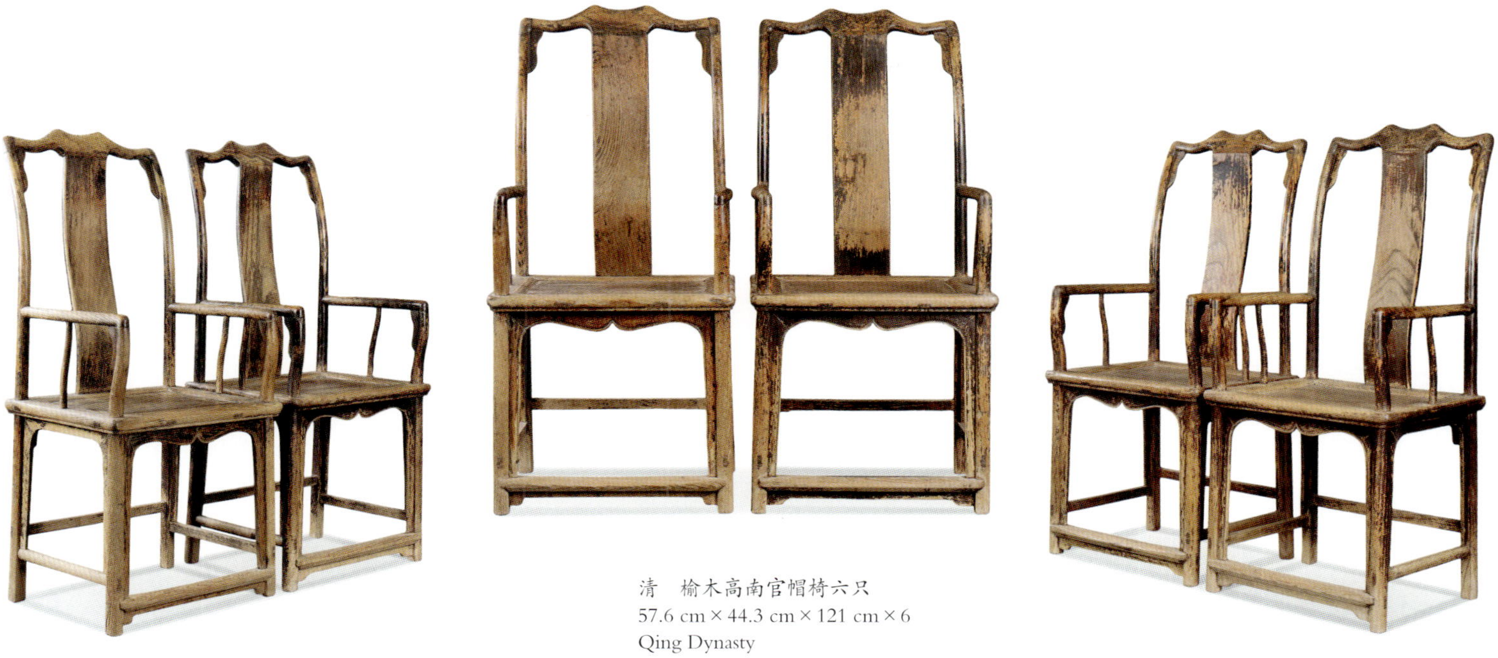

清　榆木高南官帽椅六只
57.6 cm × 44.3 cm × 121 cm × 6
Qing Dynasty
Six Yumu Chairs

人们也常说苏作家具秀气，对占尽才子佳人风花雪月的苏州而言，秀气是顺理成章的。既然“天时地利”略逊于岭南，就在“人和”上努力，苏作家具重工艺的传统不无来由。省料而不惜工，每件家具，必经反复琢磨和精心设计之后才开始动工，人力的神工也能恍若天作，苏州匠人的精明不输山西。而遍地吴语吴歌珠圆玉润的影响，让这份偏重里除了精巧，还带了文气。有一群才华卓绝的才子们参与，苏作家具似乎更多了一份坚守，坚守住“明式家具”的传统。不简单的秀气。

是富气还是秀气，是清隽还是明朗，个中气韵，家具自会言语，何不沉下心境，听它们一一道来。

清　黄花梨五屏式云龙纹镜台
56 cm × 30 cm × 70 cm
Qing Dynasty
A Huanghuali Five-panel Mirror

清　红漆描金山水人物大柜
131 cm × 61.5 cm × 194 cm
Qing Dynasty
A Lacquered Corner Cabinet

Preliminary Studies of Olympic Architectural Heritage

奥运建筑遗产研究初论

金 磊（Jin Lei）

提要：世界遗产评定已经30年，在历经1/3世纪的历史变迁后，世界遗产的类型及其认知正在经历新变化，本文认为在各国认可的奥运遗产中，奥运建筑遗产应包括其中。2009年5月25日，由国家文物局主办的“文化遗产与传播”论坛的召开，不仅留给文化遗产传播的新思路，也为文化遗产研究注入了新内涵，国家文物局单霁翔局长的20世纪遗产保护的思路更为认知奥运建筑遗产奠定了基础。自第一届现代奥林匹克在雅典举行（1896年）至第29届北京奥运会（2008年），除了体育竞技上的成就外，奥林匹克运动会给世界城市与当代建筑带来了一系列变化。面对2012年伦敦奥运会，面对奥林匹克发展的未来，我们发现极有必要从遗产学、城市学、建筑学乃至传播学等视角对奥运建筑的遗产价值给予研究并做出总结。本文在回顾世界奥运会建设与发展历程的基础上，依据奥运建设的成就，探索了奥运建筑遗产研究的理论方法与传播策略。

关键词：现代奥运会，主办城市，奥运建筑遗产学，后奥运可持续规划，传播学

Abstract: The world heritage assessment has been proceeding for 30 years. After a third century of vicissitudes, types of world heritage and people's recognition about it are going through new changes. This paper proposes that Olympic architectural heritage should be included in the world recognized Olympic heritage. The Forum on Cultural Heritage and Communication held by the State Administration of Cultural Heritage on May 25th 2009 had not only provided us with new ideas of cultural heritage communication, but also brought new connotation to cultural heritage studies. The head of the State Administration of Cultural Heritage Shan Jixiang's thought about heritage protection in the 20th century had especially laid a foundation for the recognition of Olympic architectural heritage. We thought that since 1896 when the first modern Olympics held in Athens, Greece till 2008 when the 29th opened in Beijing, Olympic Games have brought a series changes to cities and contemporary architectures other than the athletic achievements. Facing the London 2012 Olympics, facing the future of Olympics, we find it is extremely necessary to study the value of Olympic architectural heritage from such aspects as heritage studies, urbanology, architectural studies and even communication studies. Based on the review of the Olympics' development and achievements, this paper explores the theoretical methods and communication strategies of Olympic architectural heritage studies.

Keywords: Modern Olympics; Host city; Olympic architectural heritage studies; Post-Olympic sustainable planning; Communication studies

第二任奥委会主席顾拜旦
（1863—1937）

第七任奥委会主席萨马兰奇
（1920—2010）

第八任奥委会主席罗格
（1942—）

引言

2011年7月13日是北京申奥成功十周年，2011年8月8日是北京成功举办奥运会的三周年，这些虽已是记忆，但有非凡的遗产价值。中国奥运建筑的遗产研究由来已久，中国自1990年成功举办第十一届亚运会后，共举行了两次“申奥”的准备工作，“申奥”的城市与建筑文化过程是建筑师认知并理解奥运建筑的过程。在北京市规划委员会的主持下，北京市建筑设计研究院参与了两次“申奥”工作。1999年6月25日国际奥委会体育与环境委员会发布了“奥林匹克运动21世纪议程”，其强调的主题是：“使体育为可持续发展做贡献”，明确提出奥运体育设施建议要贯彻可持续发展的战略方针。历史地看，1999年笔者所在北京市建筑设计研究院信息部在马国馨院士指导下，利用《设计·信息·网络》刊及时编研出版了4期“申奥”专辑。1999年8月5日，首规委办按照“北京申办2008年奥运会有关前期工作会议”的安排，进一步开展了申奥场馆设计与技术的文献研究。《建筑创作》1999年2期所刊出的文章已经研讨“体育与城市的关系”，“场馆用途的多功能性”，“场馆新结构设计及研用新技术”，“可拆卸式场馆和临时设施”，“场馆在应用生态和环保技术方面的动向”。在关于中国奥运会的研究中，马国馨院士、赵大壮博士等均是开山者。2006年10月马国馨院士出版了《体育建筑论稿——从亚运到奥运》一书，它是国内迄今关于亚运与奥运建筑的权威著作。2006年10月30日，笔者主持召开了马国馨院士的《体育建筑论稿——从亚运到奥运》出版座谈会。与会专家认为，由马院士主持设计的1990年第十一届亚运会国家奥林匹克体育中心，在我国体育建筑史上达到了前所未有的水平，他本人为此曾获国际奥委会主席萨马兰奇签发的体育建筑奖；在北京申办2008年奥运会时，马院士出任申奥工程技术总负责人，为奥运会的成功申办再次做出了重要贡献。对于该书，中国奥委会名誉主席何振梁说，20世纪80年代萨马兰奇一行人到中国访问时候，有人认为，如果要看中国的体育建筑，要到非洲去看，因为中国为非洲援建了大批项目；国际田联副主席楼大鹏认为，体育建筑不仅与体育有关，也是国家不同时代发展的一个标志，与今天的奥运会不同，1990年亚运会建筑今日看来仍代表了建筑精品的水平，他着重对国外借鉴经验，从建设与体育传播阐述了观点；清华大学建筑设计研究院庄惟敏院长在2008年奥运工程中任射击馆总建筑师，他在钦佩马院士设计创新与研究总结著作的同时，也从体育建筑的可持续发展上强调这必须是奥运会建设关注的大课题。

作为一种启示，继2008年北京成功举办29届奥运会后，为传承奥运精神，2009年8月即北京举办奥运会一周年后，北京奥运城市发展促进会成立，其宗旨是将奥运遗产与北京建设世界城市相结合，将奥运遗产与城市文明相结合，将奥运遗产与“主办城市”影响力相结合。值得关注的是北京乃至世界奥林匹克建筑与城市遗产问题尚未纳入研究系列，从现代奥林匹克传承下的“奥运基因”在为北京奥运会注入鲜活的奥运设计之时，尚未从城市规划与建筑学意义上留下更丰富的文化遗产理论思考。2010年初，当笔者与北京奥运城市发展促进会官员论及此事时，大家表达了共同研究的一致性。2009年10月末在北京召开了首届“超越奥运的城市论坛”，共有来自北京、伦敦、悉尼、雅典等奥运城市的官员及奥运建筑设计师参加，大家研讨了后奥运城市建设及其文化遗产传承问题。2010年元月，笔者参加中国建筑师考察团，专程赴伦敦奥组委及皇家建筑师协会（RIBA），旨在研讨如何与英国共同举办“第二届超越奥运的城市论坛”，尽管因各式各样的原因会议迄今未召开，但传承奥运会精神，分享奥运会经验，丰富奥运会理念，提升奥运会价值已经成为我们认知并总结奥运建筑文化遗产价值的共识。笔者2011年5月再次去伦敦，已能全面领略第30届奥运会场馆建设的全貌，感受到与北京奥运会建设期间完全不同的理念。2010年3月23日，国际奥委会颁布《北京2008年第29届奥运会国际奥委会协调委员会最终报告》，充分肯定了北京奥运会对世界的广泛社会意义。2010年5月18日“世界博物日”当天，北京奥运促进会与世界卫生组织共同举行了《北京2008年奥运会健康遗产》中英文版首发式，这是奥运史上第一次国际奥组委单独出版的关于健康遗产方面的出版物。联想到奥运建筑遗产诸多含义更广泛的问题，我尤其认为北京应率先确定奥运会建筑遗产的研究与传播模式，很值得投入相当的基础研究力量并予以充分重视。

▲ 五棵松篮球馆

▲ 射击馆东南角鸟瞰

Introduction: July 23rd 2011 is the tenth anniversary of Beijing's successful Olympic bid. August 8th 2011 is the third anniversary of the Beijing Olympic. Although these are already memories, they are very special heritage to us. The study of China's Olympic architectural heritage has a long history. Since 1990 when the 11th Asian Games successfully held, China had prepared for the Olympic bids for twice. Under the auspices of Beijing Municipal Commission of Urban Planning, Beijing Institute of Architectural Design (BIAD) had taken part in both of the bids. On June 25th 1999, the Sport and Environment Commission of the International Olympic Committee (IOC) released Olympic Agenda 21, which aimed to "encourage members of the Olympic Movement to play an active part in sustainable development" and clearly stated that the infrastructure and facilities associated with Games venues should be built in accordance with principles of sustainable development. Historically speaking, the Information Department of BIAD that I am working at had published four special issues about the Olympic bid in the magazine *Design • Information • Network* in 1999 under the guidance of Ma Guoxin, academician of Chinese Academy of Engineering. On August 5th 1999, according to the arrangement set by the preliminary working meeting for Beijing's Olympic bid, the Beijing Municipal Commission of Urban Planning further carried out the literature survey on design and technology for Games venues. The second volume of *ARCHICREATION* had presented some articles discussing relevant topics, including the relation between sports and cities, the multifunction of Games venues, new structural designs and new technology applied for building venues, detachable venues and temporary facilities, venues and green technologies, and etc. Dr. Ma Guoxin and Dr. Zhao Dazhuang are the founders of China's Olympic research. In October 2006, Dr. Ma published his book *On Sports Architecture—From Asian Games to Olympic Games*, which has been so far the definitive work on the architecture of Asian games and Olympic Games in China. On October 30th 2006, I presided over the release conference of this book. The experts attending the conference agreed that the National Olympic Sports Center, whose design work was led by Dr. Ma for the 11th Asian Games in 1990, had reached a unprecedented level in the history of sports architecture in China and as a result he had received the Sports Architecture Award signed by Mr. Juan Antonio Samaranch, the former Chairman of the IOC. When Beijing submitted its application for the 2008 Olympic Games, Dr. Ma took up responsibility of Chief Director of the Olympic project and once again made great contribution to the successful bid. He Zhengliang, honorary president of Chinese Olympic Committee (COC) said that at the time Mr. Samaranch and his team came to visit China in 1980s, if they want to see China's sports architecture, they would have to go to Africa as China had aided African countries with a great number of projects. Lou Dapeng, vice president of the International Association of Athletics Federations (IAAF) thought that sports architecture not only related to sports, but also reflected a country's development in different ages. The stadium built for the 1990 Asian Games seems still an state-of-art building today. Mr. Lou expressed his opinion from the aspect of building and sports communication, with an

▲ 国家体育馆

▲ 国家游泳馆

emphasis of drawing on other contries' experience. Zhuang Weimin, head of the Architectural Design and Research Institute of Tsinghua University, was the Chief Architect of Beijing Shooting Range Hall for the 2008 Olympic. Mr. Zhuang expressed his admiration for Dr. Ma's innovative design and research works, and at the same time stressed that the sustainable development was an important issue of Olympic sports architecture.

As a kind of enlightenment, after the 29th Olympic Games successfully held in Beijing 2008, in order to pass on the Olympic spirit, in August 2009, Beijing Olympic City Development Association (BOCDA) founded. It aims at integrating Olympic heritage into Beijing's construction of a "world city", into Beijing's urban civilization, into the influence of Beijing. What is noteworthy is that the issue of Olympic architecture and city heritage in Beijing and even in the world had not been regarded as a research topic. At the time the "Olympic gene" inherited from the modern Olympic has inspired the design of Beijing Olympic, there are not so many theoretical thoughts about cultural heritage from the perspective urban planning and architecture. So in early 2010 when I discussed this issue with BODA's officials, all people expressed their intension of working together on this. In late October 2009, the first forum of "Cities Beyond the Olympics" was held in Beijing. Officials and architecture designers from Beijing, London, Sydney, Athens and other Olympic cities attended the forum and discussed the issues of post-Olympic city construction and cultural heritage. In January 2010, I joined the delegation of Chinese architects and went to visit the London Olympic Committee and the Royal Institute of British Architects (RIBA), in order to discuss with them how China and Britain will co-host the second forum of "Cities Beyond the Olympics". Due to various reasons the forum has not opened yet, but it has become our consensus that we should recognize and study the cultural heritage of the Olympic architecture, to pass on the Olympic spirit, to share the Olympic experience, to enrich the concept of the Olympics and to promote its value. In May 2011 when I once again went to London, I had taken in the charm of the 30th Olympics' architecture and experienced an idea of Olympics totally different from that of Beijing Olympics. On 23rd March 2010, the IOC announced the Final Report of the IOC Coordination Commission—Games of the XXIX Olympiad, Beijing 2008, and highly appreciate the comprehensive social significance of Beijing Olympics to the world. On May 18th 2010 the International Museum Day, the BOCDA and the World Health Organization co-held the release ceremony of the Chinese and English versions of *The Health Legacy of the 2008 Beijing Olympic Games*, which is the first publication about health legacy published by the IOC. Having many meaningful problems about Olympic architectural heritage in mind, I especially thought that Beijing should first determine the methods of studying and spreading Olympic architectural heritage. At present fundamental research is essential and worthy of full attention.

▲ 第一届雅典奥运会宣传画

▲ 第二届巴黎奥运会宣传画

▲ 第三届圣路易斯奥运会宣传画

▲ 第四届伦敦奥运会宣传画

▲ 第一届雅典场馆

▲ 第二届巴黎场馆

▲ 第三届圣路易斯场馆

▲ 第四届伦敦场馆

一、历届奥运会主要场馆建筑的特征分析

举世瞩目的2008年北京奥运会成功举办，北京奥运会体育场“鸟巢”，游泳馆“水立方”、国家体育馆“中国扇”等一座座拥有独特魅力的标志性建筑的亮相，再次使奥运会精神因场馆建筑而提升。真实上，以建筑历史之眼回眸历届奥运会场馆，它们都在现代建筑史上绘制出更加璀璨的一页，每届奥运会的建筑设计理念一再提升却力求超越前一届，所以领略那些匠心独具的各国奥运建筑的不同风格有特别意义。场馆见证奥运精神，奥运建筑隐身城市文化。以第29届北京奥运会主场馆“鸟巢”为例，其创造的世界之最是：跨度最大的钢结构建筑、最大的透明顶棚、最大的环保型体育场、最短的时间内疏散、最好的运动草坪等。仅其混凝土浇筑达18万立方米，仅钢筋绑扎量就达5.2万吨，主体结构设计使用年限100年，耐火等级为一级，抗震设防烈度8度。作为一种回溯，以下试对历届奥运会建筑作如下重要盘点。

第1届雅典奥运会（1896年）主场馆——雅典的大理石体育场，它是在雅典古运动场的废墟上重建的。第2届巴黎奥运会（1900年）主场馆原为法国赛马俱乐部的跑马场。第3届美国圣路易斯奥运会（1904年）的运动场可容纳4万人，但看台无顶棚，观众被迫煎熬在炎炎烈日下。第4届伦敦奥运会（1908年）原本是罗马取得主办权，但因1906年意大利的维苏威火山爆发，意大利向国际奥委会表示已无力兴建场馆；伦敦只有10个月兴建白城体育场，可容纳7万人，成为历届奥运会上特别的体育场。第5届斯德哥尔摩奥运会（1912年）主场馆为科罗列夫体育场，跑道全场380.33米，接近今日标准跑道长度。第6届奥运会原定在德国柏林举办，因“一战”爆发，奥运会被迫取消。第7届安特卫普奥运会由于刚刚经历了“一战”，因此本届奥运会开幕式不同寻常，大会第一次升起了由顾拜旦1913年设计的奥林匹克会旗，也是奥运史上第一次放飞和平鸽。第8届巴黎奥运会（1924年），在巴黎成为世界上第一个两次主办奥运会的城市之后，各式各样的设想和设计方案从法国各地寄到巴黎奥运会筹委会。由于1923年冬季塞纳河决堤，洪水袭击了巴黎，几乎动摇了巴黎举办奥运会的决心，为克服困难，新体育场修建在巴黎郊区

▲ 第五届斯德哥尔摩奥运会宣传画

▲ 第七届安特卫普奥运会宣传画

▲ 第八届巴黎奥运会宣传画

▲ 第九届阿姆斯特丹奥运会宣传画

▲ 第五届斯德哥尔摩场馆

▲ 第七届安特卫普场馆

▲ 第八届巴黎场馆

▲ 第九届阿姆斯特丹场馆

科龙布，它由法国建筑师福尔杜加里（1899—1947年）设计，是新功能主义建筑，综合了结构主义、国际风格等建筑流派，体育场看台的承重墙是朴实的涂灰泥的石建结构，没附加任何装饰。可贵的是它将体育场与奥运村结合在一起，这种馆舍设计的先例，表现在后来的奥运会建筑设计中。第9届阿姆斯特丹奥运会（1928年），体育场可容纳4万名观众，由37岁的建筑师杨·威勒斯设计，其作品的出众使他获本届奥运会艺术比赛建筑奖金牌。第10届洛杉矶奥运会（1932年）主体育场为洛杉矶纪念运动场。第11届柏林奥运会（1936）年，主场馆柏林奥运体育场。第12届、13届因奥运会期间正值“二战”取消。第14届伦敦奥运会（1948年）主场馆充分利用了几十年前奥运会的体育设施。伦敦温布利体育场的设计者是英国首屈一指的建筑师欧文·威廉斯（1890—1969年），1932年至1934年，他设计的英帝国游泳池在英国建筑师上占据重要地位。温布利体育场建于1924年，外墙由强化混凝土覆盖，属结构主义建筑风格之主题。古老的材料给人感觉如像是用普通建筑材料建造的。入场正门前建造了双塔，此设计源自印度新德里的总督府。第15届赫尔辛基奥运会（1952）年，主场馆赫尔辛基奥运体育场是芬兰最大的现代运动场，为可容纳7万名观众的圆形建筑物，建筑师是林德葛兰（1900—1952年）和延蒂（1900—1975年）。它建成于1938年，本来为第12届奥运会服务，可因苏芬战争的爆发被迫取消。在体育场主看台南侧矗立着一座72.71米的高塔，是为纪念芬兰标枪运动员耶尔维宁而修建，高度恰是当年他在奥运会上获得金牌创下的成绩。体育场门口还塑有芬兰“长跑之神”努尔米跑步英姿的全身铜像，它建于1924—1925年，是新时代第一个运动员艺术塑像。第16届墨尔本奥运会（1956年），其主场馆为墨尔本奥林匹克运动场。第17届罗马奥运会（1960年），其主场位于罗马北部，它由设计大师E.德尔—德比奥、C.洛卡特利和A.维特洛奇所设计，其特点是将古罗马运动场与现代建筑融为一体，由此形成新颖强烈的反差，可容纳10万人。这是一个在古奥林匹克体育场基础上的改建项目，虽无法完全满足现代体育运动的需求，但建筑师对古建筑改造和利用的大胆尝试仍颇具借鉴意义。第18届东京奥林匹克运动会（1964年)，其主场为东

▲ 第十届洛杉矶奥运会宣传画

▲ 第十届洛杉矶主体育场玫瑰碗体育场

▲ 第十一届柏林奥运会宣传画

▲ 第十一届柏林场馆

▲ 第十四届伦敦奥运会宣传画

▲ 第十四届伦敦主体育场鸟瞰

▲ 第十五届赫尔辛基奥运会宣传画

▲ 第十五届赫尔辛基场馆

京奥林匹克主体育场。明治公园是奥运会中心之一，公园内有奥运会运动场、驹泽综合体育场、多用途的代代木体育馆等。市中心公园是奥运会的主要体育中心，公园内有建于1940年的主体育场，已成为日本最大的体育场。第19届墨西哥奥运会（1968年），其主场为墨西哥奥林匹克体育场。第20届慕尼黑奥运会（1972年）主要场馆都设在奥林匹克公园内，主场为最醒目的标志性建筑是由45岁的斯图加特建筑师科尼施设计，其创作受1967年蒙特利尔世界博览会德国馆小小帐篷式结构的启发，设计了半透明帐篷式棚顶，可使数万名观众避免日晒雨淋。独具匠心的科尼施以蜿蜒的奥林匹克湖为背景，将各比赛场馆包容在连绵的悬空顶棚下，以横空出世的气势将体育场馆与大自然融为一体。第21届蒙特利尔奥运会（1976年），规模巨大的梅宗纳夫奥体中心位于梅宗纳夫公园，由著名建筑师塔利伯特和达欧斯特设计。场内设有213米高的鹰嘴式高塔，塔顶悬挂覆盖整个体育场的顶棚，电钮一开，整个由钢索悬挂的顶棚便可使体育场变成前所未有的室内运动场。第22届莫斯科奥运会（1980年），主场为莫斯科奥林匹克体育场。第23届洛杉矶奥运会（1984年），主场为洛杉矶纪念体育场，是世界最大的体育场之一。第24届汉城奥运会（1988年），主场韩国人将它称作蚕室奥林匹克比赛场，也成首尔综合运动场，是奥运会开、闭幕式，田径等决赛场地，距首尔城区13公里，占地54.5万平方米，建设历时七年。第25届巴塞罗那奥运会（1992年），主场为巴塞罗那蒙锥克体育场，为此西班牙组委会制定了《蒙特尤克体育设施发展计划》，奥运会设施在蒙特尤克方圆5公里范围内，分成4个各具特点有相互关联的部分。位于蒙特尤克区的奥运主体育场原建于1929年，当年事为举办国际博览会建设的，经改建后面貌大力改观。第26届亚特兰大奥运会（1996年），主场为亚特兰大奥林匹克体育场。第27届悉尼奥运会（2000年），主体育场是奥运会历史上最大的室外体育场，可容纳11万名观众，体育场跨度足够四架波音747客机并排停放。它位于悉尼霍布什湾奥运会公园内，距市区14公里，此次奥运会第一次提出“绿色奥运”的口号。第28届雅典奥运会（2004

▲ 第十六届墨尔本奥运会宣传画

▲ 第十七届罗马奥运会宣传画

▲ 第十八届日本奥运会宣传画

▲ 第十九届墨西哥奥运会宣传画

▲ 第十六届墨尔本场馆

▲ 第十七届罗马场馆

▲ 第十八届日本场馆

▲ 第十九届墨西哥场馆

年），其主场为雅典奥林匹克综合体育场。第30届伦敦奥运会（2012年），将于2012年7月下旬在伦敦东区举行，无论欧洲经济危机多么严重，我们现在对伦敦奥运会体育设施建设总体感觉是：它令人振奋，有新的创意点，同时是极其务实，服务伦敦总体发展的规划设计，这种做法是难能可贵的奥运建设遗产。

2008年北京奥运会的成功举办，使中国成了世界舞台的中心，但用奥运建筑比较学的观念去审视至少会发现，在北京奥运建设中留下诸多启示及经验。

①巴黎与北京奥运场馆设计比较：巴黎曾经在1900年与1924年两次成功举办过奥运会，仅从场馆分布上看，它们有许多相似之处。北京有一个主中心，三个分中心：主中心奥林匹克公园，分中心包括西部社区中心、大学生运动中心和北部旅游区中心。而巴黎的运动场馆则集中在105平方公里的城市内环周围，大体相当于集中在北京的三环路以内的区域内。巴黎的这种布局也是由于巴黎现状造成的，为了举办1998年世界杯足球赛，波尔多体育场、法兰西体育场、圣埃蒂安体育场及巴黎王子体育场等大多集中在市区内环两侧。无论是巴黎还是北京，现有的规划影响了奥运会前及比赛时城市居民的正常生活，对城市造成干扰，尤其北京工程量投入大，风险自然增加，尚未真正有效使后奥运效应合理规划进去。

②巴塞罗那与北京奥运场馆设计比较：巴塞罗那在1992年成功举办了第25届奥运会，以西班牙这样一个小国、巴塞罗那这样一个中等城市，能如此成功举办奥运会确有可学习之处。巴塞罗那历史可追溯到公元前2世纪的罗马帝国，公元415年起就成为迦太基公国的都城。巴塞罗那诞生了一位世界知名人物——萨马兰奇。重点场馆除了主体育场外，颇具特点的体育馆是位于主赛区内的圣保罗朱地体育馆，是巴塞罗那最大的室内运动场，由著名的日本建筑师矶崎新设计，创造了多项建筑史上的“奇迹”。巴塞罗那的经验告诫北京等中国“主办城市”，用有限的资源来筹办世界性大项目必须精打细算，合理地分配分赛场便于形成有特色的运动分中心，便于比赛后场馆利用。

▲ 第二十届西德慕尼黑奥运会宣传画

▲ 第二十一届蒙特利尔奥运会宣传画

▲ 第二十二届苏联莫斯科奥运会宣传画

▲ 第二十三届美国洛杉矶奥运会宣传画

▲ 第二十届西德慕尼黑场馆

▲ 第二十一届蒙特利尔场馆

▲ 第二十二届苏联列宁体育场

▲ 第二十三届美国洛杉矶场馆

奥运会确给这个“花园城市”留下精品，这是一笔宝贵遗产。

③悉尼奥运会与北京奥运会场馆设计比较：作为世纪之交的一次体育盛会，悉尼曾以微弱票数胜出。悉尼建城是1788年，由英国的海军驻军营地逐渐发展，其建筑的历史至多不过二三百年，风格也大多是英国殖民主义建筑风格。严格地说，悉尼的奥林匹克公园占地只有150公顷，整个厚姆布什湾总体规划占地760公顷，它包括了千禧公园、双世纪公园，纽因顿——奥林匹克村和奥林匹克公园四部分。悉尼奥运会对北京奥运会而言虽不好比较，但它们仍然被萨马兰奇先生称为迄今最成功的一届奥运会，不仅因为它理念先进，更从经济上收回成本，国家、城市乃至公众都从中获益，其经验是国家、集体、个人共同承担风险，调动起全社会的积极性。悉尼奥运会另一个成功经验是奥林匹克公园建在离城区15公里处的厚姆布什湾地区，属悉尼的郊区，由于有了这个公园当地迅速兴起了新城镇——纽因顿，成为一个以奥运村为背景形成的新城镇。北京虽有许多优越条件，因诸多的原因，该做大的事并未做大。如北京东四奥林匹克社区广受国内外瞩目，是萨马兰奇、罗格等亲临的有着八百年历史的文化社区。依笔者之见，由于政府和传媒的宣传不利，它在世界奥林匹克公众参与“时空”上未能得到充分展示，这无论如何是我们在借鉴他国成功举办奥运会时应吸取的教训。

二、北京奥运建筑文化传播的实践与问题

1.为奥运建筑的专业出版是一种追求

从有据可查的文献上能够发现，《建筑创作》杂志自1999年4月17日就结合当时首规委办副主任陈刚的指示在《设计·信息·网络》上创办了“申办奥运专刊”，其中马国馨院士、何韶高级建筑师、刘河译审等都做过大量基础性工作。但《建筑创作》杂志报道国外奥运场馆及我国申奥、筹备奥运的情况是从2001年开始的。如早期（2001—2003年）刊出有代表性的文章《塑造北中轴路新的空间序列》（朱小地、

▲ 第二十四届汉城奥运会宣传画

▲ 第二十五届巴塞罗那奥运会宣传画

▲ 第二十六届美国亚特兰大奥运会宣传画

▲ 第二十七届悉尼奥运会宣传画

▲ 第二十四届汉城场馆

▲ 第二十五届巴塞罗那场馆

▲ 第二十六届美国亚特兰大场馆

▲ 第二十七届悉尼场馆

柯蕾，2000年4期）、《体育场馆刍议》（马国馨，2001年7期）、《北京奥林匹克公园》（王兵，2001年7期）、《注重城市景观展现体育风采》（胡越，2001年7期）、《悉尼奥运会的再思考》（马国馨，2002年6期）、《体育建筑设计的回顾与展望》（李沉、金磊，2002年6期）、《天津奥林匹克中心体育场国际招投标竞赛》（王士淳、孙银，2003年3、4月合刊）、《呼唤“安康型”奥运场馆设计》（金磊，2003年7期）。在此以后的2003年增刊、2005年增刊、2006年7期、2007年7期及8期、2008年7期、2008年8期均用大篇幅刊出北京奥运建筑及文化的记述文章总计超过1 000页（尚不包括已刊的15期北京奥运工程新闻）。现在看来颇有价值的是，《建筑师茶座》于2008年6月12日在清华大学建筑设计研究院舜德厅主办、十几位亲自主持第29届奥运会场馆设计建筑师参加的“让奥运建筑承载历史”的座谈，由一批建筑师在奥运会召开前品评并披露奥运建筑，在中国尚属首次（见《建筑创作》总第63期2007年7月），它被广为转载。此外，《建筑师茶座》还于2008年总第65期刊出国外首脑及媒体对北京奥运建筑的评价——《评说伟大城市的新地标：奥运新建筑》。

在2009年1月8日北京市规划委员会主办的《2008奥运城市》、《2008奥运建筑》两书首发仪式上，市规委主任黄艳、市政府副秘书长徐波均从北京奥运建筑的特殊意义上表达了对两书出版及其产生影响的充分肯定，它们成为从奥运“三大理念”向北京“三大理念”转化的“科教书”。《建筑创作》杂志社于2008年3月奉命开始组织精悍队伍策划并编撰该书，先后完成各类文字稿30多万字，设计版式十余次，提供图片近千幅，极有效地保障了两册图书的出版。尽管两册图书出版发行时间已进入2009年，但它作为献给中国改革开放三十年及共和国六十年的礼物却恰逢其时。作为策划及编著者，笔者感谢各方的支持。事实上，关于奥林匹克建筑的专业化出版我们做过大量工作：2002年4月《奥林匹克与体育建筑》一书，是在开启世界性奥运项目招投标前期一部全面介绍北京奥运建筑理念的书，它对国内外建筑界早期认知北京奥运规划设计起到“启蒙”作用；2003年

▲ 第二十八届雅典奥运会宣传画

▲ 第二十九届北京奥运会标志

▲ 第二十九届北京鸟巢主体育场

▲ 第二十八届雅典奥运会育场

▲ 第三十届伦敦奥运会标志

▲ 第三十届伦敦会场

10月一版（2004年9月第二次印刷）笔者的《安全奥运论》第一次系统提出了“安全奥运”的理念及建设方法；2007年1月马国馨院士《体育建筑论稿——从亚运到奥运》，虽是马国馨院士体育建筑记忆研究思想的文集，但它对让中国认识奥运建筑及后奥运的社会经济影响均有极大的推动作用，出版后反响良好；2008年1月推出的《北京新建筑指南》及2008年3月《北京奥运建筑指南》是国内介绍奥运场馆建筑的第一批专业技术书；在中国建筑学会的支持下，我们与中国建筑工业出版社密切合作策划出版《2008北京奥运建筑丛书》10卷本，截至2008年4月首先推出《宏构如花——奥运建筑总览》一书，作为常务副主编我曾在该书编后记中写道“我们已连续7年在每年的7月前后推出北京奥运建筑的‘城市·建筑·文化’专辑……愿我们的努力与追求能共同开启属于中国北京及世界的奥林匹克建筑文化之旅”；天津奥林匹克中心体育场是第29届奥运会足球比赛分赛场，它的创作展现出“大珠小珠落玉盘”般的诗情画意，其中体育场建筑是三颗水滴中最大的一颗，它仿佛一滴水从天而降，定格在将入水而未入的瞬间，在天津市体育局及天津市建筑设计院的主持下，在刘景樑大师的指导下我们承编了《天津奥林匹克中心体育场》一书，并于2008年7月末在天津召开隆重首发式；为全面反映北京市建筑设计研究院体育建筑设计团队自1991年刚刚完成第十一届亚运会即投入中国两次“申奥”及其为奥运设计至今十七八年所作的成绩，在2008年10月BIAD院庆59周年暨中日韩三国建筑师北京交流会上奉上了一部国际化程度较高的专著《北京市建筑设计研究院2008奥运建筑设计作品集》；2008年11月13日笔者曾在《中国建设报》撰写评论文章《大书、小书——重读北京奥运建筑设计史》。

2.为人文奥运及文化北京的出版是一种品质

回望已圆满谢幕三载的第29届奥运会，我以为它不仅是四年一度的全球体育运动盛会，更是一次影响深远的文化事件，其意义在于有望通过奥运会刷新全球对中国的认识，从此种意义上讲至少从北京奥运火炬的全球传递那时便已拉开东方文化传承的序幕。如果只算经济账，奥运梦和强国梦的关系或许并不太大，如胡锦涛主席在2008年8月1日在人民大会堂接受来自世界各大洲25家外国媒体的联合采访时说，奥运会留下的遗产中，体育场馆和基础设施会有不错的社会功用和效益。正如萨马兰奇所言，当今的奥运会已经成为一项世界性的文化盛会，它不仅仅是搏杀与竞赛，更是“一种将身体、精神与意志和谐统一在一起的人生哲学”。笔者在2003年1期《市政府顾问团简讯》中也撰文《人文奥运的工程化实现》，文中建议要深化对人文奥运的理解并使之转化为行动，如在完善奥运会标志性文化元素即奥林匹克音乐、邮票、文学艺术、影视、颁奖仪式及其开闭幕式上的文体表演外，不可不借机大力提升举办国和举办城市的文化。为此必须首先提及在距北京奥运会开幕还有49天（2008年6月20日）举行的“《中国古代体育诗歌选》首发暨2008‘人文奥运·文化北京’研讨会”。对于《中国古代体育诗歌选》的出版，著名诗人雷抒雁说，这是一项相当有意义的挖掘和整理工作，对体育题材诗文的整理应该是我们诗人的事，但不曾想到却由一批非诗人学者完成了，实在是可敬佩的事；中国图书馆学会汤更生秘书长认为这是一本真正实践着“人文奥运”文化理念的诗作集，其贡献不仅在于挖掘和抢救，更在于是一种超越“文化制造”的文化创造的行为，中国图书馆学会愿意向全国推荐并传播本书；中国建筑学会副理事长马国馨院士认为该书策划有创新，并肯定它在人文奥运建设上填补了空白。他还认为该书在装帧版式上的设计水平

很高，使得这部著作能够传世，并在世界范围内交流，这部著作体现出国内的最高出版水平。《中国古代体育诗歌选》汇集了自有文字记载以来的吟咏体育或与体育有关的诗歌450余首，是中国首部以体育为主线的诗歌专集。该书通过对浩瀚如烟的历史典籍中的诗歌进行了全面、系统的考证、分析、注释和分类。为了读者更好地阅读、理解、欣赏中国古代体育，配有80多幅表现体育场景的插图，并有20余种古代体育的史料；不但在十余类古代体育运动项目中附有相关小史，并且对每一项目都增加了名家书法、插图及印章，使诗书画印四位一体，诗歌艺术与书画艺术完美结合，成为该书的一大特点。为配合国际化出版，实现中英文双语对照解读，作为主编及策划者之一，笔者认为，这本书的出版，不仅填补了我国古代体育诗歌研究的空白，更及时地挖掘整理了中国的古代体育诗歌，保护和发扬了祖国的优秀文化遗产，是北京“人文奥运”宣传上不可多得的挖掘中国传统体育文化的优秀图书。如果说古代奥林匹亚对世界体育做出贡献，那么，《中国古代体育诗歌选》则以广博的内容展示了中国古代的可以与奥林匹亚相媲美的重要体育内涵。特别是在2008北京奥运会到来之际，此书作为北京“人文奥运”的一个重要组成部分，不仅展示了中国的古代文明，更是中国文化界对奥林匹克文化做出的一次重要贡献。

事实上，还在2004年8月，我就策划主编了《建筑师看奥林匹克》一书，其意义不仅仅是建筑师的世界奥林匹克场馆之旅，还是一个以奥运文化为根基的构建“东方文化中心”的工程，因为通过建筑师的视点传达出的信息，不仅对奥运场馆设计有益，更对丰富奥运建筑文化有直接作用。在此基础上，应更多亲历北京奥运场馆设计建筑师的要求，经过近1年的努力，2009年元月《魅力五环城》一书出版，它标志着有更多的中国建筑师通过奥运建筑设计、从北京新建筑变化中体会到其中蕴含的世界文化的气息。说到奥运文化图书出版策划我以为过去的《建筑创作》杂志社的同道已积多年之勤奋求索，争做文化传承的中流砥柱，因为面对奥运建筑文化传播的需求，我们不仅应做好“文字匠”，还要努力成为专业化的策划高手及智慧先锋。事实证明我们在克服困难及阻力中为“人文奥运·文化北京”的文化传承贡献了力量。北京是一座世界级的历史文化名城，这不仅因为北京旧城有着东方古代城市独特的建筑风貌，还在于它有着3 000多年绵长的文化根基。对于北京城的评价，梁思成先生在1951年的《北京——都市计划的无比杰作》一文中指出：“北京是中国（可能是全世界）文物建筑最多的城。元、明、清历代的宫苑，坛庙、塔寺分布在全城……北京建筑的整个体系是全世界保存得最完好，而且是继续有传统活力的、最特殊、最珍贵的艺术杰作。”侯仁之先生作为北京城研究的著名专家，他也满怀感慨地赞誉道：“在历史上一切封建帝都的设计中，北京城称得上是一个空前的杰作。”他更谦虚地说：“虽在长期的探索中，尽可能地描绘着北京城的起源和发展脉络，但对于这座城市的内在生命力——也就是她的人民生活和气质，却了解很少，这是一件抱憾终生的事。”如果说有哪一个城市，本身拥有一种精神品质，能施加无形的、然而是重大影响于居民的城市，那就是北京。因为它古老而又新鲜，它虽历史而又现实，它有无限的历史容量但又阔步走向现代化，所以它是超越艺术品的“艺术品”。一代文人郁达夫曾这样赞美道：“中国的大都会，我前半生住过的地方，原也不在少数，可当一个人静下来回想：上海的闹热、南京的辽阔、广州的乌烟瘴气、汉口武昌的杂乱无章，甚至于青岛的清幽、福州的秀丽以及杭州的沉着，总归都还比不上北京的典丽堂皇，幽闲清妙。”这些城市与建筑大家的话是在告诫我们：在向世界解读北京城市和建筑时，更要解读的不可或缺的是北京的文化与人文精神。

但纵观北京为2008年准备的文化北京、人文奥运建设的项目，我们至少认为在2006年6月，中国第一个“文化遗产日”到来之际，北京尚缺少一个较为系统的“人文奥运文化北京的旅游建设系统规划”。如果说人文奥运的理念重要，那么启动“人文奥运”的宣传与传播工程，更离不开与“文化北京”概念的结合。从此种意义上出发，我们便组织这套以“人文奥运·文化北京”为主题，突出北京建筑旅游的普及读物。它不是一般的旅游书及时尚文化的“口袋书”，而是由建筑专家、作家、历史人文学者共同谋划而创作的“大集子”，此种特征是其文化根基与主要特色。从2006年6月迄今，丛书已出版的主要书目为：《皇都古镇斋堂》、《东四名人胜迹》、《北京新建筑指南》、《北京奥运场馆指南》、《走进北京寺庙》、《北京东交民巷》、《北京老店铺及招幌》、《魅力前门》共计八册。

3.为奥运建筑的成长摄影更收获遗产

在2008年12月末《建筑创作》刚刚为北京市人民政府“2008”工程建设指挥部办公室编制完成了《北京市“2008”工程建设图片录——北京奥运建筑》，它让我再次回忆起当气势恢弘的北京奥运会落下帷幕时那种心情，因为无论对华夏民族还是奥林匹克运动、无论是横观世界还是纵读历史，第29届奥运会在人们的记忆中已打上深深的“中国印”，这确犹如历史的标签。北京“三大理念”闪耀下的奥运场馆已成为改变城市地平线的建筑，已成为影响城市布局图的建筑，已成为一定要写入中外建筑史的建筑。正因为此，笔者于2005年便策划并请示各级领导，于2006年初正式与北京市人民政府“2008”工程建设指挥部办公室签约，BIAD传媒《建筑创作》杂志社成为指定为在京所有奥运工程记录建设场景的摄影团队。之所以要撰文编写这些摄影师是因为我们要记住这些奉献者，是他们记录了发生在北京中轴线上的城市变化：回归自然的奥运场馆、“中国智慧”的奥运建筑经典。所以，我们要让业内外记住这些名字，因为他们手执相机的那些难忘时刻不仅有思考，也有探索，他们同样也是传播北京奥运会的有功之臣。这里我特别要提及的是“鸟巢”项目建设方的摄影家何慷民先生，他作为中国摄影家协会德艺双馨的摄影家，在“鸟巢”工地上一干就是五年多，他在完成大量奥运工程及新闻图片记录的同时，是迄今我发现的唯一专注拍摄“鸟巢”项目最多的摄影师。为表达他记录奥运会，展现新北京风貌的心境，他自费完成了京城上空的航拍，为奥组委、北京市人民政府及BIAD传媒机构的奥运图书出版做出了巨大贡献。《建筑创作》自2008年初便希望用他亲历的创作图片编撰成《“鸟巢”的故事——记录何慷民用镜头留驻“鸟巢”成长的历程》一书，并做过一系列借机传播奥运精神的策划，因为何慷民确是站在前排见证历史的人，他是一位执著且用镜头审视建筑时空的人。无论是为奥运建筑的专业出版，还是奥运文化品质的创意传承；无论是为奥运建设的影像记录，还是面向业内外的奥运故事讲述，都是奥运传播的一种方式，笔者的意图在于它们都最终服务于奥运会这个国际体育与文化事件。诚然，由于这样那样的原因，奥运宣传并不顺畅，尽管如此，我时任主编的《建筑创作》杂志社的作为在国内外专业媒体界不仅是领先的，而且是积极的。两千年前，孔子删《诗经》、作《春秋》、序《周易》，不仅是对传统文化最大传承者及开创者，也是当之无愧的大思想编辑家。我以为，大家的追求与全部努力，无论怎样面对中外古今，都是在记录建筑，传承文化；记录一代人，不要忘记一个时代；而传播一种精神，是为了成为这个时代建筑文化的建构者。

▲（2006年夏）工作在奥运现场的摄影师们

三、奥运建筑遗产的相关理念与思考

随着2012年的临近，伦敦奥运会在由梦想变为现实。因此瞩目自北京奥运会后的伦敦更显迫切。国际奥委会现在所在地是瑞士洛桑（早在1894年国际奥委会成立时，它的总部设在法国巴黎），是1915年受第一次世界大战影响迁址的，1982年国际奥委会宣布洛桑为“奥林匹克之都”，1986年萨马兰奇主持修建了新的办公大楼，1993年奥林匹克博物馆竣工并向世界游人开放，2006年国际奥委会的一座新办公大楼——国际体育大厦建成。值得关注的是，奥林匹克博物馆由两部分组成，一是奥林匹克公园，二是博物馆本身。在绿意盎然的奥林匹克公园内有来自五大洲的数十种植物，其中有些品种甚至和奥运的历史相关联。博物馆是世界上最大的记录奥运发展史的博物馆，也是世界上奥运资料最全的收藏馆，在这里的奥运收藏不仅有雅典时代的古奥林匹克的石雕出土文物，更有现代奥林匹克之父顾拜旦（1863—1937年）的遗物，也有大量来自历届奥运会的设计收藏，在这里认知并理解奥运建筑遗产的过程，正是梳理奥运建筑遗产思想、认知其文化内涵的过程。

▲ 洛桑奥林匹克博物馆 1

▲ 洛桑奥林匹克博物馆 2

1.奥运建筑遗产的要义

古代奥运会实际上仅仅是表演性质的，主要是为了丰富地方部落的祭祀节日，且限于奥林匹亚所在的佩洛旁涅斯城人参加。公园前776年，奥林匹亚竞技会得到希腊全社会承认，从而翻开奥林匹克运动会的第一页。公园394年，罗马皇帝狄奥多西一世立基督为国教，禁止异教活动，奥林匹克运动会亦被废止，因此历时千余年共举办了293届的古代奥林匹克运动会渐渐为人们所遗忘。在法国建筑家皮埃尔·德·顾科旦男爵的倡议及策动下，1896年现代奥运会得到复兴，面对即将举办的2012年伦敦奥运会，人类会发现每一届奥运会不但书写着人类竞技史，更为世界和城市留下丰富的奥运文化遗产。体现奥林匹克象征和艺术的文化元素是奥林匹克留给我们的文化遗产，不仅诸如奥林匹克标志、会旗、会歌、会标、宣传画、吉祥物及奥林匹克雕塑等，更包括主办城市及其奥运建筑所包含的奥运建筑遗产。历届奥运会而形成的奥运建筑场馆，体育设施及相关文化设施是奥运文化遗产的更大内容。奥运会结束后，各主办城市主体育场更成为这个城市具有特殊纪念意义的标志性建筑。1986年第一届现代奥运会曾打算在古代奥运会举办地召开，但经几千年变迁，原有竞技场地已无法使用，所以雅典一座较“新”的体育场——帕那辛尼安体育场（公元101年建）成为唯一选择。面对“废墟”，重建投入大量资金，如今体育场门前伫立着一座黑色雕像，是为纪念1896年出资兴建体育场的富商阿维罗夫所建。1996年，希腊奥委会为庆祝首届奥运会100周年，又回到该地举行庆典。奥运村是奥运主办者为参加奥运会的运动员、官员及工作人员提供的住宿地，其建筑设计也必须融入奥林匹克文化元素。在初期奥运会时并没有奥运村，1924年在巴黎召开第八届奥运会，主办方第一次将参加者集体安置在特意建造的木制房屋中，成为最早的奥运村。1932年洛杉矶奥运会，该市离体育场不远的地方专门建设了居住的建筑群，从此这个做法便成为传统，只要各国代表团入住奥林匹克村都要有一个简单而庄严的入村仪式。此外奥运会训练中心更是与奥运会有关的重要体育设施，奥运会后，作为奥运会后的重要文化遗产，训练中心自然成为开展奥林匹克运动的重要基地。与历届奥运会一样，奥运会上的一系列景观设计都深深地体现着东道国的文化特色，第29届北京奥运会突出了东方文化特色，为奥林匹克文化添上了一笔浓浓的具有东方文化神韵的笔墨。如奥运会的标志性建筑正矗立在地处北京中轴线北端的奥林匹克公园内，与北部的奥林匹克森林公园遥相呼应，使奥林匹克公园成为一个集体育竞赛、会议展览、文化娱乐和休闲购物于一体的综合中心，成为中国传统建筑理念与现代科技融合的典范。奥运会作为体育运动盛会，更是东道主文化的博览会，多姿多彩的文化通过奥运城市与建筑的塑造尽显无遗。

奥运建筑文化遗产的理性表述要求在各国实践的基础上，进一步拓展思路并培育出本国的有奥运建筑素养的体育建筑设计大师。具体讲，无论从学科建设还是国际奥委会的奥运建筑遗产需求看，都要开展下列工作：① 健全相关学科研究体系，这不仅涉及城市文化遗产学，更要将奥运城市规划、奥运场馆设计乃至城市可持续发展的经济、社会、文化策略均包括其中；② 健全整个社会与城市的奥运建筑文化遗产的认知教育体系，有目的地在奥运图书及宣传中融入奥运建筑内容，使奥运建筑遗产思想真正融入人心；③ 健全中国城市、建筑、文博乃至体育学会等方面的相关学术团体的联合，并设立专门NGO机构深化研究及有效组织；④ 健全奥运建筑遗产保护的国际公约及相关法规，以确保奥运会建筑文化遗产在当代传承与发展；⑤ 奥运建筑文化遗产是一种社会文化资源，它的国际性、地域性、文化多元性使它能够成为奥运建筑遗产文化旅游的优秀线路，它的有效集成自然就是逼近世界文化遗产的经典模式。

2.安全奥运乃奥运建筑遗产的中国观念

立足于世界城市化进程的特殊性，探索一条解决奥运会等国际大型活动的安全保障策略，是笔者自2001年“911”事件后思考的奥运安全观，正如同“911”事件十周年已成为遗产一般，那么为人类奥林匹克安全保障的风险论、安全理念一定当是可延续的奥运建筑安全遗产思想。人们知晓，世界大战共毁掉三届奥运会（第六届1916年柏林奥运会、第十二届1940年日本奥运会和第十三届1944年伦敦奥运会），“一战”中有32名奥运选手战死沙场，“二战”干脆让两届奥运会“走开”。事实上，对历届奥运会造成安全风险的不仅仅是战争，更包括当代灾难的所有风险。对于这样的世界难题，北京第29届奥运会的安全风险研究给出了中式解答，笔者《安全奥运论》一书虽不详尽但给出了保障奥运会安全的中国观念（详见文献[5][6]）。从安全奥运观出发，我们审视今日的伦敦，“雾都”与它已名不符实，如今“雾都”的肮脏帽子早已被英国人抛到大西洋去了。相反在中国北京、上海、广州、天津、重庆乃至几乎所有大城市早已成为“都市雾”的象征地。问题是如何持续地治理，如何找到从根本上抑制其再发展的办法至关重要。无论从“主办城市”还是安全城市上讲，任何一味的高速化城市进程都是加剧城市灾难风险的教训，中国大城市要真正从“雾都”中走出来，应持续关注并践行安全奥运给城市可持续发展带来的积极影响。

3. 后奥运时代乃奥运建筑遗产应瞩目的关键

在瑞典首都斯德哥尔摩市内，离市中心仅1.5公里处，有一座古朴而宏大的椭圆形红砖建筑，从圆拱门看去能望见一排排看台及运动场，这就是1912年瑞典专门为第五届奥运会兴建的运动场。作为1912年奥运的建筑遗产，它的成功保存成为斯德哥尔摩一处胜景。这座建于近百年前的运动场一直没有退出历史舞台，它至今与瑞典有百年历史的足球俱乐部进行着超越世纪的合作，最有名的当属国际田联瑞典大奖赛，瑞典人称为“DN Galan”。此外一年一度的瑞典爵士音乐节也在此召开，古老的奥林匹克体育场仙乐飘飘，散发出勃勃生机。我认为，之所以百年体育场建筑有如此成功的“后奥运效应”，源于他们建设的是一座质量上过硬的体育场，其内涵安全合乎世界遗产介绍中谈到的历史、文化、科技价值。相对应某些建设的“豆腐渣工程”及建筑项目的短寿现象，何谈可持续保护呢?

“后奥运时代”问题是迄今全世界都解决不好的问题。有评论家在2007年就指出人们对奥运场馆和奥林匹克公园设计创意出惊叹的同时，也对后奥运时期场馆持续有效的使用及对北京城市经济的潜在后效应也引发关注。社会及公众对奥运时期投资回收和场馆使用的瞩目有其历史渊源及反例，这种经验及教训本身也是奥运城市遗产的一部分。1976年加拿大蒙特利尔奥运会的资金回收仅为期望

奥林匹克公园示意图

值的5％，相关的财政负担直到2006年仍然是当地政府需面对的问题之一。“蒙特利尔陷阱”，让这座城市很长时间与大型国际赛事无缘，2005年蒙特利尔一度因资金短缺几乎丧失游泳世锦赛主办权。虽然第29届北京奥运会的后效应使“北京模式”有所显现，但必须承认利用举办奥运会的开发投资进行旧城改造虽在市场经济上有些“起色”，但在新北京的提法下已经凸现了诸多“建设性破坏”的痕迹。相反成功的例子当数悉尼奥运会及2012年将召开的伦敦奥运会。伦敦奥运会对东区的开发是近年来西欧地区规模最大的城市改造工程，从伦敦奥运举办机构提供的建设步骤、方式及远景规划看，在多方面与悉尼奥运规划模式有“一脉相承”之感。如何让奥运惠及城市，如何使奥运场馆及空间的赛后利用需求加大，如何使未来的奥运会的主办城市在机遇与风险并存的态势下成功发展，都对奥运会建设本身的重要物质遗产（公共建筑、体育设施乃至奥运村等）提出新课题。再如历届奥运会场馆及设施在赛后被作为一种能够在运期为本地社区提供多文化服务的公共场所，如多哈亚运会建造的亚运村就是个成功例子。第十五届多哈亚运会后，亚运村被改建为占地63.5万平方米的医学城，那里集中了卡塔尔境内最先进、服务设施最全面的中东地区同类最大型的医疗中心。可见，从奥运建筑遗产引发的“后奥运效应”思考，使评估场馆是否真正融入到城市空间及公众生活中，奥运场馆建筑是否真实地普惠城市，是否可持续体现着城市精神成为重要的标准及要素。

4. 人文奥运乃奥运建筑遗产的文化品质

北京城是一部沧桑优雅的历史画卷，它的每一寸定格、每一笔勾描、每一片砖瓦，都蕴含着一串串逸散沉香的故事，实在难以割舍。北京传统中轴线是世界城市史上极为罕见的一条建筑艺术轴线，南起永定门，经正阳门，天安门、端门、午门、前三殿、后三殿、神武门、景山、地安门、鼓楼，北至钟楼止，全长7.8公里。这条中轴线以紫禁城为中心，体现出中华文化的“中和”意韵，演绎出“壮美秩序”的篇章。值得记忆的是三年前的2008年8月8日20点，在国家体育场奥运会开幕，29个巨大的焰火脚印沿着北京城的传统中轴线，一步步走向奥运会主会场。奥林匹克公园选定在北京最具文化特色的中轴线向北延长段上，不能不说是北京“人文奥运”的集中体现，是古都文脉的延续。1990年亚运会最终选址在北中轴延长线上，这是元大都兴建以来的700多年间，中轴线第一次向北延伸，其长度也由过去的7.8公里增加到13公里。第29届奥运会使北中轴线更向北推进，至此，北中轴线在新时代确立了其独特的城市体育气质，和中部紫禁城的历史气质，南线的商业气质，共同构成了一条具有新意象的北京中轴线。从建筑遗产视角看，在中国的传统城市布局里，中轴线结构是一种最具民族特色和成熟模式的思路，在技术和现代城市化高度发达的今天，这种传统的格局仍然影响着城市建设者，其范式使老北京与新奥运不可避免地相遇、碰撞、融合，更汇成一道意韵独特的人文景观。2003年北京启动《人文奥运文物保护计划》，从而营造北京历史文化名城的基本格局与风貌。对由新奥运带来的新北京的说法，有不少争论声，为什么不能在老北京氛围下迎来新奥运呢？必须承认，老北京经过几百年的硝烟战乱，几十年的大规模建设，文物古迹与建筑已经消失了很多，建再多的人造景观也是缺乏历史厚重感的“假北京”。由“人文奥运”引发的文化思考是，今人将历史捧在心中，绝不是简简单单地怀旧伤感，而要真正地肩负起保护建筑遗产的责任。罗马奥运会的建筑布局十分关注历史遗产的保护与利用，罗马重新审视19世纪30年代中期制定的“罗马环球博览会区”规划，去芜存精，制定了以分散为主的奥运规划。除了新建筑外，罗马奥运会还充分利用其历史文化遗存，将部分比赛安排在古迹中进行，体操比赛在卡拉卡拉大浴场、摔跤在马克辛奇会堂等，古今融合，极其巧妙地向世界展示了罗马奥运会既古老又现代的城市形象，体现了“人文奥运”的文化魅力。

5. 规划与建筑“奇迹”乃奥运遗产传承的希望

慕尼黑奥运会体育场一经建成就成为这座城市的骄傲，如今近40年过去了，这座被称作建筑史上奇迹的大型建筑依然令参观者耳目一新。1972年慕尼黑奥运会的主要建筑规划设计方案均由斯图加特建筑师贝尼斯和结构师奥托合作完成，其奥林匹克体育场一改体育场建筑的常规形象，大胆采用张拉膜结构新技术，完全靠50根吊柱吊起的数张“渔网”将巨大的体育建筑体量化整为零，组成小片连续的帐篷式屋顶，此举使得体育场更具亲和力。奥林匹克公园最终选择在距市中心4公里的一块原“二战”时被盟军轰炸后废弃的飞机场废墟，但奥林匹克公园建成后，这里成为慕尼黑重要景观，这是一项伟大的“奇迹”。第29届北京奥运会给北京带来的变化绝不仅仅是奥运场馆本身，还带动了一大批北京重点工程项目，影响了作为“主办城市”的迅猛发展，因此出现了“新北京”及其今日“世界城市”的建设目标。联想到2010年刚结束的上海世博会，将北京与上海“双城”比较将发现，其发展状态完全不一样，其城市需求是最大的不同，其应对的全球化事件（Event）也不一样。如北京奥运会强调人来到这个城市直接参与，没有运动员来，比赛将无法举行；世博会过去展示的是新技术、新产品，今天上海世博会更受到网络高新技术的影响。再看伦敦奥运会是如何盘活伦敦老区地产的。伦敦分别于1908年及1948年两次主办国奥运会，而这两次都是由国际奥委会指定的。此次“申办”成功对伦敦是全新考验，在伦敦最振奋的人群当属东部老城区斯特拉特福（Stratford）区居民。伦敦2012年奥运申办委员会的基础设施主管吉穆·布力指出，当数十亿资金被用于建设奥运体育场和基础设施时，这些设施所留下的遗产问题必须在一开始就成为规划设计的核心。为此，伦敦2012年奥运会规划设计的成果，已经能感受到“后奥运规划”的意味，伦敦奥运会已从历届奥运会乃至英国自身的体育场馆开发中借鉴着经验，充分考虑场馆的赛后商务计划，并对奥运场馆所在区域有一个整体发展规划，未雨绸缪“后奥运”的规划设计追求，自然能真正实现奥运地产的良性循环，这无疑是一种应传承发展的遗产思想。

无论是奥运会“奇迹”，还是奥运建筑遗产的传承，都要特别关注奥运会的持续发展观。马国馨院士的《体育建筑论稿》一书认为，1994年2月在挪威的利勒哈默举行的冬奥会提出了“绿色奥运”的口号，这是奥运史上值得注意的一页，参加讨论会的挪威建筑师向国际奥委会提交了《环境的挑战》的报告，也正是在那时，他们将奥运会从体育、文化领域推向了第三个领域。历史的看，从此“绿色奥运”作为一种环保理念如思想遗产一般传承下来。值得关注的是2000年悉尼奥运会后出版了《庆祝2000年奥运：100件遗产》一书，该书列举了奥运会期间完成的100项工程。新南威尔士州的人士认为，这些工程代表了悉尼“城市复兴”，并认为许多奥运建筑成为“城市个性的转折点”，但也有人认为“悉尼已经在很大程度上浪费了进行有特色改造，使悉尼城市再上一个档次的机会”。现任国际奥委会主席雅克·罗格在尚未就任前就已经多次发表他的观点：“我们已经超过了平衡点，体制已经变得非常复杂和脆弱……我们还应该制止奥运会的膨胀……”我以为，无论是奥运会场馆设计的“奇迹”，还是奥运主办城市的规模乃至奥运会的主旨，都一再表明，不论世界奥林匹克怎样发展，也不应违背其初衷，这是奥运会给我们留下的宝贵遗产。

参考文献

[1]单霁翔.从“文物保护”走向“文化遗产保护”[M]. 天津：天津大学出版社，2008.

[2]马国馨.从亚运到奥运[J].建筑创作，2006(7).

[3]马国馨.体育建筑论稿[M].天津：天津大学出版社，2007.

[4]周治良.立足亚运，憧憬奥运[J].建筑创作，2006(7).

[5]金磊.安全奥运论[M].北京：清华大学出版社，2007.

[6]金磊.2008如何打造安全奥运典范——北京奥运场馆全寿命安全建设的综合减灾对策[N].中国建设报，2005-8-29(4).

[7]金磊.面向公众的奥运建筑文化传播[N].中国建设报，2009-7-28(8).

[8]金磊.全奥运观与奥运工程安全评估[J].建筑创作，2006(7).

[9]北京市城市规划设计研究院.北京，首尔，东京历史文化遗产保护[M].北京：中国建筑工业出版社，2008.

[10]薛岚.中国世界遗产的价值转变和传播理念的引出[J].经济地理，2010（5）.

[11]何韶.探寻可持续发展的奥运建筑[J]建筑创作，1999（2）.

[12]赵大壮.奥林匹克规划研究[J].建筑师，第27期-第30期

[13]金磊.安全奥运观八论[J].北京规划建设，2004（3）.

[14]金磊：魅力五环城[M].天津：天津大学出版社，2009.

[15]金磊：北京奥运场馆指南[M].天津：天津大学出版社，2008.

Chinese Architecture: Heritage Creates Future Documentary“ From the Western Regions to the World — Publication of the *Point of Jade* and Probing the Artistic Paths of Chinese Architects”

中国建筑：传承创造未来
“从西域到天下——出版《玉点》+点玉中国建筑师创作之路”侧记

本刊记者（CAH Reporter）

编者按：2011年10月27日，新疆城乡规划院刘谞院长的新书《玉点——建筑师刘谞西部创作实鉴》发布座谈会在宝佳国际召开。大会主办方邀请了业内诸多专家、学者，与会专家通过研讨《玉点》出版的意义与现实作用，进行学术交流与讨论。

Editor's Note: On 27th October, the press conference of the *Point of Jade—Records of Architecture in Western China*, the new book of Liu Xu, the head of Xinjiang Urban & Rural Planning Institute of Design Research, was held at Architects Crang & Boake Inc. The organizer of the conference invited many experts and scholars in the industry for academic exchanges via the discussion of the significance and realistic functions of the book.

刘谞其人，国家一级注册建筑师、新疆玉点建筑设计研究院首席建筑师、董事长……履历很长，无须多加赘述，他投身新疆建筑事业历三十余年，在共和国六分之一的国土上鞠躬尽瘁，为西部开拓做出了莫大贡献。《玉点》书写了刘谞三十年创作的实录。作者将三十年来建筑结构介绍和自己的历程穿插在一起，每章必图，每图必解，间或有评论与论述。特别是前言与后记，更是汇集了刘谞的心路与悲喜。他在前言中写道：“三十年坚持干自己喜欢的，也不是一件容易的事。”诚然，事情未必伟大，纵然是微不足道，放诸于时间的厚重也足堪史册沧桑。按照现在建筑界通行的分代法，刘谞是第四代建筑师。第四代属于1978年恢复高考以后的建筑师。在新疆，刘谞是魁首，就算是在全中国也是享有颇高威望的大家。他的成名并不是因为他的建筑作品有如何的奇思妙想，而如他在书中前言所说一样，是对事业的热忱与不辍的创作。刘谞在这片土地上耕耘探索的精神，如今建筑师应学习并传承；精神不像技术一样会因时光而过时，而会伴随着一个伟大的故事而永生。

会议主题名为“从西域到天下——出版《玉点》+点玉中国建筑师创作之路”。“西域”两字饰为黄色，喻黄沙漫漫，余字则与《玉点》一书紫色封面相谐，书写在白色背板上。会堂位于宝佳国际9楼宝佳大讲堂，东西向，南墙由两块背板整体覆盖，

素约典雅；一幅与会中国当代建筑师的作品集锦悬挂于北墙，中间则是会议主场和记者坐席。整体来看，会场布置得简约而精致，既突出了会议主题，又构造出彬然学术气氛。《玉点》一书已于2011年5月27日付梓，7月27日在新疆首发，10月27日在北京的会议既是精神的传播，也可以说是丝绸之路的逆溯。“玉点”意为“玉中之玉”，可拙如璞，亦可润如君子。“点玉”意为推广，中国建筑师应该学习刘谞的精神，更彰显此次会议的主题所在。

此次点玉会议被视为是自北京市建筑设计研究院2009年2月举办的“回归建筑创作的客观立场——建筑中国六十年繁荣创作历程剖析”座谈会后迄今建筑界最富于深度的盛筵。不仅在于专家云集，而且在于主题由新疆地域性建筑生发开来，延伸到文化观、创作观、职业观与方法论的广泛讨论中来，可被视为是对当下中国建筑的一次总结。与会专家热情洋溢地肯定了刘谞在西北艰苦的条件下做建筑的激情和成就，并认为，本土设计师按自己的理想，坚持走下去，就一定能闯出自己的路子，而绝非永远追随西方。会议由《中国建筑文化遗产》总编金磊主持，《中国建筑文化遗产》社长高志致欢迎辞，20余位专家参加了研讨。

金　磊

金磊：为什么用天下这个词呢？中国、华夏两词都无法体现中国建筑师走向世界的意义，单从主题上理解可能不太准确，因而才有“玉点+点玉中国建筑师创作之路”的副题，这样概念或许准确一些。

欢迎大家沿着宝佳狭长的走廊就座宝佳大讲堂这样一个小天地。与会嘉宾有北京市建筑设计研究院总建筑师马国馨院士，北京市规划设计研究院院长、北京市规划委员会总规划师施卫良，中国建筑设计研究院副院长、总建筑师、全国设计大师崔愷，加拿大宝佳国际有限公司驻华总代表、《中国建筑文化遗产》社长高志，北京市建筑设计研究院院长、总建筑师朱小地，清华大学建筑设计研究院院长、总建筑师设计大师庄惟敏，天津华汇建筑设

计有限公司董事长、全国设计大师周恺，中元国际工程设计集团总建筑师费麟，中房设计院资深总建筑师、建筑创作学组主任委员布正伟，中国建筑西北设计研究院执行总建筑师赵元超，河北建筑设计研究院有限责任公司副院长、总建筑师郭卫兵，北京建筑工程学院建筑与城市规划学院院长刘临安，中科院建筑设计研究院有限公司副院长、总建筑师崔彤，中国航空规划建设发展有限公司总建筑师傅绍辉，北方交通大学建筑学院副院长韩林飞，天津大学出版社副社长韩振平，天津市建筑设计研究院副总建筑师李宝瑜，英联达奇国际工程顾问董事兼总经理罗隽，全国工商联房地产商会副秘书长王玉清，北京市建筑设计研究院副院长、副总建筑师张宇，天津大学出版社总编辑王志勇，天津市建筑设计研究院信息部主任张丽丽，全国工商联房地产商会秘书长钟彬，中元国际工程设计集团执行总建筑师孙宗列等。

3个月前的7月27日，我曾在乌鲁木齐为刘谞院长主持了献身六分之一国土的建筑师刘谞这本书的出版座谈会，在新疆的建筑学前辈金祖怡、王小东，乃至文化界的大作家周涛将军，省厅与乌市领导真挚的评价下，刘谞本人及其西部建筑师新疆城乡规划的价值已被凸显出来，《玉点》一书让献身中国六分之一疆土的建筑师刘谞本真地站在大家面前。我是说服刘谞要出这本书的策划人之一，谨用一句《玉点》书中很感人的话作为开场白：“还在想，梦能成真！还在走，这是我的坚持和自信！还在爱，给我青春和成长的共和国土地的六分之一！”相信大家能从场景背板及刘谞院长即将发言的文字中感受到一位西部建筑师成长创作之路的艰辛。因为今日座谈会主题源自《玉点》，又是“点玉”的研讨，据说“点三”两字是崔愷大师升华的，这在书册折口可以读到。希望与会专家与学者以众星灿烂之思，能从自身创作与研究的视角在审视《玉点》及刘谞其人时也向业内外展示，讲述自己更为丰富的文化观、创作观、职业观与方法论。2009年2月末，在北京市建筑设计院我们曾以“回顾建筑创作的客观立场，建筑中国60年，繁荣创作历程剖析”为题，开过一次研讨会，当时很多今天参会的专家都到场，那次会议被界内认为是一次有价值且扎实的研讨会，相信今日座谈会也能听到更多的真知灼见，使今天的会真正“点玉”并启迪中国建筑师创作之路。

高　志

高志：我们是《中国建筑文化遗产》编辑部，我忝任社长，能够作为《玉点——建筑师刘谞西部创作实鉴》新书出版座谈会的主办方十分荣幸。今天喜贺刘谞先生《玉点》一书出版的同时，更感到从西域到天下，雅论建筑之绝唱的特殊的含义。

《玉点》是本与荒漠有关的西部建筑实录，记录了刘谞30年的建筑岁月。加拿大宝佳国际在中国已有16年，这期间我一直从事建筑创作，但对文字素有敬畏之心。现如今感到真正能够传播文化思想的好书并不多，《玉点》的出版犹如建筑的诗与歌，为建构丰富的中国建筑当代创作文化精神贡献了新作，极其值得品读。此书饱有建筑师职业的文化情怀，看似是一本人生的游记，但却丰富记载着刘谞纵览中外建筑的评论、创作与情怀。法国著名作家维克多·雨果说：“人类没有任何一种思想不被建筑艺术写在石头上。”人类创造的建筑和城市是当之无愧的人类文明纪念碑。建筑改善了城市面貌，经过建筑设计全体同人60多年的栉风沐雨，建筑业已成为中国国民经济的重要支柱产业。建筑设计是中国勘察设计行业的一个充满活力、推崇原创的创意产业，建筑设计的引领作用越来越被人们所认同。建筑作品本身是技术与艺术的综合，是物质与精神的载体。建筑创作既要研究和表现技术、艺术、材料方面的综合性和普遍性，又要因地适宜地表现建筑个性。作为一名从事建筑创作与策划多年的同人，我敬佩为西部建设做出贡献的刘谞院长，他在贫困地区从事富有良知的建筑创作是项艰苦的挑战。他的敬业、执著、创意和他对建筑理论的研究实践是中国当代建筑师的典范。

金磊：刘谞院长曾多次提到在新疆的沃土上，老院长王小东院士给他很多扶植与帮助，但是刘谞也特别提到在北京，他有一个敬仰的大师、前辈——马国馨院士。

马国馨

马国馨：我认识刘谞多年，去过几次新疆。《玉点》一书我适才简略翻阅了一下，不由得佩服刘谞三十年在新疆的辛勤耕耘。我想起一个故事，1961年，清华大学分配到新疆的有6个人，留在乌鲁木齐的只能有两三个。六个人之间就商量，谁留在这儿？有两个同学是两口子，就说把他们留在那儿，其他人就说那我们去艰苦的地方吧！这种精神在现在是极其罕见的。新疆在那时是一个非常荒凉的地方，纵然是六分之一的国土，接壤十四个国家，有煤，有棉花，有天然气，却未经开发，现在繁荣的新疆正是这些人努力的结果。这些耕耘在这里的人，给我们建筑界树立起一个光辉的榜样，他们需要克服很多困难。今天看到刘谞的《玉点》，对他整个创作过程中的经历做出了梳理，把很多文章和采访集合在一起。我觉得这既是刘谞本人的足迹，是新疆建设发展的历史，同时也是我们整个建筑行业随着时代发展取得成绩的记录，很有意义。在座很多人都是如今工作在一线的建筑师，从《玉点》一书可以得到很多启迪：第一是交流，第二是总结，第三我们通过这本书要把我们一大批年轻才俊、中年才俊推上前台，不仅要让国内知道，还要让世界知道我们有如此辛勤耕耘的优秀建筑师。莫像杨宽麟老先生120岁诞辰之时关于他的书方才出版，这都已经晚了。

改革开放之后，我有一个非常深的体会；我们很多同事都有很多令人称道的地方，但是外界了解得很少。所以我也希望这次通过《玉点》，天津大学出版社和《中国建筑文化遗产》杂志能为建筑界的传播多做些事情，同时也为文化遗产在城市更新的过程中能够保留下来做些事，更好地依凭过去来展望我们的未来。

金磊：刚才是高先生和马院士的发言，谨作为今日活动的“序曲”，其实我觉得还是应该把今天活动的主人公请出来，请新疆规划院刘谞院长讲讲这本书的由来以及这本书的写作历程，实际上最重要的是请他讲讲如何度过这三十年的。

刘　谞

刘谞：我母亲说老家的芽很嫩，那时候我对我母亲说我也很嫩。后来有一天我对我的孩子说：“新疆的天很蓝。”儿子说：“天下的天都是蓝的。”生命的延续和茂盛让我自感惭愧，在此我非常怀念自己的父母，不是他们的给予，而是生命灿烂的万岁。我没有想到我会出集子，因为在我看来那是一种理想和奢侈。2009年BIAD院庆时金磊先生鼓励我说：“你总该把文革之后，总该把80以后共和国六分之一国土的西域建筑人的故事讲给大家听。”我说这话题太庞大，他说你能不能讲讲自己的故事呢？韩振平社长也多次往返新疆，不辞劳苦。本着故事，本着他们的信任，本着世事变迁，终于将三十年来的所思所想所做收集成册，这便是它了。我和山水是无情的，我也与自然是无缘，甚至与财富官爵是相悖的，不是因为命，而是所有的一切归于在座的各位给予我人生意义与情感的诱惑。

建筑设计是集体的也是团队的，从有设计的那一天开始，建筑师注定是指挥家、组织家，也是创造者，更是辛苦的劳作者，这是一种痛苦中的快乐。当一个人的兴趣和他的爱好与劳作画等号的时候，注定他一生都是充实的、愉悦的。西域的建筑创作犹如在沙漠上行走，从此绿洲到彼沙漠，最后达到一个遥远的，所向往的目的地。尽管人们以不同的形象和概念来想象这个目标，然而，各种不同的建筑史观，都可以把自己看做是一个这样的旅行者，循着丝绸之路的小径，走着自己的路。虽然四周是荒漠，是戈壁，对绿洲居民来说是潜伏着各种各样困难的区域。我们应该赞美之心在此，赞美坚持下去的建筑师们，等待他们的也许是漫漫长路的孤寂和永远不可能得到答案的谜语。

时到今日，在各种媒体铺天盖地的轰炸下，文化战争的胜利者表现出非常傲慢的德行。我们从来没有像今天这样随心所欲地大拆大建，我们可以轻而易举地毁灭我们亘古以来形成的美好家园。在开放建筑市场的旗帜下，新的八国联军焚烧着我们的历史与文化，这种史无前例的杀伤力，在几分钟的决策里就可以把几千年来形成的文明变成洪荒。如果人类在这个地球只能生存数年或者数个世纪，我想我们的所作所为也是可以被理解的。其实，城市和乡村以及整个世界与我的老家小李庄原本都是一样的，如果有什么差别的话，那只是量的差别 而不是质的不同。和我们生存的星球与人的寿命的相比几乎是永远，是一代一代活下去的母体，我们为什么要不择手段谋杀残害我们的家园呢？当代“超英赶美”的情节会让我们一事无成，五年计划的高铁两年完成，可是我们的高铁经受不住雷雨，也禁受不住前两天京沪铁路全线断电的错误。我们已经提前索取了几个世纪，现在我们必将付出沉重的代价，加倍偿还。但这根本解决不了不可逆的历史事实。快就一定是乐么？幸就一定是福么？不被宣传，未曾获奖的小作品也许和市民生活更贴近，更协调。有了门内门外的文化交流，才有了西域这块过渡区。清楚了面对的创作现实，也就知道该做些什么。由于历史文化交流之故，西域这片土地的上空始终飘荡着高层次的文化气息。在今天，在与历史比较的今天更是如此。我们不必心急如焚地去抗争什么，也不必成为一方旗帜，依然平常地从容地去充当那可爱却不可缺少的槛，门槛的槛。其实我们站立的土地充满了不同时代的历史遗产，这其中包括了大量的有价值的东西，我们大家正在生活在灿烂的遗址之中。我们当今的任务是如何去粗取精，如何在第二次文化大交流与文化转移的通道中做好自己的事情。我们是过客，既然是过客，那就过去吧。荒漠如旧，村落依然，我们还得认认真真地面对土生土长的环境，去做符合这里的一切事情。

我们应该执著地相信，西域，特别是新疆，是一个文化的过渡区。唐僧取经，丝绸之路，我们都是路，是过渡区。但这种过渡区是绝无仅有的，它给我们提供了触摸世界的机遇，使得我们能够在混沌中重新认识自我。还应该自豪地认为没有任何一种思想和文化能够在此时此地长久永存下去，这应了王院士的一句话：“没有什么旗帜是永不褪色的。”这足以使有抱负的人得以自慰，只有伫立风中的建筑师能够在此时此地创造出符合生存环境的建筑，这同样令人羡慕和骄傲。本来空间是连续的，但由于西域文化交流的特殊性和文字表达的局限性，在表达冷与热、大与小、火与水的层次上常常存在界面的多重复杂性。问题还是在于不确定性，而有时情况大多不是非黑即白的事情，其实混沌的状态也是一种明确的场所。在建筑创作的过程中，这种混沌创作始终萦绕在建筑师脑海。西域是一个混沌的过渡区，也许说过渡区些许弱化了西域建筑的文化本位，其实，又有什么不是过渡呢？天还没有开的时候，先有隐隐约约的似天非天，似地非地的象征。山岳和川流还未形成的时候，先有隐隐约约的非建筑和似建筑，似艺术和非艺术的象征。这种原始的混沌性决定了建筑艺术的特征也是混沌不分的。这种混沌的状态常常是建筑创作的先导，它使我们不以时代的潮流为向往，也不以过去的辉煌为方向，使我们能够有一种比较冷静，天将开而未开的创作心态，使我们比较容易将思维的狂马引向切合实际的时空。我们运用各种设计手段来构筑这个空间，让空间具有一些本土的元素，一些民族的东西，使它神秘、独特、充满疑问。这种独特的地域文化，从本土的风俗文化、民族风情、地形地貌、人文特点中出发，达到一种新的、原创的建筑目的。建筑是多元的，是各种意识的叠加，是一种现代的、历史的、未来的混沌体，是一种生命运动的状态。这种状态往往被人们理解为自我心中理想的建筑，建筑应当在变化中求同异，以辩疑的眼光，用非激进性的构思理论使建筑具有混沌的形象概念，抛弃传统的创作思维，作到陌生中的熟悉。说到此时，我的心情难以言表。就像黄褐色的沙粒，那是多么浩瀚却渺小的生命，却足以构筑我心中无限的宇宙。努力在沙漠中建造属于自己的沙漠建筑吧，努力去解决空旷、寒冷、炎热沙漠中人们所需的的空间构筑吧，努力去安抚自己本不属于沙漠村庄的烦躁之心吧。也请人们用宽容的、欣赏的目光来观赏沙漠中的沙漠人，和在沙漠中构筑属于他们自己的建筑。再辉煌的建筑也会推到重来，再现代的中国也是这样，当今贫富差距不仅仅体现在金钱方面，其实很久以前在建筑创作与交流等方面，西部的平台从来都不是和沿海发达地区在一个水平线上。这固然有自身先天不足，但人为制造的悬殊起到了决定性的作用。光明路上车水马龙，远处是亘古以来的博格达峰。这是我们没有选择的选择，可那灌溉抚育我们的山泉以博大的胸怀无声地滋润着我和我们的企业，我感恩这一切。渐热的天气又迎来一个躁动的夏天，看到远处的山脉正在默默地用雪峰的清泉抚慰着每一个人的心灵。我感谢自然给我们的启发，感谢自然的大度与无私。难道我们就不能以一个快乐的心来享受这真实的劳作？

我想，今天从零开始，继续去镇守中国的六分之一的土地。

金磊：刘谞院长的发言较乌鲁木齐那次为短，

我跟刘谞院长谈今日之会也是在7月27日所确之为凿，把这本书拿到内地去，让更多的建筑师们看看。内地有如此多的著名建筑师，这么多精彩的作品，可是内地的作品很多是用丰裕的建筑投资堆砌！刘院长所做的项目，我们可以看到确实是在缺乏建筑投资的情况下，在精彩的“慎独”或者说是“求索”之后完成的。崔愷大师曾经如此说玉点此名：“点玉不是更好么？”那我们请崔愷大师谈谈对《玉点》一书的看法，解读刘谞究竟何许人也？

崔 愷

崔愷：我跟刘谞是老朋友，很多年我们曾作为青年建筑师在一起活动。虽然新疆离北京很远，但我印象里在北京很多的学术活动上都能见到刘谞。我也是前两年有机会到新疆走了一圈，当时也是刘谞安排的车，能去和田、喀什看那些老城，让我体会到荒荒大漠的感觉。在旅途中，我看到了刘谞在新疆一系列的作品，实际上之前在一些杂志和学术报告上也曾听闻，是以并不陌生。《玉点》这本书的出版，自然也是水到渠成。《玉点》实际上是原来刘谞规划院的名字，新疆和田玉最为出名，生长于瓦石，如何将之从一片瓦砾中甄别，即是点玉之道。玉点则是一种在河床中由水流磨成，名唤籽玉。当然我想刘谞或许会有他更深的思考，定位自己是在河道里去淘浣籽玉的人，文化传统能够发现、学习、继承以及发扬。

刘谞的建筑创作实际上是特别独特的。他是一个很有心，同时也是一个很有浪漫激情，甚至有些随性的人。这几年我一直在倡导本土设计，学习传统，用比较低调的办法，用地方的语言来做。但实际上刘谞并不完全是这样。他最早在学报里展示的作品有比较明显的新疆地域文化要素，但这些年刘谞是“甩开了”，各种风格兼而有之，这是一种多元化，带来的不仅仅是建筑师在设计时挥洒自如。新疆对内地来讲是一个偏远地区，经济上并不发达，但是老百姓有追求，地方政府有追求，希望有一些新的变化，比如现代化。刘谞的工作表达了对时代、地域新的定位和追求。有些项目做得很有情趣，当然也需要不断地历练和进步，在过程之中找到一个脉络，成为新疆建筑发展重要的一支。刘谞的工作在新疆现代建筑发展中一定会留下很深的印记。这两年中央组织很多省市

在做援助新疆的工作，从政治经济上面可能有很多考虑。我们院实际上已经开始接触到新疆的项目。我就在想，新疆就像西藏一样，虽然是一个偏远生漠的地方，实际上又是一个非常珍贵民族文化遗产的保留地。所以我觉得在大规模的援疆建设过程当中，能够把老的东西保护好，把新的东西做好。不仅仅是为我们完成中央交给的任务，更是对当地的民族文化尊重和爱护。我想这是很重要的，尤其是在这个过程中，一定会跟刘谞走得更近，也要向刘谞的创作学习，在新疆的土地上，我希望中国的建筑能够开出灿烂的花。

孙宗列

孙宗列：看到刘先生这本书，我还未曾仔细翻阅，和刘先生也是初次相识。这本书把刘先生三十多年的经历汇集在一起，其实点点滴滴我感觉到是一种力量。刚才崔先生说“玉点”以及“点玉”的过程，我感觉“玉点”更是一种力量。当今建筑界对地方、地域还有文化追求和传播，不仅仅是在某一个城市或者国内，现在中国正在走向世界是很重要的主题。对于我们这一代建筑师来讲，是责无旁贷的责任。这本书传播了一种信念，非常值得学习，希望有更多建筑师把自己创作的点点滴滴能够总结出来。中国的建筑师能够聚集在一起，更多地看到自己的创作，特别是自身文化的一些体现，那么我们走向世界的步伐是会越来越快。

朱小地

朱小地：刘谞院长三十年坚持创作，既是成果，也是精神层面的凝聚，形成一本如此厚重的书。我想这固然是几方面的努力，也是刘谞在西部几十年的努力赢得了业内专家一致认可。我跟

刘谞先生也有十几年的交往，我也曾有幸到新疆去，承蒙刘谞先生接待，得以更多地了解他的项目，感受新疆的文化。新疆的广袤国土，特殊地理，自然风光，城市，宗教文化与历史遗存都很有特点。诚然，在西部坚持创作十分不易，我1988年毕业之前曾在兰州做过一个项目，对西部已有所了解，后来在新疆的一些项目确实感觉到和沿海地区有很大差别，从和田到乌鲁木齐有一条沙漠公路，如果开一辆黑色轿车赶上风沙，到达目的地的时候迎风一面已被磨成白色，这恶劣环境令人无法想象。在新疆，从十月入冬到翌年五月均无法施工，这里建筑之艰难以及成本支出之大和我们沿海地区简直是天壤之别。新疆正是建筑和自然环境的巨大拉锯，两者之间的相互关系和沿海地区有很大不同。我们在做建筑关系时曾设想建筑对周围环境的统治地位，然而在新疆则一切反之。

玉点也好，点玉也好，点的概念更像城市、建筑与环境的关系。新疆的建筑民族特点又是极其烦琐，图案烦琐而纤细，如此一种表达方式。特别是当地建筑走向现代化的过程当中所遇到的困难，矛盾和挑战，比之内地遇到的问题要强烈得多了。这种挑战性我觉得从这本书收录的一些作品里就可以看到。在接触刘谞的过程中，他的内心是一种强烈的对创作执著的追求和对欲望的蕴涵。我想这都是建筑师具有的高贵品质。无论当地的条件如何，这种创作的冲动和热情保持三十年，对职业的追求着实是难能可贵的。从刘谞的作品上可以看到，刘谞先生在建筑的构思，体形的处理，立面的设计，包括色彩材料的使用都做了大胆的探索，总的来讲还是基于地域性建筑的探索与实践。当然也能从作品里看到新疆这么多年来的发展变化以及自然社会环境对于建筑的影响。书不能说是信札，是多年文章的积累，包括了他本人到世界各地学习、调研、参加学术活动整个的过程，这些伴随着刘谞先生走过的前半生艰辛历程。正如适才崔愷所讲到的，新疆的发展，或者是西部的发展也迎来了新的机遇，也是新疆社会发展的必然过程。这个过程是在新疆坚持创作建筑师所面临的新课题。

王小东院士所作的大巴扎这个项目获得了很多奖项，观察它对面二道桥地区维族人的生活状态，可能会对我们今后的创作环境产生影响。新疆的发展是完全不平等的，应该是错位和断裂的，当地文化的繁荣和进步比经济落差还要大。如何在新疆地区有新的创作可能性和尝试，这也是落在刘谞先生后半生的重大课题。我希望刘谞先生在今后的工作里，能够在新疆这个东西方交流碰撞且最具有强烈民族个性的地区取得骄人的成绩。

施卫良

施卫良： 和刘院长认识，因为我们都是规划院院长，首先祝贺《玉点》在北京发行。2010年刘院长来北京时带来了《陆分之一的实践》一书，主要以规划为主，今天带来了以建筑为主的《玉点》一书。规划和建筑结合是新疆院一个突出特点，这也是一个发展趋势。特别是在新疆如何与地域的特点、环境、城市很好地结合，这就是我想说的第一个问题。第二个问题就是中央开始对口援疆，我们正在和新疆院做和田的规划，中间刘院长给予了很大支持，也给我们提供了很大帮助，将来我们肯定会和刘院长有很好的结合。实际上去年刘院长来北京，进行规划院援疆工作交流，曾经表示欢迎各院到新疆以他们为根据地，他们提供了很好的帮助，我们能很好地体会到这一点，还是感谢刘院长。第三个是祝愿，为什么要祝愿呢？刚才小地院长也曾提到，新一轮对口援疆又为新疆提供了新的发展机遇，无论是从规划还是设计，都是一个新的阶段和形式。以前可能更多以当地规划设计院为主，对口援疆工作开展以后，各个省市肯定会把他们自身的规划设计都带过来，这就是怎么开创新的设计模式的问题。从规划上我们积极倡导援建方和本土设计院的结合，我们原来在什方援建也是这种方式，从建筑设计角度来看，也是这种新的合作设计尝试的机会。

赵元超

赵元超：我在海南的时候读过一篇文章，《从建筑师到建筑商》，刘谞先生在新疆做了很多作品，当时非常羡慕，突然发现这个建筑师怎么下海了，挺惋惜的。后边我又读到了一篇文章，《从建筑商到建筑师》，我就说又上岸了，又回归了。从这些文章里我也感受到，实际上是一个建筑师全面的经历，可能也是影响我对建筑设计的认识，建筑师不仅是考虑自己设计那点事，而是更全面、更全过程地理解建筑。我和刘谞在西部有更多的机会，特别是今天，我也是看到这本书，非常感动，是一个建筑师在新疆三十年的工作，我就这样评价是建筑师成长的个人档案，也可能是新疆三十年的一个发展的记录。给我的感动，其一是非常真实，我们刚才在路上说话的时候他说这些文章，包括渲染图包括手绘图一点都没改，就非常真实地记录了建筑师一个过程。第二，我也感到刘谞院长强烈地对地域文化创新的意识。因为同处在西部，我知道西部建筑师的创作很难。他说我有时像个瓦工一样在指挥一大批民工。这就让我回想起张锦秋院士说过的一句话，她说她像个农夫一样在黄土地坚守了四十多年。我就觉得刘谞在新疆六分之一国土做出这么多作品，这么好的作品来，依然有激情来创作，对我，对我同处在西部的建筑师也是一种鞭策，所以，我想我们更加珍惜我们西部这块土地，也祝愿我们能做出更多更好的作品，也希望我们在座的建筑大家们更多地关注我们西部的建筑创作。

金磊：今天是缘于刘院长这本书才有了研讨会，我就联想在这一段时间里，我们的老一辈建筑师实际上并没寂寞，他们在为了中国的建筑发展，为了传承创作的思想，为了应该总结事件与文化的东西做着耕耘。除了刚才马院士所说为杨宽麟所出的那本书之外，费麟总建筑师继出版张玉泉一书之后，自己又以自己的人生创作之笔写了《匠人钩沉录》。我认为这是新中国自己培养的建筑师所写传记的第一本，下面请费总谈谈自己的创作感言。

费　麟

费麟：谈到文化遗产，对之理解我觉得像相对论一样，要有个参照物，方知什么是文化遗产。清华大学原来我们住的楼是文化遗产，包括北京院设计的十大建筑也是文化遗产。对于《玉点》一书，刚才我翻了一下，这意思我本不解，听了刘谞讲才豁然开窍。一为元初；二为复合；三为大而无极。《道德经》里讲的东西。两横一竖是干，底下一个土，他说是干土木工程，我没想到。不点不知道，刘谞点了我才知道是这个意思。新疆对我来讲很遥远，过去张骞通西域，自古就是边遥之地，所以有些隔膜，不熟悉。直到今天有幸见到刘谞院长。新疆这块地就如你书里讲的，开发慢，但这块未开垦的处女地还有发展前途，所以我老说现在像“大跃进”，那时候讲“超英赶美”，跑步进入共产主义，有多大胆就有多大产。我们建筑界有“三无”建筑，无钢筋、无木材、无水泥。另外有诸如高铁大跃进，城市化大跃进，等等。刘谞书上讲得很对，这么快速地往前推，推土机很快就推倒了，但文化遗产再建就是假古董了，北京就是一个例子。我有一点感想，就是人应该有远见，抓住现在这个时机，从现在做起，不要等我们老一辈的人全走了，才想起要出一点东西，那样都晚了。我是在金磊主编和天津大学出版社鼓励下，近来才出了一本《匠人钩沉录》。我认为我就是匠人，钩沉是指把脑海里那些乱七八糟的东西勾出来，沉淀的东西回忆下。我这本书不是传记，我只是一个线索，讲的是别人。《玉点》一是讲作品，二是讲当时的人文历史。刘谞也发表了自己的观点，反对一些当前的提法，这非常好。我觉得我们这一代人应该是承上启下的，有一段历史我应该记下来。我那本书上基本从家庭教育、学校教育、社会教育和专业教育作为人和物串在一起，能够看到我们这代人整个发展历史周围的人和事。我们做建筑的是有社会责任，我们不光要创作，我们还要关心整个社会，就如刘谞所写《贫困地区城市与建筑思考》。现在有多少建筑师考虑贫困地区，考虑平民住房问题呢？不多。看到《玉点》这本书之后我挺高兴，记录了你这个时间段的点点滴滴。在座的每个人，都有一段属于自己的历史，我希望这能被记录下来，若干年后这都是文化遗产，这是很有长远意义的。

郭卫兵

郭卫兵：我记得几年前我和崔愷大师曾去过一次日本，闲聊，崔总不经意地说河北离北京这么近，也不见有河北的建筑师出来一块活动。这句话一直挺触动着我，因为河北的建筑创作不活跃，经济也受限制。作为建筑师，实际上都有自己的梦想。看到这本书之后，我一再认真阅读，却有一个谜一直萦绕在心头。因为刘院长有很好的基本功，从他画的素描和速写能够看到，但是我发现他一开始也没按照传统建筑的比例、尺度和空间组合关系去做，在这方面走得不远，也没有按照新疆的符号层面去做，宗教层面的东西也没有走太远，相反，我们看到他很多的作品是他内心世界的一种流露。但是这种内心世界的流露和一些先锋派的建筑师不同，先锋派的建筑师可能从格调、从各方面个人情感发掘。适才朱院长说了一个词叫"打磨"，新疆的多元文化和自然气候碰撞打磨出来的个性，所以刘谞先生的内心世界可能就代表了最本质的地域文化。关于他的后期的作品，崔总用了"随性"这个词，我觉得这个词用得非常好，这是一种状态吧。如果中国建筑想走向一个更高的层面，可能需要一个"随性"的状态。这也使我想到我们的前辈布正伟先生讲他的创作体会，是一种自在生成的体会。在这方面，不同年代的建筑师还是有共同的体会。最后一点很突出的感觉就是刘谞的作品具有很强的叙事性，我从中能够感觉到好似有一个客栈，里面不同的人来来往往，不同的气味，不同的声音，诡异的眼神，迷幻的感觉。我觉得非常震撼。

金磊：我觉得郭卫兵总的发言有几个词特别好，其实这些年我们为建筑文化及创作传播做的那些活动，包括即将做的那些活动，实际上在追求一个建筑师或者社会公众的对建筑的阅读。这里的阅读不仅仅是读书，还包括对建筑的赏析。下面我请天津华汇设计的董事长周恺大师讲话。

周　恺

周恺：我们都是恢复高考后第一、第二届上大学的建筑系学生。其实说起来我们能算笔账，全国建筑院校学生加起来也就是2 000人，所以大家也很容易认识。我和刘谞是在北京认识的，还有一些学术活动。但是很遗憾，我没去过新疆，没有亲眼看到他做的设计和作品。但是今天我也是一个劲地在这儿翻看，我觉得令我震惊，因为他还做了很多其他的事，不止在做设计，还有管理上的工作。从他的设计里我能读到的是一种真诚，甚至还有一种随性，我觉得他并不拘谨。一般说起来，对地域建筑大家模仿的多，提取的话也是一些片段，于是创作反而被限制在里面，其实刚才崔总好像已经提到过这一感觉。我觉得他好像"玩开"了，地域的东西也有，现代评论也往里加。我觉得作为一个建筑师能这样是一件很过瘾的事，也上了一个层次。往往我这个圈子里面会有一个倾向，或者说一些所谓的趣味，大家都套在这个趣味里面呢，好像你不做某些东西就是怎么样，你一定要做一点某些东西。我觉得一个建筑师能够有一种坚持，能够将自己的理解坚持下去；哪怕还不是很成熟，我相信一直走下去，可能就会做出自己的东西。否则的话，我们基本还是在按照西方的做法办事。

从刘谞老兄这本书里我读到了他的这种内在的东西，说是精神也好，或者是一种追求。第二个我还想说有点感慨，实际上就包括昨天我们几个从玉树返回来的消息，当时我和崔总六七个人都在给玉树一个建筑，我们是刚刚提交的施工图。我没去，他们回来跟我说，当时我们强调做设计还双电源，人家说单电源都不见得供得上，很可能断电。这就是设计师必须要懂得的现实。所以我觉得在西部，坚持做设计，能够做事，真的是让我们很尊重。可能作为一个建筑师，在一个比较好的城市里做设计，他得到的机会就会更多、更好。而作为一个在西部的建筑师，我觉得就是更加不容易，他的创作可能更困难，刘谞书中我也看到做了很多项目，基本没发现太好的材料，都是普通的材料。真的是让我很感动、很尊重，向刘谞学习，找机会抓紧去新疆一看。

金磊：周恺大师说，要去西部看看，到时候要组织大家去，还要开研讨会，同时田野考察。下面请天津市建筑设计院李宝瑜副总建筑师来发言。

李宝瑜

李宝瑜：刚才我见到费总，他在做建筑学名词的研究。我们天津院也在响应天津及国家文物局要求，进行《二十世纪中国建筑遗产大典（天津卷）》的编纂工作。我院建于1952年，如今将近

60年，但关于老一辈建筑师的著作仍是空白。《中国建筑文化遗产》杂志曾给我带来《玉点》一书，使我得以先期阅读一二。刘总写到："现实社会是靠意识把握的，改革开放新的意识之心无疑馈赠了我们新的认识。"我非常感谢《玉点》一书所给予我的新的意识，它是一种坚守，是一种执著，是一种深刻的对社会对环境的思考和想法。再一次感谢《玉点》一书给中国建筑界注入的力量。

刘临安

刘临安：刚才粗翻了一下《玉点》，我发现刘谞很有心，他把当年在学校时的作品都收集保留起来，印在上面。我认识刘谞三十多年了，当年我们是前后脚进入的西安冶金建筑学院，我是77届，他是78届。其实在座的很多建筑师都知道，77届和78届其实是不分彼此的，就差半年，做什么都在一起，关系自然亲密得多。现在看看，三十多年过去了，在这里我想讲一下，在西部确实不容易。当初我听说刘谞是被分到一所学校，后来转折地进入了设计院。那时的分配多少还带一点计划经济的色彩，号称哪来哪去——你从哪里招来的，基本上就回到那里去。当时我们年级和他们年级，西部来的，除了考上研究生的几乎都回到了西部，经过这么多年，我们又从西部流回了东部，叫做"孔雀东南飞"。刘谞则一直留在新疆奋斗，是个楷模。我刚看《玉点》这本书我发现有很多作品，扎根新疆，汲取当地地域文化，潜心创作，做出了很多很好很有特色的设计。这足以用来启迪现在的学生，更好地抓住建筑业大发展的机遇，建功立业。在座的很多老建筑师可能记得当年有一部电影叫《昆仑山上一棵草》，是赞扬一位妇女在昆仑山兵站为战士服务，兢兢业业，十分感人。我们都是在那个年代受如此教育长大的，我想，刘谞肯定不是一棵草，他应该是一颗树。最早以大树来比喻建筑的人就是弗莱彻，《世界建筑史》的作者。新疆地大物博，是中国建筑之树的重要枝干。刘谞的作品一定是树上一簇很丰富的成果。

金磊：刘谞的文章《从建筑师到建筑商》说到了房地产的问题，实际上关于中国房地产的发展我们必须正视，因为它无论对于国家还是与我们老百姓都息息相关。因此今天的研讨会我们特别请到了全国房地产商会王玉清秘书长给我们讲话。

王玉清

王玉清：大师的作品令我很有感慨，当我收到高志先生的邀请的时候，我们聂梅生会长就说建筑师作品会我们有必要参加么？后来我就说建筑师的作品应该和开发商有必然的联系，我们应该去了解他们的作品。其实聂会长对建筑设计有天然的感情，她姐姐是天大的建筑学教授，她的先生和儿子都是建筑师。原来我们都是谈土地，谈投资，谈房价，谈国家建设。我们如何跟建筑师联系到一起，或者说能坐在一个桌面上讨论问题？当时在房地产商会的副会长陈世民陈大师的倡导下，会同聂梅生会长和中国勘察设计协会吴司长两家一同成立了全国房地产商设计联盟，其初旨是设计师和开发商相互理解，互相合作。自2005年成立到现在，我感觉不仅能从开发商那里拿到项目，更重要的是把好的作品，通过市场的力量推向社会，推向建筑市场。昨天我参加了一个中国勘察设计座谈会，他们在考虑发展战略，整个运营模式、市场模式是什么，都是一些长远的东西。而今天这个会议实际上是要建筑师在思考如何去创造高质量的能够流芳百世的作品，给了我很大启发。

在这里我想说两点，第一就是对建筑师来说，建筑市场的空间非常大。我们有一个研究组，当时预测房地产发展空间起码有20年。为何这么讲？城市化现在是50%到70%这个阶段，都是建筑设计房地产发展的大空间。每年由非农转向城市的人口有一千万到一千五百万，这些人需要房子，需要生活，都离不开建筑设计。原有城市人口生活质量的提高也无法离开建筑设计。第二，现在正是设计师们精雕细刻自己作品的时候。为什么呢？有人说是房地产冬天，开发商的投资也在减少，项目亦然。设计师也许从原来的应接不暇，到现在必须思考自己的作品如何才能符合市场以及时代发展的需求，即是出精品的时代。我第一次见到刘院长，他的作品非常具有地域特色，在旅游学里有一句话："旅游就是从自己活腻歪的地方，到别人活腻歪的地方去。"若我所见皆是千篇一律，旅游就失去了它的意义。建筑也是如此。这也是刘谞院长的作品能够出类拔萃的原因。所以我认为建筑师应有一种坚守，坚守所在地的地域特色。这是我个人的感觉。

另外一方面，建筑设计肯定要与公司的力量相结合，设计联盟的成员就曾跑我这里告状说："王秘书长，我们跟开发商去汇报方案的时候，当初，汇报方案是不要钱的，但我们一切都做得很好，也得了第一名，之后就没我们什么事，过了一段时间，我的作品就立在那里了。"这就等于他的劳动是白费了。在市场经济条件下，建筑设计师也要市场的头脑，去适应市场规律，从简单的一个学者，也要学会在市场当中游泳，才能把作品流芳百世。

庄惟敏

庄惟敏：《玉点》其实并未来得及仔细阅读，所以说的可能有些不着边。但是我从简单的翻阅之中特别感觉到是刘谞所写的东西。他年长我好几岁，我一直把他当成师长。认识刘谞挺长时间，最初也是比较敬重，后来今年早些时候我们一块去匈牙利，这次旅行让我们关系变得很是贴近，称呼也从刘院长渐渐变成刘兄。这种兄长的感觉因为交流而能最深刻地体会到。他跟我在出国这段时间里面的交流，和我在书中读到的文字一模一样。我觉得他是一点都不造作而有情感投入的人。这么多年来他坚持到现在，对建筑行业这么挚爱。他一开始是从学术到商场，转而逆之的经历一直让他到今天还是保持着这样的心态，我觉得特别不容易，令我十分敬佩。

另一方面，我还觉得在第一线的建筑师做创作的同时又能思考也是颇为不易，思考之后又能付诸于笔墨的更是万中无一。我们总是以忙为借口，忙到懒于用笔去记录点什么。《玉点》几十年来的积累让我十分震惊！这样的思考还能将之记录下来，我觉得还是难能可贵的，特别是其中很多内容都是源于他的创作感悟。我看了这文字，一点都不造作，或者说一点都不转，我觉得这对现在的建筑师应是一种精神。其实他最好讲无理，不要转理，他更注重精神，我觉得这就是文如其人，就是他想的。所以在我眼里这本书，这里面所写的东西，就和他本人非常贴切，就完全是一样的。也是通过这本书，还有前面几位专家所讲，让我更深入一步了解了刘谞。

当然这本书有很多值得我学习的地方，在大西北做事说艰苦自然是肯定的；还有造价的控制，民族传统这些重担，那里不是一张白纸由你创作挥毫，需要考虑历史和文化。在这么多约束条件下他还能很从容地创作作品，从后来的作品来看，他已经到了一种十分自如的境界，我觉得这是不容易的。它能够把这些环境带来的约束变成自己创作之源和一种元素来融进建筑，我觉得这个实际上是做到了一种程度，这个境界我实际上是十分敬佩的。在匈牙利临别时，他一直使劲拍着我的肩膀说来西北，来新疆，就像刚才金主编说的一样，开一个研讨会。单从力度来讲，就是非同一般，我觉得这也是他从大西北里面锻炼出来的。

金磊：大家都说这本书非常的真挚，所以我悟到一个词叫"本真"的刘谞，刚才庄院长的发言就极其本真，大家听完相信都非常有共鸣。在7月27日在乌鲁木齐为刘谞《玉点》一书所开的首发式中，王小东院士一口气讲了十五分钟，他没有讲别的，而是在讲刘谞其人为什么能够打动很多人，有如此多的人愿意和他交朋友，愿意与他共事。

崔彤

崔彤：刘谞院长的《玉点》一书我虽然看的还不多，但有一些作品在若干年前的时候就被我们熟知，作为兄长的作品影响了很多年轻建筑师。他的作品特色十分鲜明，扎根在新疆土地中。这片土地是一片很独特的土地，正像他的书刚开始所描述那样，有一种荒漠般的景象。这种文化给予刘谞一种独特的创作营养和激情。尽管较之内地这片土地并不肥沃，但他依然可以培育出一位最优良的建筑师和最具特色的建筑。我想起了新疆的葡萄。葡萄这种植物是很奇特的。一般的植物树有多高，根就有多深，是镜像的关系。可是葡萄不是这样，看上去两三米，但扎根有七八米，是地表四五倍的长度。所以越是贫瘠的土壤，尤其是盐碱地，葡萄就扎根越深。解读刘谞的作品，我认为它格外地体现出这种结构——深深扎根在本土地域文化当中。独特的地域文化培养出刘谞与众不同的感觉，我或许能想到它的作品如同早期的塔里埃森、塔斯克瑞亚等那样的一种景象，但已经久违了。我们看到这样的东西扎根在土地当中，有一种泥土的芬芳或者是一种荒野的狂劲力量。它一方面取自自然，一方面刘谞将之施加给环境，他在处理之中显得比较从容。我们确实发现他的东西并不守某一规矩，或者并不坚持某一种风格，一种手法。他很自由而放松，就像朱院长的话，在前半生后半段的时候，其实他越做越放松。我们交流过几次，因为他职业的多重性和复杂性交织在一起，既是规划师也是建筑师，也是教师，也是商人，同时还是艺术品收藏家。讲到陶玉与养狗，他可以滔滔不绝，活得很从容。所有的负担，所有的营养在他身上最后熔炼成无拘无束，挥洒在建筑当中。我非常敬佩刘谞，他作为一位执著的建筑师，他不犟；作为一名人民的建筑师，他又很放松。我还是觉得《玉点》这本书当中，他本身能够浓缩多样性，有如玉本身半透明的质感，那种多层次和复杂性，还有一眼看过去看似无甚其他，却能够把玩和品位，作为中国的国宝，韵味十足。

金磊：大家这样的交流，已经撞击出新的火花，如果说庄院长评价突出稳重淡定，那崔彤总则是完全的挥洒自如，让人听起来非常激动。下面请航空设计院傅绍辉总建筑师发言。

傅绍辉

傅绍辉：我第一个感觉和刚才庄院长的感觉一样，作为建筑师能够总结出这么多内容，其本身就是非常难得并值得学习的。另外一个我想到了三点关于这本书初步浏览的感觉。第一点就是感觉这本书建筑文化性很强，特别是地方风格。第二件事就是今年是辛亥革命一百年，孙中山先生说过“五族共和”，文化多样性是非常多的，我想到了前不久刚刚结束的中央的文化兴国会议，从国家的层面来讲把文化这件事提高到很高的层面上来是近年来少见的一件事；从刘院长设计的作品当中能看到对设计文化的追求，包括一种执著，而且如崔彤总建筑师所说，后面那些作品挥洒得比较随意。当然这种随意是在刘谞三十年积累下的发挥，因为看到他后面还有一些作品，诸如少年宫，明显能够感觉到他已经脱离了传统建筑元素模仿的符号，却确而凿之仍是根植于地方的作品，这也是值得我们借鉴的一点。最后一点是我一定要去一次新疆，领略很美好、很独特的文化氛围，亲自去现场感受和阅读一下刘院长的作品。

罗　隽

罗隽：今天借着刘总的座谈会，我也想谈谈自己的感受。看一个人的建筑和作品可以了解一个建筑师。说到这个地方，我又想起来我夫人曾对我说：“你最近上网没有，网上有一个流传很广的80后美女建筑师。”我们都在搞设计出差，没时间关心这个。今天我来之前曾经上网搜索过。这美女建筑师怎么回事呢？80后也就二十五六岁，跟着一个设计团队做了一个传媒大讲堂的项目。这个东西还是很重要，很欣赏的。后来一看我发现她是新疆院的，王小东院士工作室的，现在在网络上很火。

我和刘谞相识时间不长，好几年前，2006年我去乌鲁木齐投一个标，我想找一个当地的设计院合作，这样我才认识了刘谞。希望广大建筑师能像刘总一样，能够认真地把自己的作品整理出来。我相信，我们建筑师朋友之间都是相互激励的。我看了这本书，就知道这对我是一种激励。谈到刘谞的作品，我刚才翻了一下，对作品建筑空间、内部空间，庄大师讲的没有来得及去仔细探究，我可以分享我在乌鲁木齐时的一次经历，当时从街上经过，抬头一眼看见刘谞的火炬大厦，当晚霞映照在这个大厦上，我立刻就被这非常绮丽壮观的色彩震动了。我说这个建筑，正是体现了建筑师内心的一种火热。就像刚才崔愷提到的，在前些年很多建筑都是使用比较廉价普通的材料，但是喀什科技文化广场，还有现在的一些其他建筑，明显有了材料的更新，无论是幕墙还是墙体都非常精细，这体现了一个建筑师的功力。我也看到了刘谞的创作道路也是与时俱进的过程。

布正伟

布正伟：我的发言是两个祝贺，两种愿许，两种期待。第一个祝贺就是祝贺刘谞院长在52岁的时候出了自己很壮观大气的创作集。第二个的祝贺就是中国又有了一个很重要的文化园地，就是诞生了新的《中国建筑文化遗产》。

刘谞院长是一个很有血性的建筑师，很浪漫的建筑师，还是一个一根筋坚守的建筑师。看到他的文字，我就想起我中青年时代的那种劲头，什么话都敢说。这是一个真实的刘谞，不装模作样，虽然身居高职，但依旧表里如一。他所坚持的地域文化是在特定的一个时空范围内，具有很浓的本土建筑的味道。本土建筑实际上就是此时此刻我们所居所在的空间。若新疆再多几个王小东，再多几个刘谞，在现代中国建筑界新疆可以占据很重要的地位。

文化遗产我认为分为硬件和软件，软件更加重要，硬件则是遗产实物本身。以实物研究建筑自是应有之义，然而我们的前辈从梁思成到杨廷宝，他们这些留洋归国后的感触，我们统统都遗忘了。尤其是研究生博士生论文，翻来覆去都是那几句话，炒不出来什么新的东西。为什么呢？有一个成语叫数典忘祖，我反过来看，现在才明白怎么回事。那时候看作品有什么呀？不就是那些手法么？旋转、变异、扭曲，就是那些东西嘛。但是想把它们融合成本土的东西并不容易。我认为建筑文化遗产应该是系统地研究，将人家老先生的作品为什么好，好在什么地方付诸笔墨，真正地让我们这一代人看进去。创新并不难，难的是在平凡里面创新，就这么一点钱，就这么一点地方，做出一个经典的东西，几十年后一看，它真棒！这太难了。所以我觉得建筑文化遗产研究应在这上面下功夫，在软件的研究上、总结上、系统上，下功夫。

我期待刘谞院长有更高的追求，一定要走向经典。并不是说一个人做出来的东西都是经典，但是要有这个心气，就算达不到经典，作品也会高一个品位。要真正地去听真话，其次要常常回头看自己。希望杂志要广开思路，不可按部就班。我举例，2011年4月下旬清华大学梁思成110年诞辰纪念会，这是很重要的。我觉得梁思成是一个非常值得尊敬的老前辈，歌功颂德是应该的，但人无完人，通过我掌握的资料，深刻地体会到梁思成先生有他悲剧的地方，他

的建筑语言没有被完全挖掘，因为对古典建筑爱得太深了，不是以一种若即若离客观的眼光来看待这个问题。他陷进去以后，复古主义弄了一大堆，这种经验要总结。徐忠先生做外贸大楼的时候，因为歇山顶问题遭到了梁思成先生反对，梁先生说必须要按法式，一点都不能差。徐忠先生的设计则是水平线条，上面窗棂，底下做了一个像阳台又像挡板的东西，创新而且简洁。最终，在徐忠先生的坚持下梁思成妥协了。还有天安门人民英雄纪念碑，当时因时间紧迫，顶子没按梁思成先生的方案去做，本说暂且如此，以后再行修改，却发现没有比现在更好更自然的方案了，这是一个绝唱。

还有几年以前的夏天，我曾经到植物园去看梁思成先生为其父母设计的墓，非常现代，线脚是凹凹凸凸的方块，我照了很多张相片，比现在的经典更要经典，但却没人宣传。那个墓的造型从每个平面到每个细部非常简练，绝不像我想象之中那样被弄得死气沉沉的。这样一个发现，让我感到梁思成先生有他很遗憾的地方，就是他有很多建筑语言的才华他没有发挥。对这样的前辈不要一味地理解，比如说对张镈先生，我们也应有一个一分为二的分

析，这有什么好处，就是对我们当代的建筑师有新的启发。

张　宇

张宇：应该说现在全球有两个传记，一个是乔布斯，一个是刘谞。乔布斯是把艺术和科技结合在一起改变了世界，刘谞是一位将学问置为生活方式的人，他是一位用生命的建筑勇敢奉献西部的建筑师。我跟刘谞认识自2000年始。中国建筑学会有一个交流，是亚洲建协，那里面有件事我觉得挺有意思，就是中、日、韩三国的英语都比较烂，但甭管好坏发言都是在用英语，显示国际化。只有日本的一个学会会长就用日语讲，后来问为什么，他说这是民族的一种情节，就是对外凡是官方，他就算会英语也不用。这种民族精神刚才傅绍辉也说了，我觉得这精神值得我们来学的。这点我就想起当时日本第一位亚洲普利策奖是单项，1964年奥运会也是第一次走进亚洲，我想大家都知道当时日本也是百废待兴，他们也想凭借一个本土的建筑师，让日本在国际上彰显他们的自信。所以当时，应该说就是在现代和传统之间找出一条平衡之路，我觉得他们的设计师做到了。我们应该反思一下现在的建筑创作应该怎么走，而且现在也一直在提传统跟现代应该怎么运用，复兴之路应该怎么走。日本在那届奥运会之后，我要是没记错的话，经济在1966年超过了英国，1967年超过了法国，1968年超过了德国。而且奥运会带动的都是一批民族企业。我们再想想我们的奥运建筑，基本被国外建筑师包办，但这一点我又觉得上海做的比我们好，所有竞赛都是国际招标，但是最后都是本土建筑师来做的。世博会有几个亿的设计费，也是上海院几乎全部拿下。

王志勇

王志勇：作为一个门外汉，对刘院长的建筑作品我不敢妄谈，我想借此机会从一个出版者的角度，从一个编辑的角度谈一点感想。刚才听了诸位大师的发言，听了很多学者的发言我很有感触，我们大家知道中国的传统文化是非常重视君子之道的，而这个君子之道当中有这么一条是强调立言、立德、立行这三种境界的。其中，立言是作为最高境界而存在的，并不是简单的文字，而是一种著书立说的思想的传播。刚刚几位大师在发言之中已经提到了，作为一个出版者而言，我们的作为是要为渴求立言和立行的业内外人士提供出版服务。

韩振平

韩振平：对于刘院长，我是通过编书认识到刘谞其人，他的作品非常让我感动。相信大家能从这本书里感受到作为一个西部建筑师是多么的不容易。我更希望在座的各位专家也要总结自己的经验，毫不保留地将自己的创作心得奉献给社会，天津大学出版社愿意与大家深度合作，精心服务。

高志：在今天如此繁华而浮躁的社会，我们能守着建筑这个行业坚守不退，刘谞的情况较之我们可能会艰苦的多。我比大家幸运，我之前读过《玉点》一书，看了之后我觉得感慨太多，我就说两点。第一点，“平凡建筑的平凡设计”，我觉得整本书贯穿的就是这个思想，刘谞的作品就是一个词——扎实。这里面没有什么多绚丽的东西，很扎实。这可能跟地域环境特点有关系，刘谞说：“其实没有什么是伟大的，伟大只是比平凡多了一毫米，平凡与平常是最真实的生存状态，大多数的幸福与快乐在于平凡与平常，痛苦往往是不平凡、不平常的孪生兄弟，一种平凡的设计，平凡的建筑，或得一种超人的平凡心，这个社会真是太需要了。第二点，我觉得刘院长多篇文章都提到了“混沌的实践”，更幸运，鄙人读博士的时候，搞的就是混沌学。混沌学的特征就是有核心无边界，我觉得在你这样的作品里能够看到这样的思想。核心就是坚守，能够有一种坚守，能够有一种挑战，能用一些很平凡甚至很差的建筑材料去做一些不平凡的东西。

最后，我希望《中国建筑文化遗产》杂志能变成中国建筑师的一面新旗帜，我们在如此浮躁的环境下坚守着最后一块阵地。引用一句俞敏洪的话：“我们要将绝望变成希望。”刚才有人说刘谞是一棵树，我记得一句话也是俞敏洪说的：“为什么没人注意到你，只因你是一棵草。”好大一颗树，任凭狂风舞，狂风中你昂起头，冰雪压不住。我想我们在祖国的山山水水，在每一个角落我们都是昂然屹立的一棵树，中国建筑界就有希望，我们就把这颗树穿针引线，形成一个网络。我愿意跟大家说，我们编辑部愿成为服务大家“话语权”的平台。

金磊：今天的活动仅仅是一个开端，在未来的日子里还会经常的举办，我们不仅要在这里举办活动，更多是要走出去。希望在2012年一系列论坛上能有更好的议题，如可否盘点一下近十年以来中国建筑创作与传承城市遗产上的缺失的话题，等。到时欢迎大家再度相聚。

（王燕嵩整理／陈鹤、李沉、徐怀远摄影）

Regeneration Strategy of Historical Environment

历史环境的可持续再生策略研究

汪丽君*（Wang Lijun）

摘要：历史环境是与一定范围的土地密切相关的文化遗产所构成的整体物质环境状态。它的可持续再生亦是国内外历史遗产保护领域的前沿性课题。本文通过对历史保护与可持续再生研究交叉点的分析，归纳了历史保护的发展轨迹和目前国际上广泛认同的历史环境可持续在生观念，并进一步深入到历史环境深层次组织结构的层级性、多义性和领域性上，从观念、空间、环境、技术和实施五个方面提出了历史环境整体的可持续再生策略，以期对我国未来的建筑历史遗产保护提供启迪与借鉴。

关键词：历史环境，保护，可持续，再生策略

Abstract: Historical environment is the whole material environment conditions which closely related to the cultural heritage in a range of land. Its sustainable regeneration is an international advanced topic in the heritage preservation field. This paper generalizes its development track and widely recognized concept of sustainable regeneration through analyzing the intersection between preservation and sustainable regeneration. Further to the deep structure, this paper puts forward the historical environment sustainable regeneration strategies from concept, space, environment, technology and implementation, so that it would provide some inspiration and references to the future historic heritage preservation in China.

Keywords: Historical environment; Preservation; Sustainability; Regeneration strategy

The Greenest Building is one that is already built.

——Carl Elefante[①]

历史环境的可持续再生是目前国际历史遗产保护的重要研究领域。历史环境在广义上可定义为："人们在现今世界可以看到、理解和感受到的过去的人类活动留下的所有印记。"[②]它是与一定范围的土地密切相关的文化遗产所构成的整体物质环境状态，其形成是一个长期的发展过程。它不仅是传承地区文化、延续历史文脉、保持文化多样性的结构性文化资源，还是人类建造活动的记载。从抽象文化传统意识的表达到具体材料技术的应用无不反映了人们生产生活、交往发展以及审美价值取向的各个方面。不同于单体"纪念物"，"历史环境"是不断生长变化的活态类型和有机统一体，包含空间轴与时间轴两方面的内容：在地域环境的横向纬度上，它包含了历史聚落、历史城镇、历史街区等多方面的人类生活聚居地及景观，依据当地的地域环境、民族风俗同样形成了自发生长、形态万千的建筑形态模式；在社会时代的纵向纬度上，它包含了民族、地域特征以及由这些特征所形成的文脉、信仰、心理等精神因素，通过自然而漫

① Carl Elefante: "The Greenest Building is one that is already built", Forum Journal, 2007 (21),26-38.

② Dennis Rodwell: "Conservation and Sustainability in Historic Cities", P98, Oxford: Blackwell Publishing Ltd, 2007.

* 天津大学建筑学院副教授，美国弗吉尼亚大学建筑学院访问学者

长的时间过程，形成了鲜明的、凝结在环境中的地域特色文化。

一、历史保护与可持续再生研究的交叉点

自20世纪50年代起，可持续的发展理念逐步渗透到人们生活的各个层面。我们不难发现其研究取得的大量成果越来越多地来自互补的方向。其中一个关键的认识就是学科间的交叉与渗透，因为我们的星球本身就是一个涵盖所有的生命形式，相互支持的复杂生态系统。随着对可持续理念理解的拓宽。人们已经认识到，从全球到地方，历史上人类与自然生态环境的平衡在各个层面上已经遭到严重扰乱，要恢复生态系统的健康与完整性不仅仅包括物质意义上的自然生态环境，还涵盖了人类生活模式、居住或在其他方面的社会生态环境。因此目前对于历史环境的保护的认识，国际上已逐步确立起了整体性的保护观和可持续的再生观，将保护对象逐渐从历史遗产本身发展到其周边环境等有形物质，再扩展到历史、民俗文化等无形遗产，从更广泛的层面明确了历史环境整体保护与可持续再生的重要性，并希望通过规划手段和实践来阐释、保护和管理周边环境。研究日趋综合，归纳起来包括三个方面。

1. 物质环境保护转变为历史环境保护

随着对环境破坏严重性的日益重视，人们越来越认识到历史环境的破坏是现代环境问题的重要课题。例如在日本，人们就将产业废弃物带来的污染称为第一公害；对自然环境的破坏称为第二公害；将开发建设对历史环境和乡土文化的破坏称为第三公害。与公害直接危害人的生命、健康等肉体方面相对，历史环境的破坏会给居民的精神生活带来严重的创伤。历史环境是地域居民精神纽带的象征，它的毁坏会给居民生活带来非常深刻的影响。历史环境一旦丧失之后，居民的精神上就会产生失落感，甚至无法承受这种急剧的变化。因此，各地居民在关注环境的物质方面的同时，也开始关注环境的文化方面的重要意义。以反对空气污染、水污染等直接危及人的生命与健康的“公害”为起点的环境保护运动，从自然环境、生物多样性、景观保护，逐步扩大为包含遗迹、历史街区等在内的历史环境保护运动[①]。

2. 单体文物的静态保护转变为文化意义的动态保护

同时，随着人类对于文化遗产认知的不断深入，国际上对历史遗产的保护研究也从初期的“单体标志物、静态保护”逐渐发展成为“整体大环境、动态保护” 的整体保护阶段。继《世界遗产公约实施行动指南》（UNESCO 世界遗产委员会，1977）提出保护遗产的“完整性”以来，整体保护成为世界文化遗产保护的基本理念和长期趋势。UNESCO 在2003 年《保护非物质遗产公约》中提出了“文化空间”保护的概念[②]，2005 年《维也纳保护具有历史意义的城市景观备忘录》中提出对城市景观的保护。而早在1979年，澳大利亚政府提出的《保护具有文化意义地方的宪章》(简称《巴拉宪章》）就提出了遗产保护的新视角，遗产被三个新概念重新阐释，即“场所”、“构件”和“文化意义”：将保护对象称为“场所”，认为“场所”必须具有文物的性质；把被保护的实物称为“构件”；把具有美学、历史、科学或社会价值的某种特殊的形态或印记称为“文化意义”，认为保护的根本目的是保护历史遗产的“文化意义”。而2005年ICOMOS《西安宣言——保护历史建筑、古遗址和历史地区的环境》宣告环境是历史地区完整价值不可缺少的组成部分，把文物保护提高到了文化保护的境界，认为：“历史区域的重要性和独特性在于它们在社会、精神、历史、艺术、审美等层面或其他文化层面存在的价值，也在于它们与物质的、视觉的、精神的以及其他文化层面的背景环境之间所产生的重要联系。”[③]

3. 物质空间更新转变为空间可持续再生

在城市建筑与规划领域，从20世纪中叶开始，美国曾推行过“城市更新”(Urban Renewal)制度，通过大量拆除城市内部老朽低质住宅为城市再开发提供建设用地，以防止城市扩散，但最终引发了大量的社会问题。正如城市社会学者简·雅格布所描绘的那样，由于强行拆除了内城大量低收入住民或少数民族住民的房屋和住区，在美国各地引发了许多社会纠纷，甚至导致了“公民权运动”，给许许多多的美国人留下了苦涩的记忆。在日本也曾实施在大城市中对城市中心的内城地区进行大规模高层化改造的城市再开发制度，虽然日本的民族和种族问题没有美国那么尖锐，但因为日本城市的内城地区原本多为传统的低层独栋式住宅，那里的大多数住民对日照、通风、景观及传

① 张松：《日本历史环境保护的理论与实践》，载《清华大学学报》，2004(40)，44～48页.

② UNESCO：“Recommendation concerning the safeguarding and contemporary role of historic areas”, 1976. http://www.unesco.org/culture/laws/historic/html_eng/page1.shtml.

③ ICOMOS：“Resolutions of the International Symposium on the Conservation of Smaller Historic Towns”, 1975. http://www.icomos.org/docs/small_towns.html.

统的住居形式持有传统的习惯与文化价值观，因此，伴随内城的高层化，也引发了许多高层建筑邻近居民的反对运动。2003年，东京都提案颁布以实施旧城高层化改造为核心的《东京城市景观美化条例》，并没有得到多数东京市民的认同①。

自可持续发展概念提出以来，发达国家的在城市建筑与规划领域的再生政策逐渐与可持续发展目标和原则相融合。特别是欧美及日本等许多国家先后进入后工业化社会，面对城市人口减少、经济结构调整造成的城市经济不景气，为重振城市活力，恢复城市在国家或区域社会经济发展中的牵引作用，提出了“城市空间可持续再生”(sustainable urban regeneration)的理念。‘再生”一词按词义来源于生物学，是指组织丧失或受损之后的重新生长，或指系统恢复到其最初的状态。可见，再生并没有替代，而是原有肌体的恢复和重新生长②。因而“可持续再生”的含义是指面对变化的地区，对解决濒临消失或已经消失的历史遗存实施保存或复原，同时寻求该地区经济、物质、社会和环境条件的持续改善而制定的，综合而整体的构想及举措。

由此，从更广泛的生态意义上来说，“历史环境保护”和“可持续再生”研究有着强烈的内在联系，它们不仅分享相同的现代城市规划的生成机制，即由工业革命所引发的人类和自然世界之间的失衡的严重损失以及相关的环境后果，同时它们在更广泛的保持自然资源和生物圈秩序的环境意义上有相交叉的研究目标。例如：第一，它们都致力于确保人与自然的长期和谐；第二，力图不断增强自然环境条件，同时提高人类和其他生命形式的生活质量。它们共同的内涵不仅是对现状或过去的保存或复原，更强调在正确把握未来变化的基础上，更新城市的功能，改善人居环境，恢复或维持许多历史环境已经失去或正在失去的作为“时代牵引力”的功能。其目的是期待着历史环境不仅从物质的层面，还要从生态环境、社会文化的层面，成为引领时代的牵引车。由此可见，“可持续再生”的理念对历史环境的整体保护与发展具有非常积极的意义。

二、历史环境的可持续再生策略研究

在历史环境再生中,需要解决的基本问题仍是保护与发展的矛盾。即使是在传统文化和宗法观念的历史条件约束下，每一代人仍有权创造自己的生活方式和文化延续，即不断地推陈出新是中国文化传统得以继承的基本前提。反映在建筑上，人们重视并延续的是建筑空间的功能及体验，而不是建筑物物质形体本身。中国传统建筑木结构的百余年寿命也正说明了这一点。在对历史环境再生中如何进行有效的保护与发展，除了传统的对历史环境进行功能定位、地块划分、交通组织以及在容积率、密度、建筑高度、色彩、形式及绿地等指标控制上是不够的，应进一步深入到历史环境深层次组织结构的层级性、多义性和领域性上，从观念、空间、环境、技术和实施五个方面形成历史环境整体的可持续再生策略，具体包括一下几点。

1．观念策略：延续性与时代性相结合

历史环境是经过漫长的历史时期逐步形成的，拥有不同时期、不同类型的历史文化积淀。因而，在可持续再生的基本观念上应采取延续性与时代性相结合的策略。也就是说，对其的保护不应是将历史凝固、静止的保护，不应切断其自身的发展，必须确保历史脉络的完整性和延续性。历史环境的再生不只是为了过去而保留过去，更是为了实现从过去到未来的持续发展。因而应保证代表各历史时期的建筑的共生共存，在形式表现上应反映历史与现代的结合，强调历史环境的生活方式也要满足人们的现代生活，将历史的传统文化和习俗融入大现代的生活中，从而保持历史环境的生命活力，并将延续性与时代性相结合，为未来的发展提供无限的可能性。

2．空间策略：物质空间与非物质空间相结合

在历史环境可持续再生过程中物质空间的相关原型要素在一定程度上反映了非物质空间的相关原型要素，这也是类型学理论中“表层结构”和“深层结构”之间相互依存，相互联系的体现，两者的互相结合也是历史环境再生中类型学方法设计的灵魂。针对以往历史环境保护只重“实体”、不重“虚体”，只重“物质”、不重“精神”的缺陷，应对历史环境形态进行全面阅读与分析，注重在提取相关历史环境结构物质空间原型要素的时候，加强对非物质空间要素的分析和研究。不仅借助历史环境本体的物质空间保护技术，重点保护控制冀中南地区历史环境的形态肌理、空间模式以及对历史环境空间环境的恢复与设计；还要重视历史环境中的“文化景观”、非物质文化遗产所依存的“文化空间”的保护与再生利用。

① 佘高红，吕斌：《转型期小城市旧城可持续再生的思考》，载《城市规划》，2008（2），16～21页.

② 曾筱淳：《城市可持续再生的城市设计——北京大学城市与区域规划系主任吕斌教授专访》， 载《新视点》，2008（4），4～9页.

3．环境策略：人文环境与生态环境相结合

历史环境所处的生态环境是其生存、演变、发展的基础，因此对其的生态修复与可持续再生是区域历史环境整体保护的重要内容。首先应归纳其历史环境分布的自然机制，关注环境格局与历史环境布局之间的内在演化关系，这包括分类研究该地区历史环境所处各种生态环境类型的变化趋势及其对历史环境的可能影响；分析生态环境指征与历史环境规模、形态的关联；以历史环境保护与再生的视角提出局部地域的生态环境恢复策略。例如可以从历史环境的形态构成、土地利用模式、生态承载力、综合交通体系模式、基础设施建设措施等几个方面来考虑。其研究重点包括以下几点。

①历史环境可持续形态研究。可以重新对连片发展的历史环境形态在减少碳排放方面的特征重新进行评估，从而得出不同于以往的建设性结论。比如，或许以往备受指责的连片发展的历史环境形态在减少碳排放方面有其优势。

②历史环境可持续土地利用形式和结构研究。可重新探讨并评估不同用途的组合，以及不同强度的历史环境土地利用对减少碳排放所能带来的影响。

③历史环境可持续道路系统规划研究。具体可包括历史环境交通体系与土地利用模式的相互配合、大力发展公共交通以及建设多种选择的交通系统(机动与非机动可选交通)等方面。

4．技术策略：清洁能源技术与生态恢复治理技术相结合

在中国现有的发展阶段，高速城市化仍旧是不可避免的发展趋势。在历史环境再生中如何协调城市化与低碳化，就要求历史环境整体保护在现有目标上做出调整，在保障其基本功能和经济稳定发展的大前提下，探索历史环境现阶段经济发展与可持续目标的协调与契合，以适应该地区发展的可持续环境友好技术为切入点，重点针对能源消耗和温室气体排放等限制性要素，将清洁能源技术与生态恢复治理技术相结合，通过对太阳能、风能等清洁能源的采集利用，提高历史环境能源自给自足的比例，同时采用利于节能的建筑形态、利用集中绿化进行汇碳，乃至回收装置的集中利用等绿色建筑技术手段达到综合降低历史环境碳排放的目的，努力构建历史环境可持续的能量运行关系链，即:①源头——减量排放，②过程——循环利用，③终端——废物资源化，④循环——可持续利用。

5． 实施策略：政府主导与公众参与相结合

可持续发展是对传统发展范式的改变。这一改变体现在：可持续发展理论认为，整个社会的政治、经济、环境、制度和价值观若不能发生转变，则无助于贫困的解决，可持续发展也就成为一句空话，而实现这些转变的一个关键词就是“赋予能力”。即面对世界范围内的社会、经济和环境的变化，必须要给予公众以足够的应对能力和主导能力，在总结以往旧城更新经验教训的基础上，应将着眼点根植于公众参与，将“自上而下”与“自下而上”相结合，努力形成以政府主导、市场协助、社区公众积极参与的实施策略，特别是应通过立法保障赋予本地社区能力，通过内力和外力的共同推动实现历史环境功能的转换和持续发展。在保护时机的把握上，不应是坐等死后再生，而应变被动保护为主动保护。在历史遗产机能并未完全退化的情况下，力求找到引起历史遗产衰败的原因，从根源上着手，提前采取行动，维持历史遗产活力和所属社区的稳定性，使之具备持久的活力与生机。

三、结语: 历史环境可持续再生研究的意义

历史环境是属于整个人类的宝贵遗产，它们所具有的价值是无法用货币来估算的。以往曾有争论认为历史保护研究是执著于对过去的迷恋，但随着人类对于文化遗产认知的不断深入，人们开始认识到对历史环境的保护研究恰恰是以未来为导向的，其目标就是要确保我们从过去继承下来的历史环境，在未来，我们的子孙后代依然能够体验与享用，并获得启发。这种以未来为关注点的价值观，正是历史环境可持续再生的核心所在。而当前国际上强调历史环境“整体保护”与“动态保护”的可持续再生趋势也正是这种价值观的体现。因此采用恰当的理论依据妥善处理这些具有巨大潜在价值的“历史环境”，并可持续再生利用这些宝贵资源，对我们来说是一个极具挑战性的课题。

Modern and Contemporary Architecture of Tianjin are Treasures of Chinese Culture Sidelights on the Expert Symposium of Tianjin's Historical Architecture

天津近现代建筑乃中国文化瑰宝 天津历史风貌建筑保护实践示范案例专家座谈会侧记

本刊记者（CAH Reporter）

编者按：历史的长河，淘沙沥金，在九河下梢的天津，留下了幢幢精美的历史风貌建筑。它们犹如历史的瑰宝，向世界展示天津的独特魅力；更如凝固的音符，谱写了天津的华彩乐章。2011年恰逢辛亥革命的百年纪念，在此背景下，2011年10月20日由天津市国土资源部房屋管理局、天津历史风貌建筑保护专家咨询委员会、《中国建筑文化遗产》杂志社主办，天津历史风貌建筑整理有限责任公司、天津市建筑设计院、天津市海河建筑发展投资有限公司协办的《20世纪中国建筑遗产大典（天津卷）》（以下简称《大典》）编纂工作会在天津市国土资源局举行。由中国工程院院士、中国建筑学会副理事长马国馨大师领衔的《大典》是保护20世纪建筑遗产所做的重大举措，旨在加强20世纪初以来近现代建筑佳作的保护工作。本次会议以建筑的名义梳理天津历史风貌建筑保护实践示范案例，意在为编制《20世纪中国建筑遗产大典（天津卷）》作深入研讨。

Editor's Note: On 20th October, 2011, a meeting on the compilation work of *Collection of Architectural Heritage in 20th century China (Volume of Tianjin)* sponsored by the Tianjin Municipal Bureau of Land Resources and Housing Administration, Tianjin Expert Consultation Committee of Historical Architecture, the magazine China Architectural Heritage, and supported by Tianjin Historical Architecture Restoration and Development Ltd., Tianjin Architecture Design Institute and Tianjin Haihe Construction Developing Investment Co., Ltd., was held in Tianjin Municipal Bureau of Land Resources. This collection, directed by Ma Guoxin, an academician of the Chinese academy of engineering and the vice president of Architectural Society of China, is a major initiative for architectural heritage protection, which is aimed at strengthening the protection of the excellent architectural works of the 20th century. This meeting intended to go over the practices of Tianjin's Historical Architecture and demonstrate the work over the past dozen years.

路 红

路红：2011年 8月8日《20世纪中国建筑遗产大典（天津卷）》的启动仪式已经让我们认识到甄选和保护20世纪新中国优秀建筑的工作对过去是很好的总结、对今天是很好的启示、对未来是宝贵的财富。在这种认识作为基础，怎样能把它做得更好是今天我们会议的主旨。接到《大典》编制任务后，我与天津市建筑设计院刘景樑院长组织了一次座谈，继与天津大学出版社做了一些前期的工作，“夫参署者；集众思；广忠益也”，分享了很多思路和畅想。《大典》的编制具有重大的历史意义，正因为其特殊的重要性，今天我们才再一次聚集在这里研究探讨，并请各位专家指点前期工作。

目前按建筑研究性质将《大典》分为七个部分：第一部分介绍天津历史风貌的形成和发展，即天津的历史渊源和脉络。天津的历史风貌建筑、历史风貌区是天津社会和城市发展的见证。通过全市历史风貌建筑普查，天津市国土资源和房屋管理局初步确认历史风貌建筑854幢。其中，特殊保护级别60幢，重点保护级别162幢，一般保护级别393幢。最早的历史风貌建筑是拥有1000年历史的独乐寺，是中国现存最古老的阁楼式木结构建筑。第二部分是天津市政府对于历史风貌建筑的复原、修复方式及所做的各项工作的展示。多年来，在市政府的领导下，在社会各界的大力支持下，天津市的历史风貌建筑保护工作从无到有，从单一到系统取得了显著成效。第三部分是研究建筑材料及建造技术。天津的独特地理环境形成了独特的建筑材料和建造技术，这些材料和技术在建筑上得到了充分体现。如清水砖、仿石水刷石等材料都很常见。材料的质感体现了当时天津建筑的质朴与厚重。第四部分是讲述近代建筑师及设计公司在天津做的设计研究，包括中国第一代、第二代建筑师，如沈理源等人在天津都有很多设计研究。第五部分是对建筑保护法规机制的总结。2005年《天津市历史风貌建筑保护条例》的颁布实施是天津历史建筑的重要转折点，天津市的历史风貌建筑保护工作从此走上了法制化轨道，取得了显著成绩。第六部分是追溯那些消失的建筑。天津市历史建筑跨越了1000多年，涵盖了居住、公共建筑、厂房等多个领域。在历史的发展与演变的过程里，或天灾或人祸的种种因素让很多优秀的建筑消失在天津的土地上，这次计划将消失的建筑以文字、图片、影像的方式录入。编撰《大典》的初衷不仅是对建筑实体的保护，还是为后代留有价值的资料和记忆。第七部分是对现存历史建筑整体风格进行筛选并归纳总结。

《大典》不仅是用来做学术研究的，还要服务于百姓。我们计划在《大典》的基础上，还将它做成一本精致的具有可读性的口袋书，成为便于游客了解天津历史风貌建筑的导游手册，最大范围地影响群众，让更多老百姓珍视历史建筑。只有深入奠基群众基础力量才会使举报和保护工作顺利开展。最后感谢各位对《20世纪中国建筑遗产大典（天津卷）》编制规划建言献策。

金 磊

金磊：我想在《中国建筑文化遗产》这本新刊中开辟一个类似过去《建筑师茶座》一书的栏目。《建筑师茶座》是我们从2003年3月开办的一本刊中刊的杂志，到2011年的9月正好出版第一百期。我们该从发展的视角，从文化遗产、建筑批评、设计文化、城市更新、创意等不同角度去落实“茶座”的内容。我们这个时代缺少了太多的评论，所以我希望新的“茶座”能够创刊。它应有个属于自己的新名字，有一个好的主题。今天的会议就是一个茶座，大家谈谈自己的想法，道一道自己对建筑遗产的一些认识。在座的各位有很多也参加了8月8日的会议，会议分为两个阶段：《中国建筑文化遗产》创刊和《20世纪中国建筑遗产大典（天津卷）》的启动仪式。会议开得很成功，参会的人也颇有同感。当时马国馨院士有事未能参加，所以由我代表他读了他对此《大典》的一些思路。我想今天我们应该让马院士当面谈一谈他对《大典》的一些想法。这些年我在北京市建筑设计研究院之所以对建筑遗产越来越热爱，对老专家越来越敬重，对传承建筑文化遗产的事业越来越执著，得益于马总的很多教诲。马总说，口述历史的事情要赶紧抢救了，其实我们已经很努力地在追赶，但我们抢救得再努力也赶不上岁月的流逝。岁月的流逝让很多的人无情地消失于我们的世界，实际上是巨大的损失。所以不管是今天的会议，还是《大典》未来的诞生，都将是十分有意义的事情。目前市场化的大环境下有一批人踏踏实实做这件有意义的事是值得人们去敬佩的。

马国馨

马国馨：记得大学毕业时我对建筑遗产的认识还很模糊，对遗产亦没有太深的体会；深入学习并初有体会是在日本。日本很重视建筑遗产。他们也不是从一开始就很重视，资料显示日本认知古建筑的建筑价值是由外国人发现的，当时德国建筑师到了日本的故宫，说他们的故宫太好了，日本人才觉得自己的东西好。日本在北方的民居很有特色，很受推崇，是现在著名的文化遗产。日本对建筑遗产的文献资料至今保存很好，国家有专业人士做研究。当时我们参观日本民居，正赶上具有保存价值的民居进行异地修复。恢复的过程中，每栋房子都有专业文物研究员做研究，参照其历史发展，随着每代人的生活变化做不同的研究与恢复。当时我看得感触颇深，回想华夏中国这么多的民居，怎么说拆就拆了？日本人为什么就高度重视民居的保护和修复，还深度研究它的历史文脉？当时内心滋味极其复杂。

据材料记载，日本一处民居被拆后根据其房梁上的一行小字就得知了它是哪年建的，工头是谁。甚至那些找不到年代的房子，随便打开个房内的柜子，依据柜子的反面也能推断出历史年代。日本对建筑遗产工作的系统化使我慢慢有了深入的体会。有的外国人曾冷眼地问我们：中国这么多宝贵的东西怎么就没关注？过去和今天的中国都可堪称是地广物博，我们如果按照日本的系统化研究我们的民居，那中国真可称得上是处处是宝。然而我们并没有关注身边的宝贝，却荒唐地到处造假仿古建筑。我们物质文化遗产保护讲都应该将五千年的建筑文脉得以保存，最起码它的影响应有所记载。这次《大典》的编纂对遗产保护与遗产研究都具有很重要的意义，我认为这是件迫在眉睫的事。我举个例子，北京西单原来的模样我现在找不到照片，只能凭记忆想到西单及其附近的一些建筑，这都是我们这个年代的记忆，但是却找不到当时的照片作证。所以今天启动的《20世纪中国建筑遗产大典（天津卷）》是发起保护建筑遗产印记的一个很好的契机。首先，天津本身有很多丰富的遗产，租界内代表东西文化特色交融的各式历史建筑构成近代天津成熟的独特肌理。在过去看来，这是帝国主义留下的沉痛的屈辱，但从文化的角度、历史传承的角度，我们就有了正确的认识——这是对遗产和历史的新认知。其次，天津各方都很重视此事，有天津大学的理论知识做基础，有国土局和市领导的行政支持，有其他机构多方面的研究支持。《大典》的天津卷对于全国建筑遗产保护是一个启示样板，起到了引领示范的作用。在这个大背景下，通过总结历史梳理编制出的《大典》将是留给后人的最佳研究史料。在过去，资料档案是不太注意整理的，我听说天津保留很多清朝的文件都很珍贵。能够让更多的学者专家和爱好者关注这本书，不在于外表多豪华，也不要又厚又重，那种书只能束之高阁，翻页都很费劲，只适合典藏。我们需要的是可放案头的工具书。我曾在纽约买过一本书，它把纽约主要的建筑都录入了，并且是美国建筑学会批准的，囊括纽约的全部建筑。全书分成若干部分，编号注明其建筑的设计师、建立年代、风格特色，等等。连当初的设计理念都历历在目。他们的作品研究工作就是这么细致深入。我们要根据中国的遗产保护政策和特点召集有志于研究此项工作的文物界、建筑界、社会学、历史学、美学等专业人士和学者、系统细化地做这项工作。国外的案例对于我的启发很大，我对这个问题不是一开始就很深入，也是在不断地探索。我们今天所做的一切对于总结过去和引领后代都是件功德无量的事。

邹德侬

邹德侬：关于古代近代建筑遗产，大家在保护、整理、研究上都有一定的共识。现代建筑遗产这块已经可以提到日程上了，这点我很激动。1997年我在建筑期刊上写过一篇文章，主题是“紧急呼吁遗产”，呼吁保护1950年以来的中国近代建筑。还有一篇文章叫《未来的历史是今天》我觉得，一定要把握住今天的这些数据。现在很多专业研究大家都已遗忘，引用时总是出错。所以说，《大典》的天津卷是很有历史意义的，未来的历史会记录我们今天做的一切。我为什么说未来的历史是今天呢？因为今天的我们有太多的事情是没有把握准确的。不该拆的建筑拆了，不该改建的建筑改了。这种事情在20世纪80年代尤为严重，使得如今很多有意义的建筑无处考证。例如位于重庆的中国第一个宽荧幕电影院，如今一点遗迹也没有留下。历史的东西一旦散了就找不到了。虽然现在是高科技社会，但很多历史建筑很难查证出处。我经常想，未来的人会追问我们一个很简单却很难回答的问题：中国的现代建筑文化是什么？中国建筑文化搞到现在，我们的文化精髓在哪里？现如今的中国建筑追捧高、大、怪，那些具有历史文化意义的20世纪70年代前的建筑总是一次次地被忽略。中国的建筑是国际现代建筑运动的组成部分，1949年以后的新中国涌出了一批优秀的建筑，而那时的现代建筑现在也拆得所剩无几了。在那个特殊的历史年代，每人4平米的住房指标，我们却可以一住就是几十年。中国建筑师在材料、用地都有限的情况下，完成一个又一个传奇的佳作。用现在的观点看，那时的材料很符合低碳的要求，这些经验对于今天而言有很多可以借鉴之处。无论过去现在还是未来，我们都要继承发扬现代建筑的精髓与原则。中国建筑师在新中国成立前，在抗日战争的时候就开始考虑复兴后的建筑问题，像林徽因、童寯、梁思成都是用现代建筑思想在思考问题。在那种背景下自发贯彻了中国的国情，创造了一批很好的现代建筑，我们叫它“方盒子里的现代建筑”，都是留给今天建筑界的瑰宝。中国现代建筑是国际建筑运动的组成，我们不该妄自菲薄，中国的建筑师是了不起的。

中国作为社会主义阵营的一部分实行“一边倒”的政策，并受前苏联的影响批判了现代建筑，提倡了文物形势。但也出现了很多很好的建筑，皆出自中国建筑师的心血与智慧。应该多发掘一些这样的作品。中国从第一个五年计划开始一直到“文革”前，有很多好的建筑。1958年“大跃进”时期的建筑直到今天还需发扬。那时是利用建筑技术来带动建筑艺术，提倡建筑技术的应用，最出名的是悬索结构和薄壳结构。在苦难来临后的短缺经济体制下，他们短资金、短材料、短面积，却克服重重困难做出了诸多不朽传世精品。这些事情和案例在《大典》中都应有所体现。

关于20世纪后半部的作品，离我们比较近的一些我们不要忙于收集，要慎重选择，有些建筑需要一些历史的沉淀，过多地收集会是一本浮夸的画册。我们要收集中国建筑师自己的作品，这让我回忆起改革开放15年发生的一件事，某天接到位女士的电话，来自《亚洲周刊》的记者，让我举出几个最喜欢的建筑。我和几位同学讨论后提出了几个建筑，两天后我打电话告诉她我觉得是：南岳王墓和南京大屠杀纪念馆等，她听后很是失望说，你这些建筑我没听说过，你怎么没有提出金茂大厦？我觉得我提出的不是很华丽，但是却负载着中国建筑师的智慧与汗水。金茂大厦是中外建筑师合作精品，我们也很看重它，但要看把它放在什么位置上去衡量。我们要重视中国建筑师自己的东西，才能体现中国建筑在国际上的位置，特别是为世界建筑史做出的杰出贡献。

金磊：刚才邹教授的发言很有情感，也很深入，是将来做好《大典》要遵循的方向。现在很多的人不太喜欢买过于厚重的书籍，我们要做的是富有文化价值的东西。在过去的时间里，我们和刘景樑大师、天津市建筑设计院一起做过一本“小书”名为《天津建筑图说》，当时我们为刘院长介绍北京作品集的时候他很支持，并延伸到开展《天津建筑图说》工作的想法，继而积极组织班底，仔细地挑选项目信息。那本书出版后又影响扩展到了西安，张锦秋院士又组织手下的人编写《西安建筑图说》。所以说刘景樑大师为天津的建筑文化传承做出了贡献。下面请刘院长讲讲他对大典的一些看法和研究。

刘景樑

刘景樑：2004年，恰逢天津建卫600周年，我们院做了《天津建筑图说》，当时金总编就把北京的信息带过来说北京正在做这方面的工作，问天津能否衔接上，这样全国出一套丛书。当时一看正好可以作为天津建卫600周年的献礼，我们就同意做了这个工作。天津的价值在于近代百年与西方文明的对接，鸦片战争后中国发生的重大历史事件大部分能在天津找到痕迹，因此在中国史学界，素有“五千年看西安，一千年看北京，近代中国看天津”的说法。我们将近百年的天津历史文化做以小结：新中国成立前约50栋建筑，之后约50栋；同时也梳理了1949年以后天津发展的概况。联想起这项工作和今天《大典》的内容，天津市建筑设计院表示很荣幸，很感谢市政府给我们这样的一个机会。马院士的领衔也提升了《大典》的高度，使《大典》从国家水平走到国际水平。马院士和邹教授多年来一直从事这方面的教学和研究，这些都有利于我们今后的工作的开展。分析起来天津确实有这样的客观环境，从硬件上，天津是中西方文化的融合，建筑体现多元性和包容性。另外从保护环境角度，天津已有明确的方针。2005年市政府做了历史风貌建筑保护的条例，这个条例一直在指导天津市历史风貌保护的各项工作。之后又成立了历史风貌委员会、专家咨询委员会，本人作为专家咨询委员会的一员（副主任委员），确感天津市分三个级别：一般保护、重点保护、特殊保护。翻阅资料，前五次专家做评审保护建筑，已产生了746多栋保护建筑，最近第六次的专家评审新增135栋，总共是881栋。如果没有这样的组织和这样的行政、技术共同合作的干预，我觉得这近千栋风貌建筑能得以保护是不可能的。从上到下，从志愿者到专家，大家越来越取得了保护历史风貌建筑的共识。如天津市对五大道的整体街区及优秀单体建筑、意式风情街、英式风情街等的保护工作，都使这些项目成为令全国瞩目的近现代建筑保护的优秀案例。所以，研讨并推广天津历史风貌建筑保护的经验对全国各地近现代建筑保护及其城市更新将产生重大的指导意义。

从保护的角度看，古代近代比较好定位，最难定位的是现代。就如同评论人物一般，历史还没解密的东西要我们如何评断？对于这个问题需要研究它的界定标尺。20世纪 50年代以后很多建筑遭到破坏，例如董大酉中西相结合的俱乐部，它拥有中国第一个弹簧地板的舞厅、第一个地球厅……浑身环绕着数个第一也逃避不了被改拆的命运。它的很多构造都是现代建筑无法比拟的，特别是剧院，那是中国最早的六角形剧院，从声学讲设计的很人性化；如今却已被拆得满目疮痍，面目全非。今天的商业化更改了太多历史的画卷。我希望像这样的建筑可以复原它原来的样子，录入到《大典》中。《大典》的界定工作是重大而严肃的，我们以遗产的标准还是建筑的标准去界定，还是以它的规模、代表性、技术先进性去界定，都是我们要考虑的。我觉得应该有相应的条例去遵循。例如70年代的筒子楼，一个走廊里住7户，三家共用一个厨房和一个厕所，就是这种住宅竟是当时设计竞赛的获奖项目，在那种社会经济发展的条件下，这样的建筑是具有时代性的。《大典》不能脱离社会和经济的发展。应看待建筑遗留下的历史遗产，并在今后的深化工作依据条列研究整理，便于《大典》的整体统一性。

徐连和

徐连和：《大典》启动后天津历史风貌建筑保护委员办公室就开始进行资料收集工作，计划以工具书和普及书两种形式出版。关于基础资料可单独出本书叫《天津历史文物图志》，附建筑图片、建筑描述和建筑历史人文，建筑的描述依托于天津大学的专家，包括邹教授在内的诸多老师为我们把关。我们现在正在复合审校天津历史风貌建筑的总图、曲线图、街区图、道路街道图等相关资料，目的是让大家拿到书通过地图就可以查到相关的建筑。全部的基础资料都来源于天津历史博物馆的档案。我们决不是以讹传讹，道听途说。对于《大典》的录入工作我们不仅做到内容完整，种类繁多，还要做到实事求是。

姚振国

姚振国：《20世纪中国建筑遗产大典（天津卷）》是保存和抢救宝贵建筑遗产资源的重大工程。那么它的主线是什么？我希望大典不要包含太多的政治观点，有太多的政治观点就会复杂化。我们要还原历史的本来面目，还原建筑的历史故事，它反映各阶段建筑的思维方法和历史过程。

刘祖玲

刘祖玲：前一阶段我们院和各位老总都参加了《天津城市志》的编著，是对过去工作做以基础提炼和梳理。刚才各位大师讲得都很好。我们要把握历史，关注建筑的经济环境、人文环境和社会环境。天津市这几年对建筑遗产做了很多卓有成效的工作，昨天我参加了天津市消防局主办的“消防的性能化”论证会。其中两项工作内容都是关于泰安道五号院和葛公堂老建筑的消防性能的研讨。会上看到的葛公堂修复的原样我万分激动。我从小就在葛公堂里唱歌、玩耍，对那里有很深厚的情愫。当时提出葛公堂由于改拆只剩一部分楼梯，不符合消防安全要求，有关领导要求加一部疏散梯，我们想：仅仅39平方米的建筑再加部疏散梯，怎么加？我们要去破坏6个窗户来服务加梯的工作。当时我想不加这部电梯行不行？可不可以不破坏建筑的本来面貌？所以就与消防部的管理人员探讨了此事，说葛公堂是天津的宝贝，我们要从保护的角度做好它的防火工作，从使用性质出发想想别的办法，例如做室内的联通工作，做一些隔断和智能化的标识。没想到管理消防的领导都非常同意我们的想法，我特别地感动。天津市对建筑遗产的保护已经潜移默化穿透到各个行业。天津对于建筑遗产的保护意识普及已经到了一定的高度。通过天津各个方面的关注，做好这部《大典》是有基础的，天津市建筑设计院会投最大的力量把这本书做好。

顾　放

顾放： 2011年 8月8日在天津庆王府的仪式上我还没对建筑遗产的保护有很深刻的认识，今天有幸现场听到马院士的观点确实令我对建筑遗产有了全新的理解。这与立法有很大的关系，我们现在正在进行一项新的立法工作，名称是《天津市历史文化名城和历史风貌保护》，这个比以往的立法范围扩大，更细致，包括街区和历史名镇的建筑面貌。我们在这次立法有个调研的课题，调研的工作得到很多的支持，这些都是贴近生活的好事。原来2005年的条例中，历史风貌建筑的定义是以50年为限，建筑有50年历史为先决条件才能列为建筑遗产，这次的立法取消了50年的限制条件。我们急需要抢救现在的建筑，如果再以50年为限，那么现在很多优秀的建筑拆改了过去的风貌怎么办？立法和历史遗产的保护有直接的关系，我们需用法律来保护建筑。1999年之前的建筑最容易被改造，七八十年代建筑规模不算太大，有国内建筑师设计的，也有国外设计师设计的，就像邹教授所说有些建筑还是非常不错的。但是如果它坐落在比较关键的地段，每一栋建筑就都有被改造的危险。另外我有点体会是：我们中国现在的影响力太大了！因为影响大才有了这些保护文物的活动，要在过去经济短缺的年代没有文物保护的顾虑，什么都是拆拆改改。前几天我接到城建学院一名老师的电话，她在意大利学习的时候意大利那布勒斯工程学院有名老师正在研究中国建设学，我认为中国人研究是正常的，但现在外国人都开始研究中国建筑了，这确实说明中国的影响力已经越来越大了。

王　莉

王莉： 我个人对中国建筑文化遗产的保护是很有情感的。我从小就住在五大道，闭着眼睛走这条路都很熟悉，一直对五大道的建筑风格、空间尺度拿捏得相对准确。五大道舒适宜居的环境，周边的配套设施例如菜市场、小公园、街心公园等都很完备，而关于历史风貌建筑的消失，在我的记忆中这是城市记忆的缺失。真正做好建筑保护，让整座城市流传于街头巷尾对于我而言是富有情感的事。我到天津建筑设计院工作三十年了，所设计的建筑应该服务于这座城市的，并且能在一定程度上体现城市地域性的作品。我非常荣幸参与《天津卷》的编制工作，在对资料的整理和研究过程中，要不断研究学习和深化相关内容。

刘丛红

刘丛红： 20世纪90年代邹德侬老师有篇文章叫《未来的历史是今天》，这对当时的我们影响巨大。看了文章后想到很多问题，引发了更深入的思考。我们到世界各地去游览，实际上就是想多了解当地的风貌建筑和历史文化。那么，当50年甚至100年之后，我们再看1950年后的中国，我们能看到什么？建筑遗产不在于它有几百年的历史而在于它的延续性。未来的历史就是我们今天要做的事情，所以在平时的工作中我一直在督促自己要对未来负责。后来做解放路项目的时候，翻阅一些图册，看到很多历史档案，发现当时的建筑师设计理念和设计思想对于我们今天的设计工作都具有一定的启发性。后来在邹老师的《中国现代建筑史》中也提到过这个问题。记得他说在特别的历史时期，在短缺经济的条件下，反而激发了中国建筑师的创造力，出了一大批原创性作品。这些对那时的我们都印象非常深刻。后来我对建筑遗产的兴趣也就越来越浓了，越研究思考就越觉得对于过去现在和未来都是件意义非凡的事。

《大典》未来的影响将很深远。据我所知外国人对中国当代建筑的兴趣与日俱增。2010年7月我在英国皇家建筑师学会的书店展示架子上竟然看到了钟建飞写的一本中国当代建筑的书。我觉得中国建筑已经得到了重视，并引起了全世界的共鸣。我想说的是，我们现在做的历史建筑修复非常多，那我们能不能出本囊括历史建筑修复信息的书？在这方面我们多年积累了相对完整的资料文献，如果把历史修复档案建立起来是给后人留下宝贵的财富。

朱雪梅：很多关于过去的时代经历的事情对于今天都是种启发，前面谈到今天就是未来的历史，那么今天的建筑用怎样的标准去和过去的建筑媲美？建筑风格研究定位是建筑历史和艺术价值建筑对城市形成的影响。例如天津鼓楼很多非常重要的建筑几乎是为整个城市大格局而形成的，地位和作用都超越了建筑本身，是一个时代的标志性建筑。筒子楼四五十年代的标志性建筑，代表了一个时代的经济形式。在那个特殊的环境，建筑师创造出很多富有智慧的建筑，但从建筑的角度，很难看出其艺术、历史、科学的价值。但是它具有很大的平衡的作用，记录着历史，是地区成长与发展的见证。这些历史的见证对于今天的新事物发展有很好的区域内的参考作用。种种这些都是帮助我们回忆这座城市曾经的故事。建筑类型的研究在中国是空白的，在做新建筑的时候我们一直在模仿建筑外观，有的甚至是完全复制，这种做法在西方是不入流的，西方做建筑不是效仿而是研究，研究其公共空间之间的原则和建筑之间的关系。这些都远比建筑外观重要得多，建筑要具有一个时代的标志性。

朱雪梅

吕永泉：我一直在思考几个问题："中国建筑遗产"怎么去体会"遗产"两个字？建筑遗产和历史风貌建筑的关系是什么？新中国成立后的建筑可不可以叫遗产？我一直在琢磨。如同刚才几位谈到，在特定的历史条件下出现的建筑在那个时代起到了非同凡响的作用，那今天我们要不要去保护那些建筑呢？这些建筑仅仅是我们在一起吃的一顿"忆苦饭"么？我们需要知道优秀的建筑遗产是从什么角度来界定的，这是我一直在寻求答案。在研究中我个人认为，以天津市为例，新中国成立前的建筑还是很好评论的，但是之后的建筑定位就略显模糊了。历史建筑、风貌建筑、建筑遗产是很难界定的。刚才朱雪梅谈到了遗产的可持续问题，我们要借鉴美国、日本、意大利的成功案例经验，按照不同的地区特点去开展中国建筑遗产的可持续工作。此外，我建议《大典》收集些建筑遗产环境方面的资料，例如建筑小品、建筑装饰，包括精美的灯具、铺砖等，还有建筑在城市中的应用。我们把目光局限于建筑的本身，建筑的环境渲染了建筑，历史的遗迹也不仅仅只是建筑。

吕永泉

关滨蓉：我对天津慕名已久，上次来天津已经是20多年前的事了。这次来，我觉得天津变化太大了，而且我觉得天津的风貌建筑很独特，解放路、五大道的小洋楼美轮美奂，展示着异域风情。这些历史风貌建筑映射着天津"南北交融、中西荟萃"的文化底蕴。这次编辑出版《20世纪中国建筑遗产大典（天津卷）》将全面介绍天津历史风貌建筑和天津文化与历史，希望通过这本《大典》能够更好地推动天津乃至全国关于历史风貌建筑保护工作的开展，迈上新的台阶。

关滨蓉

韩振平：今天参加这个会，各位专家对天津历史责任感之实却出乎我们意料。目前天津各方有关领导和机构都在以极大的热忱投身到这份工作中。作为该书的出版单位，天津大学出版社保证一定会将《大典》出好，在行业内起到引导示范的作用。《大典》除了意义重大之外，出版后也一定能够提高各个地区各级领导对中国建筑遗产保护的认识。

韩振平

金磊：今天《大典》的座谈会，我悟出了几个关键词：近现代建筑、中国、辛亥百年、历史记忆。国家文物局局长单霁翔说过，马国馨院士当时领导的中国建筑师分会当时做的20世纪中国建筑遗产的研究是非常有价值的事情，希望尽快将成果拿出来，让全国都不要再继续拆了。《大典》的出版是保存和抢救20世纪的历史痕迹和遗产资源的重大工程。大典编纂工作体现了中国近现代建筑遗产的价值，特别是20世纪建筑遗产保护工作的高度重视和支持。由马国馨院士领衔指导，邹教授和刘景樑大师在其中做牵头工作，

▲ 与会专家合影

▲ 会议现场

杂志社和出版社做隶属班子，上传下达共同推进工作。我们有理由为中国做一部让行业内外都堪称精品的好书，既要精致又要讲求速率，希望在大家的共同努力和见证下，大典的成果早日问世。

后记：

天津多年的建筑底蕴渲染着整座城市的文化内涵，我们在众多风格迥异的建筑中细读着天津的现在和过去，它们记录着这座老城的百年变迁，承载着历史的兴衰。不凡的天津在前进的路上留下了斑驳印记，映射不同历史时期的政治、经济、文化和科技，述说着百年天津的文明脚步，而建筑给人留下的往往是最深刻的记忆，是城市文明的延续。《20世纪中国建筑遗产大典（天津卷）》的编制工作会使天津历史建筑遗产的保护工作再上一个新的阶段；编纂《20世纪中国建筑遗产大典》更是一次自觉的文化使命，将全面而深刻记录着20世纪中国建筑史的历史与现实价值，不仅会使读者萌发新的建筑观和保护观，更将为中国建筑遗产的保护与研究，提供一个全新的平台。

（刘晓姗整理/陈鹤、刘东摄影）

Review on Du Xianzhou's Academic Achievements on the Protection and Research in Ancient Architecture Field

杜仙洲古建筑保护与研究学术成就述评

崔 勇*（Cui Yong）

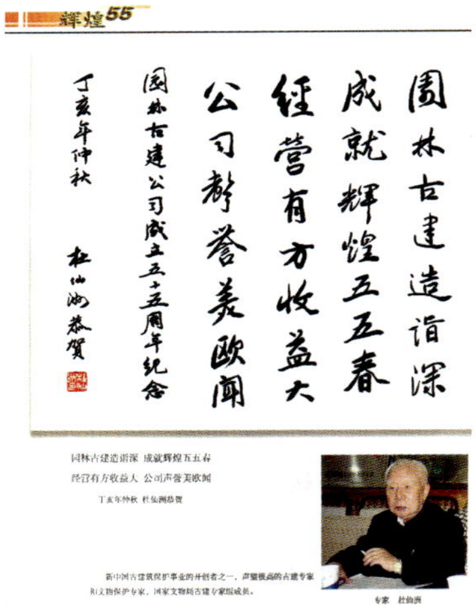

▲ 北京市园林古建工程公司成立55周年（此照片为90年代初期）

摘要：本文从中国古代建筑保护与修缮工程实践的开创者、中国建筑文化遗产资源整理与学术研究的开拓者、中国建筑文化遗产保护与研究人才培养的引领人、秉承中国传统文化的高尚情操与人格等方面对著名古建筑保护与研究专家杜仙洲先生毕生敬业所取得的辉煌的学术成就与文化素养实事求是地予以全面的总结、述评，彰显出其人、其事、其情堪当一代人杰的典范，给后学以启示、教益。

关键词：杜仙洲，古建筑保护与研究，学术成就，学术述评

Abstract: Du Xianzhou, a famous expert on the Protection & Research in Ancient Architecture Field, is considered to be a worthy man.The author tries to give a summary and review on Mr Du's brilliant academic achievements and cultural quality to inspire and enlighten posterity in the view of the four perspectives below: Mr Du as an initiator of the protection & repair project practices on ancient architecture, pioneer of the treatment & research on architectural cultural heritage resources, a leader of talent-cultivation on the Protection & Research in Ancient Architecture Field, and an aspirer on Chinese traditional culture.

Keywords: Du Xianzhou; Protection and research in ancient architecture; Academic achievements; Academic review

七十年古建生涯亲临一线迹满华夏不愧名家
数十年耕耘播雨桃李满园淡泊名利堪称人杰
——杜仙洲先生二女儿杜若兰敬挽

引 言

2011年5月24日13时30分，风和日丽的北京美轮美奂如常，但一个不幸的消息打破了正午的宁静，国家文物局古建筑专家组成员、我国著名古建筑保护与研究专家、中国文化遗产研究院教授级高级工程师杜仙洲先生因病医治无效在京永远地辞别了人世，享年96岁。

杜仙洲先生德高望重，他是我国文物保护事业卓越的奠基者与忠诚的守护者，他的去世对我国正在蓬勃发展的文化遗产保护与研究事业是极大的损失，对行进在文化遗产保护事业征途中继往开来的中青年从业人员来说，无疑是失去了一位博学多能、堪当楷模的导师。像杜仙洲先生这样国宝级的文化遗产保护与研究事业大师级的人物越来越少，随着时间的推移，他离开我们所形成的空白，会使人们不久就会明显地感觉到一代学人渐行渐远而去的国殇。

杜仙洲先生生于1915年，祖籍河北迁安，1942

* 中国文化遗产研究院研究员

年毕业于北京大学工学院建筑工程系，自此开始筚路蓝缕的中国古代建筑保护与研究事业，先后任华北建设总署都市局营造科技士、北平市工务局文物整理工程处技士、民国行政院北平文物整理委员会技士；1949年始，又历任北京文物整理委员会文献组编审员、工程师，文化部古代建筑修整所工程师，文化部文物保护技术研究所（现中国文化遗产研究院）高级工程师、教授级高级工程师。20世纪80年代后，杜仙洲先生兼任过中国建筑学会理事、中国长城学会理事、中国紫禁城学会理事、中国文物保护学会顾问等重要社会职务，系全国文博系统首批享受政府特殊津贴的专家和国家文物局古建筑专家组成员，1988年10月退休。90年代后，杜仙洲先生受聘为山海关长城、居庸关长城、黄崖关长城、慕田峪长城、十三陵、颐和园、恭王府、泉州开元寺、海南三亚南山寺等重大国家文物修缮工程技术负责人及顾问、天津市文化街改建工程委员会顾问、贵州省文物保护顾问等职，依然情系文博事业的发展，指导了长城内外、海角天涯的许多处国家重大文物修缮工程。

2007年，鉴于杜仙洲先生对我国民族建筑保护与研究做出的突出贡献，国家民委授予他中国民族建筑事业终身成就奖名誉；2009年，为表彰老一辈文物、博物馆工作者的非凡业绩，激励全国文博系统广大文化遗产保护与研究的干部职工承前启后、开拓进取、求实创新、建功立业，中华人民共和国文化部、国家文物局授予杜仙洲先生等21名终生致力于中国文博事业、成绩卓著、德高望重的同志“中国文物、博物馆事业杰出人物”荣誉称号。

杜仙洲先生70年从业的风雨历程创建的辉煌业绩与学术成就可作如下客观述评。

一、中国古代建筑保护与修缮工程实践的开创者

自古迄今，因知易行难而终能达至知行合一境地者寥寥无几。杜仙洲先生奉行知行合一治学原则，长期从事古建筑勘察设计与研究工作，曾在晋、冀、豫、辽、黔、闽、陕、甘等地区对古建筑遗构开展大量的艰辛的勘查、测绘工作，发现了一批具有科学、艺术、历史价值的古代建筑群和单体建筑，如山西大同上下华严寺、九龙壁及府文庙等，并考察了解残破和保存的情况，搜集整理大量相关的历史文献资料，以便保护与研究所用，根据经济和技术力量以及现实状况确定维修重点和保护对象；整理编辑北平庙宇调查资料300多处，主持重修山西五台山碧山寺、朔县崇福寺观音殿、大同善化寺普贤阁、太原晋祠鱼沼飞梁的修缮工程，担任泉州开元寺正殿大修工程、天津天后宫等修缮工程技术指导，率队勘察晋东南古建筑，发现若干早期建筑遗迹，同时全面普查陕西、青海、甘肃、福建四省古建筑，在福建泰宁甘露岩发现南宋时期木构建筑遗址，在青海乐都县发现瞿昙寺明代木构建筑。1957年，位于山西永济县黄河岸边永乐镇的永乐宫搬迁至芮城县之前，杜仙洲先生率领同事金荣、王仲杰及中央美术学院和华东美术学院的师生先期临摹彩画。1958永乐宫搬迁工程由祁英涛主持，并在选定的地址展开勘测、绘图、设计、建筑编号、壁画清洗、补裂缝、分块、画线、揭取壁画、制作壁画与彩画、各种彩塑搬运时填充隔离物及搬迁木箱等工作。至1959年底，壁画揭取、建筑物的落架等各项工程圆满结束。杜仙洲先生自始至终伴随着工程的进展。

在学习研究与工作实践的基础上，杜仙洲先生认识到，建筑作为

▲ 年轻时候的杜先生

▲ “文革”前夕留影

▲ 与祁工在长城

▲ 在天津蓟县长城竣工典礼现场（右 3）

▲ 指导颐和园澹宁堂复建工程

社会的一种文化现象，其与社会的发展是具有同步性的，在不同的历史阶段，在中国无论是秦陵、汉阙、唐寺、宋塔、元都、明宫、清苑，都反映着不同时代的文化成就，并形成自成体系的学术观点：①由于自然条件、社会制度和生活习俗存在显著差异，历史背景有别，西方喜用石材构造建筑，中国喜用木材建造房屋，在建筑技术和建筑艺术方面形成了不同的历史传统；②中国建筑的相地、兴造讲究群体组合，轴线突出、主次分明、繁而不乱，能适应多种功能需求，结构设计采用“模数制”，尺度准确、结构严密，有很好的整体性；③建筑施工采用“预制安装法”，材料耗费有度、速度快；④木结构采用榫卯结构，便于拆卸安装、便于落架维修，有很好的“可逆性”；⑤艺术造型有着突出的民族性和地方特色，丰富多彩，美丽动人，空间构图高低错落，富有诗意感和节奏感，建筑语言极其丰富；⑥砖石木雕和油漆彩画以及各种精致门窗装修，提高了建筑美的表现力，对于美化建筑环境能起到赏心悦目的艺术效果；⑦中国古代建筑的美学特征是“华而不俗，简而不陋”的。因此，杜仙洲先生凭借骄人业绩当之无愧地成为中国古代建筑保护与修缮工程实践的开创者。

二、中国建筑文化遗产资源整理与学术研究的开拓者

中国古代建筑的营造与修缮在匠人秉承的过程中习尚于实用理性的实践操作，古建筑行业术语因地域性和匠作传人传述方式各异而显得纷繁复杂、莫衷一是，由经验上升到理性总结的论著更为鲜见。文人雅士钟情于琴棋书画，视建筑为形而下之匠人之作而不屑一顾，匠工又因文化水平偏低以及行业保守的密不可宣的习性而限于言传身授，致使建筑学理不见经传。为提升行业从业人员的学术水平和学术地位，杜仙洲先生在身体力行付诸中国古代建筑保护修缮工程实践的同时，秉承朱启钤、梁思成、刘敦桢等中国营造学社先贤学术研究传统与实践经验，潜心致力于中国古建筑的资源调查、田野考察、文献整理、文物术语梳理与实证等学术研究工作，并著书立说，留下丰厚的学术遗产。多年来他精益求精地做学问的态度从未改变。他的每部著作都是经过多次认真梳理、推敲、修改、核对而定。在学术研究上，杜仙洲先生一贯坚持科研工作者视学术为天下公器、道德文章并举的学术良知，面对学术问题“不唯上、不唯书、只唯实”，不人云亦云、随声附和，一切都要经过自己的头脑的思考和辩证，善于发现前人之所未见，并用自己认定的科学的语言表述出来。其中《中国建筑明式彩画图集》、《义县奉国寺研究报告》、《山西永乐宫研究报告》、《青海乐都瞿昙寺研究报告》、《中国古建筑概论》、《漫谈中国古代建筑》、《中国建筑清式彩画图集》等专论即便是这样的产物，在业内外影响深广。杜仙洲先生参与编著的大型学术论著《中国古建筑技术史》、《中国古代建筑》等精深的专业论著撰写，完成其中的辽代木结构、元代结构、建筑匠师杨琼与郭文英、梁九等篇章。这些论著成为业界扛鼎之作。尤其是他主编的《中国古建筑修缮技术》专著，总结老一代古建筑修缮匠工的实际操作经验，对木、瓦、石、油漆、彩画、搭材等六大作的修缮技术和传统做法以及裱糊、堆山、行规俚语、制作工具等均予以清晰表述，为此而与老匠人、艺人交朋友、谈心，并放下架子对他们逐一进行登门拜访、请教，以求术业精益求精，同时结合新材料与新工艺对传统建筑予以学理阐述，成为中国古建筑保护与修缮

及研究人员的行为准则。

杜仙洲先生一直认为古建筑研究主要是“考工”和“考史”。“考工”即考察工程营造技术，“考史”即考证古建筑涉及的文化、历史渊源，并且还以为“学习古建筑法式是掌握古建筑的钥匙，但是有法至无法，无法自立法，法古不泥古，方为上上法”。为写《福建泉州古建筑》而遍览所有相关书籍与资料。杜仙洲先生去世后，家人在清理遗物过程中，发现数百页的未刊书稿《中国清代建筑彩画油饰》。这是一部集工程实践与理论研究及民间采集为一体的很有价值的学术专著，因考虑到尚有诸多问题没有研究透彻，杜仙洲先生一直置之高阁而不显示。其严谨的治学风范可见一斑。

杜仙洲先生建筑文化遗产资源整理与学术研究上的突出贡献集中体现在与罗哲文、余鸣谦、祁英涛、李竹君、孔祥珍、张之平等同道合著的《中国古代建筑》里，彰显出古建筑保护规范与维修原则以及如何处理保护与利用辩证关系的学术思想[①]。

其一是古建筑保护的四有原则，即是①要划出必要的保护范围；②要做出标志和说明；③要建立科学的记录档案；④要有专人或专门机构负责具体日常管理工作。

其二是为防止古建筑保护与修缮过程中“建设性破坏”或“保护性破坏”而保存现状或恢复原状四保存原则（不改变文物原状的原则），即①保存原来的建筑形制；②保存原来的建筑结构；③保存原来的建筑材料；④保存原先的工艺技术。其中，保存实施中新材料与新技术的运用不是替换材料，而是补强或加固原材料原结构。

其三是正确地处理古建筑保护与利用的辩证关系，即保护是根本，有胜于无，保护的目的在于利用，只有更好地发挥古建筑的作用，才能使之得到更好的保护。

这一些有关古建筑保护的规范与原则及保护与利用的辩证关系成为行业的通则。

三、中国建筑文化遗产保护与研究人才培养的引领人

近代高僧弘一法师说过：“艺当以人传，而不以艺传人。”杜仙洲先生既是述作并重的大家，同时也是循循善诱、教书育人的大师。1951年、1953年、1964年、1980年，杜仙洲先后主持了四期全国古建筑培训班的教学工作，并担任教务长。他不仅亲自传道、授业、解惑，教学相长，而且还参与编写中国古代建筑史教材，悉心安排课程，带领学员到古建筑现场勘察、测绘，培训了大批现代化的古建筑保护专业人才，一改过去匠作之为的局限，变换成一代既懂得传统技能又富有新知新能的新型人才，这些人才随着我国建筑文化遗产保护事业的发展，逐渐成为业务专家与骨干。杜仙洲先生在古代建筑保护人才培养方面的探索和实践，是他最受称道的业绩之一，也是他独立于古建筑保护诸前辈的突出特色。

1996年，古建筑专家王效青主编的《中国古建筑术语辞典》[②]由山西人民出版社出版后得到古建筑学术界普遍赞扬，而杜仙洲先生则反其道而行之，他在序言中写道：“写在书本上的建筑词汇，数量终究有限，尚有许多富有生命力的建筑语言，并未收纳进来，其覆盖面还是不够广泛。”而且还说：“应该承认，少数词条的注释，考证功夫不足，还存在某些讹误失真和不够确切的现象，建议今后继续努力，进行补充修订，以使这部工具书在研究和保护古建筑方面发挥更大的作用。”这样的言论听起来不太舒心，但其有的放矢之拳拳忠心则是醍醐灌顶的。在国子监孔庙正殿大修过程中，杜仙洲先生力排众议，根据历史和事实坚持柱身应该油饰黑色而不是朱红色，后来工程技术人员在大殿边角处红油漆下果真找到黑色油漆的印记，工程最终遵照杜仙洲先生的主张，恢复了建筑应有的历史情状。恭王府能否维修一事，杜仙洲先生同样力排众议认为是可以为之的，并提出“传统工艺、传统材料、传统做法”的保护和修缮恭王府的设计保护观点，结果如其所言完好。杜仙洲先生这种学而不厌、诲人不倦、实事求是的大家风范堪当楷模。1986年11月，杜仙洲先生随文物考察团到贵州省考察期间，看到贵州省山区有红、白、黑为主调色的古建筑时，对贵州省文物工作者说：“建筑应该是华而不俗、简而不陋的，对于地方，特别是少数民族地

▲ 2007年9月合影（左7）

▲ 2007年在家中

① 罗哲文：《中国古代建筑》，32～62页，上海，上海古籍出版社，1990年。

② 王效青：《中国古建筑术语辞典》，太原，山西人民出版社，1996年。

▲ 2009年6月单霁翔局长送荣誉证书

区、贫困地区的古建筑的修复和保护应少花钱而能取得较好的艺术效果才是上乘。贫农巧梳妆，仍然能取得好的艺术效果。”他的这些学术观点启示了其他省份和地区的古建筑保护工程，节省了大量资金。

杜仙洲先生坚持自己的学术观点不仅为内地同行所敬重，同样也赢得台湾地区同行的尊敬。1996年5月，应台湾师范大学等教学科研机构之邀，杜仙洲先生到台湾讲授中国传统建筑建造和构造特征以及艺术风格，介绍保护修缮技术经验，为两地学术交流做出了积极的贡献。

2005年，为创建中国特色的文物古建筑保护维修理论与实践体系，研讨我国以木构建筑为主体的文物古建筑保护维修理论与实际工作中存在的问题，中国古建筑学人第八届兰亭学术会议在山东曲阜召开，会上一致通过《关于中国特色文物古建筑保护维修理论与实践的共识——曲阜宣言》，旨在表明中国古建筑保护与研究同仁的信念——学习借鉴国外在文物建筑保护方面先进的经验和理念的同时，要坚定不移地按照中国古建筑原型制、原材料、原结构、原工艺进行修复，科学复原，保持其科学价值、艺术价值、历史价值，确保文物建筑不改变原状的安全性、完整性、原真性，并延年益寿。为此杜仙洲先生兴奋地专门签字署名，以示引领建筑文化遗产保护与研究事业。

▲ 与罗哲文先生一起考察施工现场

2010年，已经是95岁高龄的杜仙洲先生为了向少年儿童普及中国古代建筑文化知识，应湖南少年儿童出版社之邀，撰写、出版深入浅出的科普读本《谈中国古代建筑》，其用意是使青少年了解中国建筑史上所创造的辉煌业绩，并能够传承与发展。

四、秉承中国传统文化的高尚情操与人格

杜仙洲先生能够取得如此杰出的学术成就是与其秉承的中国传统文化的高尚情操与文化人格分不开的，他做人与学问一以贯之，诉诸人以谦逊、温和、威仪的气象。

杜仙洲先生工作之余最大的钟爱就是读书、学习、充实。他的工资绝大部分用于购买各类图书。九十岁高龄以后，他依然每天要坚持戴上老花眼镜再拿着放大镜读书、查文献资料。杜仙洲先生一生博览群书，唐诗、宋词、元曲、各种字帖、历史典籍都是他枕边的慰藉，对戏曲、音乐也有浓厚的兴趣。所有这一切都是为了吸收各方面的文化营养，以支持和丰富古建筑研究的需要。他下班后的大部分时间用于读史、查阅资料、做笔记、修改文章，潜心研究、厚积薄发。家中除了书之外，没有什么显赫的物件。在杜仙洲先生看来，“一个人如果夙喜读书，手不释卷，那书就会与你贴近产生感情，成为朝夕相近的朋友”，“因为任何一本书籍都有可吸取的知识和营养”。

学生时代的杜仙洲先生受家学与私塾熏陶中国四书五经等传统学识的同时，他还无比热爱各类艺术，学书、学画、赏曲，并在这些领域显示出很高的造诣，因此也广交文化学术界名流，知名学者常学诗和红学家周汝昌即是杜仙洲先生的发小与同窗。

丰厚的学识养成杜仙洲先生全身心洋溢着儒雅、谦逊、平和、朴实的清纯气息。

新中国成立初期，五台山璧山寺主殿雷音阁因年久失修而朽烂不堪，毛泽东主席基于团结广大佛教人士和稳定社会局势的战略考虑，指示维修五台山璧山寺雷音阁。经会议协商，决定由陕西省文教厅组织五台山寺庙补修委员会主办，具体工作组织者为补修委员会主任崔斗辰、副主任杜仙洲、秘书武荣和、工务段长隆煜和璧山寺住持净如和尚。瓦、木、油、石等作工均由当地专业工匠承担。1952年，该项补修工程竣工，并立碑悬在大梁架上，以志盛举。而杜仙洲先生对此从不对人提及。1989年，受福建省原泉州市市长王今生邀请，杜仙洲先生主持开元寺的落架大修

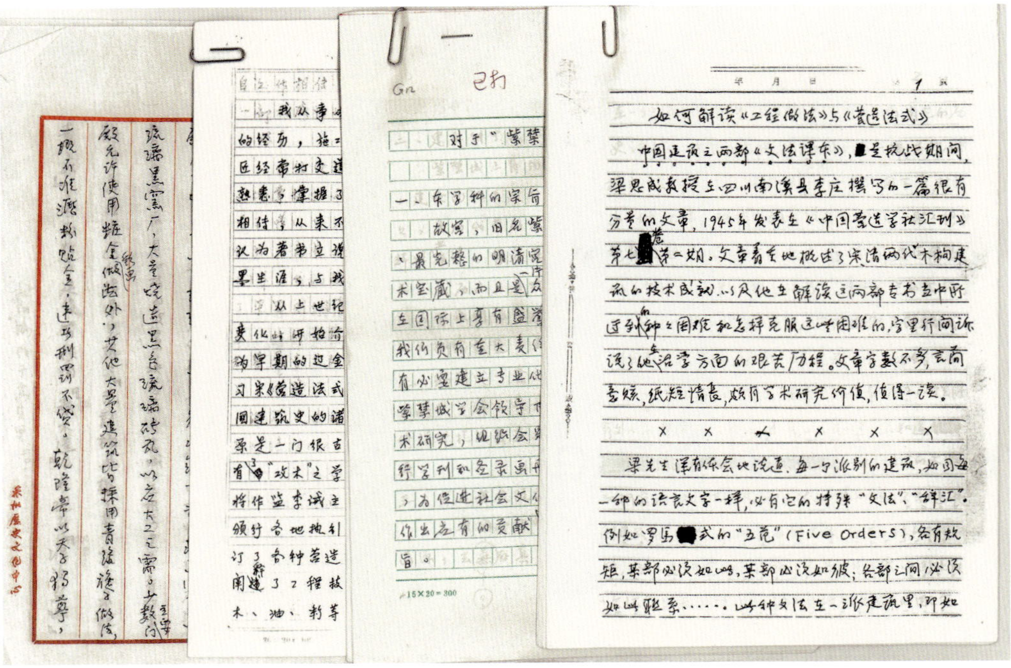

▲ 杜仙洲先生手稿 1

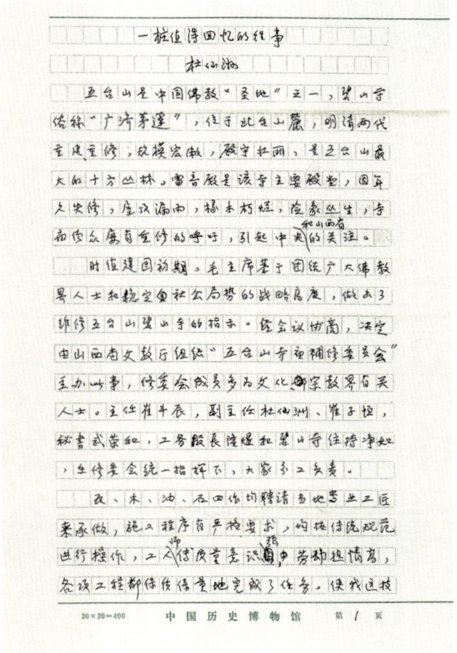

▲ 杜仙洲先生手稿 2

工程过程中，谢绝住在泉州市政府提供的宾馆里，而是吃住在寺庙里，并分文不取。经中国佛教学会会长赵朴初推荐杜仙洲先生为海南三亚南山寺修缮工程监理，也从不外露。可见杜仙洲先生之高风亮节。

杜仙洲先生一生始终抱有平常的素心，他儿女们称赞此为“得意淡然、失意坦然”，不虚美、不喧哗，不计较个人利益的得失，不与名利之徒为伍，一切平静如水，而上善若水。1942年大学毕业就开始古建筑保护与研究工作的杜仙洲先生在结束单位工作之后的待遇是退休而不是离休，对此他也不以为然，而总是微笑面对生活，保持恬淡的心境。在“文化大革命”的特殊年代，一些年轻人不谙世事而批、整过他，但事过之后，曾经批、整过他的年轻人在生活和事业上请教他，杜仙洲先生不计前嫌而善待。

对于杜仙洲先生这代学人来说，好学多能并非所有方面的专家，只不过是这代文化人的基本素质罢了，琴棋书画并非他的专攻，只是一种必备的文化修养。在他之前的中国营造学社前贤朱启钤、梁思成、刘敦桢等莫不是如此，他的所作所为是承接。

学问之谓，本无神秘可言，或曰人人可为之，事事皆学问。但对偌大的中国文化来说，则需要触类旁通，这也是中国文化的特征。以知识结构而言，在某一方面掌握大量资料，并能抉隐发微，阐明新意义者，当谓之专门家，但能触类旁通，广采博纳，将众多中国元素有机地融为一体，而又具有前辈文化人气质的通家却不多见。何以至此？时势使然也，再以情趣执著于一隅，并安之若素，上下求索，于小道之中得大道之学，于所谓雕虫小技中悟出天地精神与道义者，非等闲之辈。真正的学人当有一种举重若轻的气质，出于平实，流于自然，而不是故弄玄虚。如此者，杜仙洲是也。这是一种生命的独特存在状态，是一种具有重大实质性意义的文化人格力量，任你怎么涂饰也无法效法。生活中的杜仙洲先生淡泊名利、澄怀净像，深受后辈敬仰、爱戴。

结　语

新中国成立以来，在中国建筑保护与研究领域长于实践者有之，如余鸣谦；善于伏案进行理论研究者有之，如王世襄；乐于从工作的繁忙中偷闲修学者有之，如罗哲文；将保护工程实践与理论研究融为一体者，立功、立德、立言并举者则寥寥无几，而杜仙洲先生就是这样的大家风范者。就此而言，杜仙洲先生的去世在某种意义上也是喻示着一代品学兼优的大智慧者渐行渐远，预示着一个时代行业中学贯古今学术大师的谢幕，因为现时代很难催生像杜仙洲先生这样一专多能的文化大家。这也意味着我们建筑文化遗产保护与研究工作存在才人断档、青黄不接、不容忽视的事实。大师的离去，文化遗产保护与研究的事业发展则日益迫在眉睫，何以当之则不能不深思。

毛泽东同志曾将鲁迅的方向指明为中国现代文化的方向，这种现代文化的本质即是现代科学民主精神与民族优秀文化传统结合，是建设现代中国的脊梁，是中国现代民族文化继往开来的根基所在。倘若以此来面对杜仙洲先生毕生学术成就盖棺定论，亦当作如是观。一个人的一生能够在文化遗产保护与研究领域的某一方面取得非凡的成绩，就已经是生当人杰了，而杜仙洲先生在诸多方面均取得令人叹为观止的业绩，这在我国古建保护领域实属罕见。

杜仙洲先生毕生敬业所做出的辉煌业绩铸就而成的历史丰碑将永垂不朽！

特此说明：笔者在撰写本文过程中专访了杜仙洲先生的大女儿杜若平、大女婿李庆来，并参考了杜仙洲先生二女儿杜若兰女士发表在2011年7月1日《中国文物报》的专文《父亲在女儿的心中》的相关内容。

Rediscovery on Yan Ziheng's Architectural Studies

阎子亨建筑研究的再发现

曹铁娃[*]（Cao Tiewa）

▲ 阎子亨

摘要：阎子亨后人向天津大学图书馆捐献了一批非常珍贵的近现代建筑史资料,其内容包括阎子亨建筑设计手稿、测绘图、20世纪30年代欧美建筑照片、珍稀建筑明信片、西文原版书等。这批史料的发现,对于阎子亨个人生平、中国近现代建筑史、天津近现代建筑史和西方建筑史教学的研究有着极其重要的意义。

关键词：阎子亨，新发现的史料，近现代建筑史

Abstract: This paper introduces some documents on history of architecture which were recently discovered in the library of Tianjin University. These documents are some eminent scholars' manuscripts, notes, topographs, postcards, bibliographies, etc. They are found to be very valuable for the study of personal narrative of Yan Ziheng, modern history of architecture in China, especially in Tianjin and the teaching on history of west classic architecture.

Keywords: Yan Ziheng, Newly discovered documents, Modern history of architecture in China

阎子亨后人向天津大学图书馆捐献一批非常珍贵的近现代建筑史资料,内容包括阎子亨建筑设计手稿、测绘图、20世纪30年代欧美建筑照片、珍稀建筑明信片、西文原版书等。被发现的大多数资料都保存完好。

这次发现对我们是一个鞭策和激励，我们现已对这批材料进行了重新编目整理,并在修补装订完毕后向专业读者开放。为满足部分业内人士的要求,现将初步发现的重要材料报告如下。

一、建筑设计手稿

作为天津近代著名的建筑设计师，阎子亨在天津设计了百余处楼房，主要有和平路寿德大楼（今和平路322号东方饭店）、常德道茂根大楼、解放北路久安大楼、南开中学范孙楼、新华路元隆孙旧宅以及市立师范学院（今河北区海河东路原天津市第二十六中学址）、女师学堂（天津美术学院）大礼堂、北洋大学（天津大学）工程学馆（南大楼）和工程实验馆（北大楼）、耀华中学体育馆（今南京路89号）、卞成“友爱村”（今睦南道81号至87号）、丁懋英女医师诊所及大量的洋楼、住宅，现大都已在拆毁破坏之列。

在这次新发现的建筑资料之中,最重要的是八十余套建筑设计手稿，其中完整的有三十余套。据阎家后人讲，经过日军抄家、“文革”扫旧、家中冒水等一系列事件，原本七百多本卷宗只剩下现在仅有的八十余套。在这些建筑设计档案中，不仅有建筑设计的平面图、立面图、剖面图、效果图，还有和业主之间交流的字条、工程图纸、施工注意事项、建筑设计合同等。身为建筑师，阎子亨每做一套设计，必定要绘制四份图纸：政府规划部门、中国工程司、业主、设计师本人各执一份，以备不时之需。阎子亨晚年也曾设想编一部图文并茂的关于别墅住宅的作品集，但波涛骇浪的社会动荡中，未及完成即去世，这也许是那一代优秀建筑师的宿命。

二、手稿章程及名录

资料中有一批用毛笔手写的文件，长22厘米，宽16厘米，正楷，约100张。主要分三部分，其一是天津建筑师工程师技师协会的草拟章程、章程初

* 南开大学历史学院博物馆专业，博士研究生

▲ ACADEMY ARCHITECTURE,1897

▲ ARCHITECTURE 1

▲ ARCHITECTURE 2

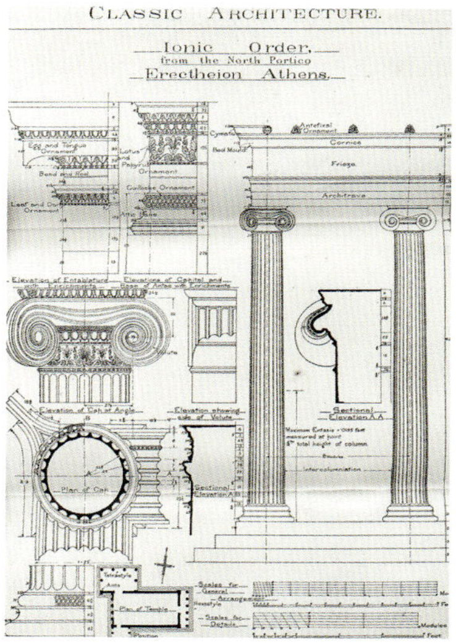

▲ CLASSIC ARCHITECTURE

▲ ENGLISH TYPE HOUSES

▲ FRANCE

▲ GARDENS

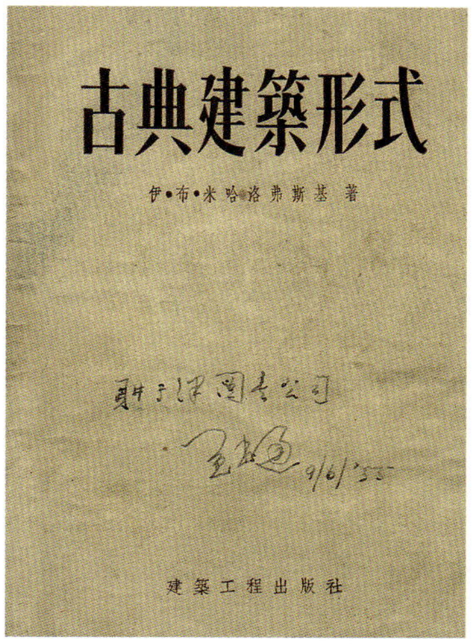

▲《古典建筑形式》

稿及定稿；其二是新中国成立初期天津工程师协会的名录及一定时段内的工作成就和计划，基本上都是会员亲笔签写，其中不乏后来颇具影响的著名建筑师徐中、张镈、杨宽麟等人；其三是中国建筑学会理事会第二至四届章程及名单。这些档案对天津乃至近现代中国建筑师职业制度研究，具有较高的史料价值。中国近代建筑师及相关协会的成长和壮大，是中国近代建筑史上的一件大事。他们的成长过程，是学习和引进国外先进的建筑设计、规划设计和建筑科学技术的过程，也是继承、掌握、发扬和借鉴传统建筑遗产的过程。这对于我国近现代建筑的发展，起到了重要的推进作用。

三、外版建筑书籍

此次发现外国建筑图书二十余本，以及大量的20世纪30年代美国建筑杂志、美国著名建筑彩照明信片集（英文）。主要有*Ideal Homes*、*The Chinese Architect*、*France Gardens*、*Two Story Homes*、*Colour*、*King's View of New York*、*Building Construction*、*Principles of City Planning*、*Houses and People of Japan*、*Illustration*、*The Architectural Drauchtsmen*、*Nowa Warszawa*、*The Architectural Forum*、*Architectural*、*Paris*、*Typical Arcola Installations*、*A Portfolio For Architects of Some English Type Houses*、*Standard Metal Windows*、*The Orders: Fifty-Eight Plates Illustrating*、*The Five Orders of Architecture*、*Building Residence*、*Classic Architecture*。

此外，还有一些英语版的中国建筑介绍，包括古典建筑形式、住宅图案集、中国建筑、中国古建筑晒图。

四、地图

此次清理出的旧档中,还包括大量20世纪20～30年代的地图,其中有些实属珍稀,许多地图上还留有作者的铅笔笔记。

煤矿矿址地图说明他曾有过煤矿的项目。

一张早期秦皇岛地图，说明他有过秦皇岛设计项目。

工程水利灌溉图系（内蒙某县和托克托县农田水系改良图）证实了阎子亨涉及建筑的范围不仅仅局限于山海关关内。

▲《中国建筑》

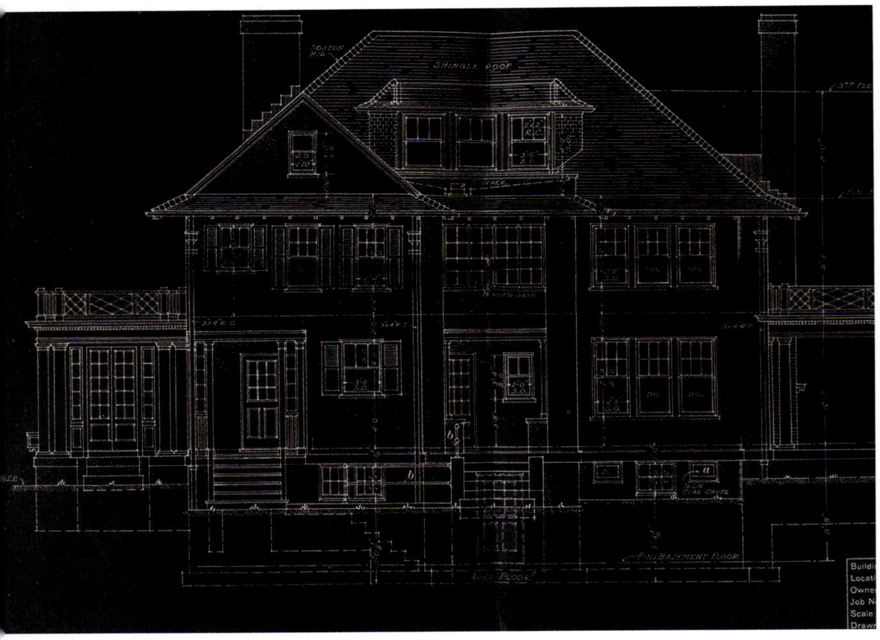

▲ FLOOR PLAN 1

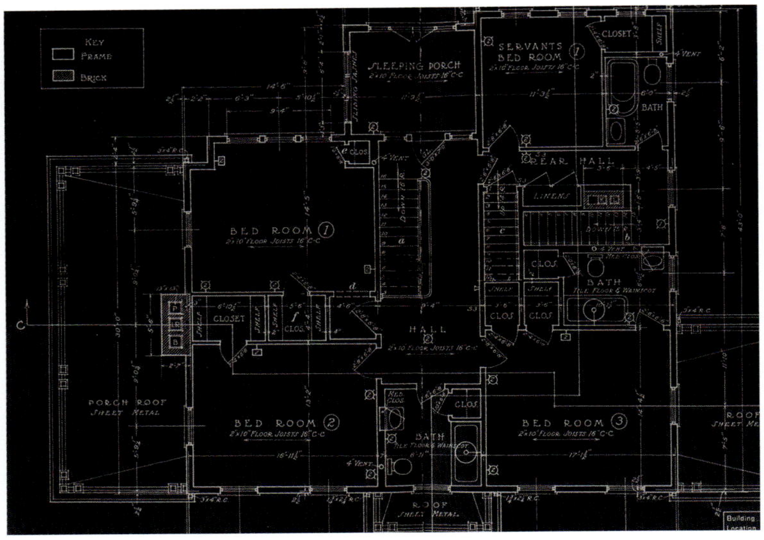

▲ FLOOR PLAN 2

▲ 秦皇岛北戴河地图

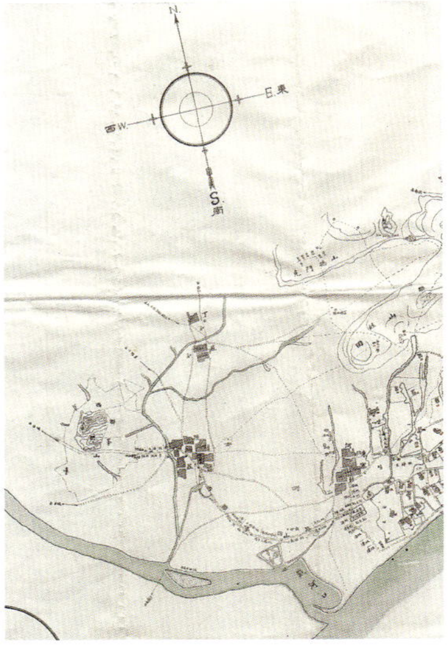

▲ 秦皇岛地图局部 1

▲ 秦皇岛地图局部 2

▲ 元隆孙

▲ 茂根大楼

▲ 中国工程司图章
（天津大学图书馆馆藏）

一张1959年天津城市规划图，彩色铅笔涂在蓝色底图上，这张规划图比梁思成天津规划设想晚还是早？与梁思成关于天津的规划是合作关系还是没有关系？不禁让人掩卷沉思。

天津水系图数张，图很大，其中三张一号图，蓝图上彩色铅笔。和现在的地图相比，水道已有更改。

五、教学讲义

这次清理的旧档中还有一些油印稿,多为当年有关院校的讲义，以西方古典建筑的五柱式以及比例尺度、构图原理等为基本内容，融入现代建筑的设计原理、设计步骤等内容，并涉及中国古典建筑。其中引人注目的是作为经验丰富的建筑师，阎子亨很注重实践教学，他要求学生除了画图设计外，都要“盯”现场，参加实践，经常要求学生亲自扛着测量工具到现场实测，女同学也不例外。

六、民盟活动纪要

在这批手稿中，有一部分文件记录了民盟天津市支部的成立过程及1950年主要事件纪要。阎子亨是民盟科技界的代表。手稿内容大致如下。

1950年1月28日，民盟总部第二次常委会决定在天津建立民盟组织，并选派孟秋江、辛毓庄、余明德、吴廷璆、叶刚侯、关静宜、王振华等7人为委员，孟秋江任主任委员，组成民盟天津市支部临时工作委员会（简称“临工会”）。这是天津市最早建立的民主党派地方组织。

1950年2月20日民盟市支部临工会召开第一次委员会议，由列席民盟总部四中全会的辛毓庄传达四中全会精神及支部临工会成立的方针和任务。会议决定民盟市支部临工会即日正式成立。

为祝贺天津民盟组织的建立，中共天津市委书记、市长黄敬，副市长刘秀峰、周叔弢于3月9日在市政府交际处设宴招待民盟市支部临工会全体委员。3月28日，民盟市支部临工会机关迁入市人民政府拨给的河西区九龙路1号办公。经登记时有盟员23人，为

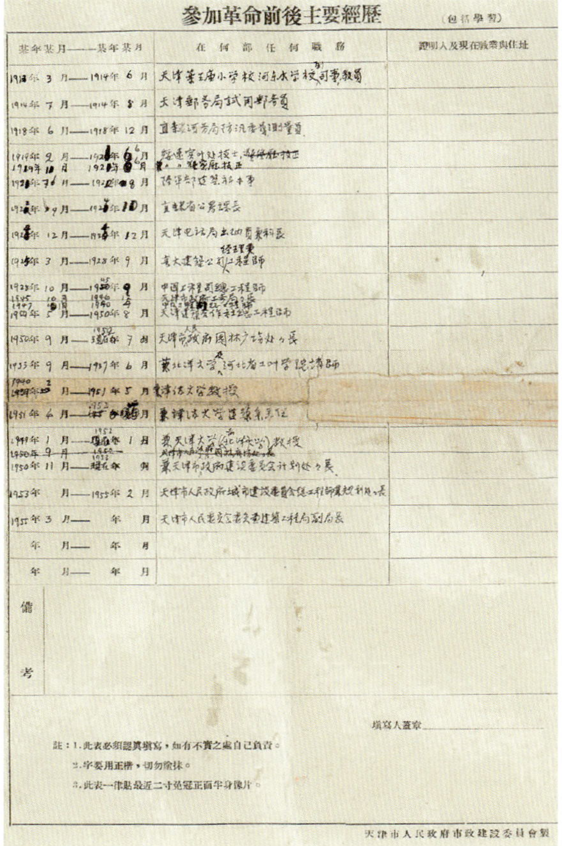

參加革命前後主要經歷 （包括學習）

某年某月——某年某月	在何部任何職務	證明人及現在職業與住址
1913年3月——1914年6月	天津第王庙小学校河东木学校司事、教員	
1914年7月——1914年8月	天津邮务局试用邮务員	
1918年6月——1918年12月	直隸河务局防汛委員、测量員	
1919年9月——1920年6月	绥远实业处技士	
1919年10月——1921年6月	绥远实业处技正	
1921年7月——1922年8月	陸軍部建築科辦事	
1922年9月——1924年10月	直隸省公署課長	
1924年12月——1924年12月	天津电话局出纳員兼科長	
1925年3月——1928年9月	亨大建築公司經理兼工程師	
1928年10月——1945年9月	中国工程司總工程師	
1945年10月——1946年12月	天津市政府工务局局長	
1947年5月——1950年8月	中国工程司總工程師、天津建築合作社總工程師	
1950年9月——1952年7月	天津市人民政府園林广场处处長	
1933年9月——1937年6月	兼北洋大学及河北省工业学院講師	
1940年2月——1951年5月	兼津沽大学教授	
1951年6月——1952年月	兼津沽大学建築系主任	
1951年1月——1952年1月	兼天津大学（北洋大学）教授	
1950年11月——1952年月	兼天津市政府建設委員会計劃处处長	
1953年月——1955年2月	天津市人民政府城市建設委員会總工程師兼規劃处处長	
1955年3月——年月	天津市人民委員會建築工程局副局長	
年月——年月		
年月——年月		

備考

填寫人蓋章

註：1.此表必須認真填寫，如有不實之處自己負責。
2.字要用正楷，切勿潦草。
3.此表一律貼最近二寸免冠正面半身像片。

天津市人民政府市政建設委員會製

▲ 履历（天津大学校史档案馆馆藏）

▲ 阎子亨（左二）、刘敦桢（左四）、周荣鑫（左六）、梁思成（左八）
图片来源：阎洗公提供

▲ 阎为公小亭子（阎立功摄影）

▲ 绩住宅图案集 1

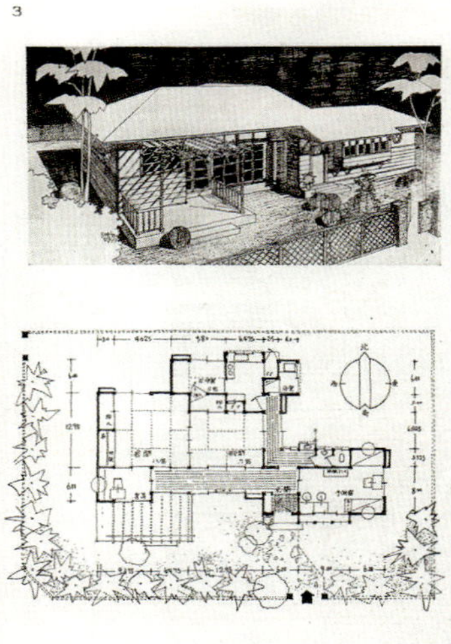

▲ 绩住宅图案集 2

天津民盟开展工作奠定了组织基础。

4月2日，民盟市支部临工会在《进步日报》会议室举行第一次盟员大会，孟秋江作题为《中国民主同盟的性质和政治任务以及民盟为民主运动斗争的历史》的报告。

4月16日民盟市支部临工会决定机关下设妇女部、工商部、财务部、宣传部和组织部等职能部门。

由于天津过去没有民盟组织，社会上对“民盟”了解得很少。民盟市支部临工会成立之后，立即开展面向群众的社会活动。为加强与社会的联系，为群众服务，扩大社会影响，连续举办多次大型联谊活动，邀请市党政领导和各界知名人士出席。黄敬市长、吴砚农秘书长及工商界的李烛尘、资耀华、朱继圣、毕鸣歧，医务界的朱宪彝，文教界的张克忠、冯文潜等300多人先后出席。

七、结论

阎子亨是近现代建筑师的一个典型，这批文献有助于对阎子亨及其同代建筑师的研究，尤其对天津近现代建筑史研究有深远意义。

附：阎子亨生平

阎子亨（1891—1973年），名书通，字以行，天津人。天津南开中学、香港大学土木工程系毕业，又在万国函授学校建筑系勤学四年。历任直隶省河务局防汛委员，绥远实业处技士、技正，陆军部建筑科办事。曾任亨大建筑工程司总工程师，中国工程司总工程师兼经理，兼任北洋大学、河北工学院及工商学院讲师、教授。曾担任天津市建筑师公会主任委员，多年的南开校友会总会主席。抗日战争爆发后，任南开学校校友会主席，坚拒伪职，遭到日伪抄家迫害。抗战胜利后，任天津工务局局长兼城市规划委员会主任，1947年主动辞职，仍任中国工程司总工程师。新中国成立后，任津沽大学建筑系主任、天津大学教授、天津市建筑合作社总工程师、天津市人民政府建设委员会总工程师兼园林广场处及规划处处长，天津市建筑工程局副局长、天津市建工学院院长。曾任特级、一级工程师，河北省建设工程厅副厅长兼总工程师，天津市建筑工程局副局长，天津市建工学院院长，中国建筑学会常务理事，天津市建筑学会理事长。历任天津市、河北省人民代表，天津市、河北省人民委员会委员，河北省人民委员会常委，河北省政协常委。

本文系国家青年自然科学基金研究 “西方建筑修复技术在中国近代建筑保护中适用性研究”的项目报告（摘要本）

Space Analysis on Nan Lishi Road

南礼士路空间变迁

白德懋*（Bai Demao）

编者按：白德懋系北京市建筑设计研究院顾问总建筑师，作为北京乃至全国的住宅设计专家，他主持设计了京内外大批住宅项目，同时又展开了一系列针对东西方对比的住宅设计研究。本文系1997年他呈中国建筑学会的研究报告的精编版，该文由金磊（原BIAD研究所所长，现本刊总编辑）保存，特予以发表。今北京金融街西扩工程正在深入，刊发此文对记忆北京城，记忆20世纪50年代以来的街区变迁颇有意义。

Editor's Note: Bai Demao is the chief architect and consultant of Beijing Institute of Architectural Design (BIAD). As a residential design expert in Beijing and even the whole country, he presided over the design of a large number of residential projects in and outside Beijing, and at the meantime carried out a series of comparative studies against east and west residential designs. This paper is a concise version of the research report he submitted to the Architectural Society of China in 1997. It was originally kept by Jin Lei who is the former director of BIAD and current chief editor of this magazine, and now it is published. At present the financial street west expansion project is going further. The publication of this paper is quite meaningful for memorizing Beijing and the change of the city streets since 1950s.

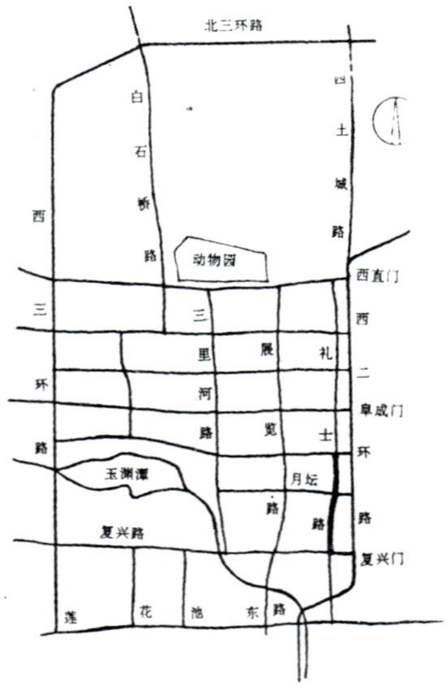

▲ 南礼士路位置图

街道是城市空间的重要组成部分，它既承担了交通运输的任务，又同时为城市居民提供了公共生活活动的场所。

过去在交通不发达的情况下，两者和平相处，各得其所。正像清明上河图中所呈现的景象，富于生活情趣；而现在再也不能在城市机动车来往的街道上找到这样的地方了。

然而街道毕竟是人们离不开的生活场所，因此对街道空间进行分析研究，从中发现了一些规律性的东西，将会有其积极的意义。

我们剖析的对象是北京南礼士路从月坛北街到复兴门外大街一段。它位于西二环路以西，紧邻北京旧城，是50年代初经统一规划设计建造起来的，集办公、居住和生活于一体的城市街道。随着社会经济的发展和人民生活的提高，这条街的空间环境也发生了变化。街上增加了各类性质的建筑，通过繁忙的交通与城生活有着密切的联系，因而具有一定的代表性。

一、南礼士路街道空间环境的演变

50年代建成的南礼士路红线宽30米。其中4条车行道总宽13米，两侧各为8.5米的人行道。当时沿街两侧安排了很多市级单位，有机械施工公司、市政工程局、建筑工程局、规划管理局、部分住宅以及儿童医院等。建筑物均沿红线布置，4～5层，局部6层，与街道的高宽比为0.7：1～0.6：1，具有良好的空间尺度。个别建筑物的重点部位适当后退，如原市建筑设计院主楼（已拆除）的主体部分后退红线15米。市建筑工程局5层楼房面对路东的南礼士路公园，形成轴线关系。在这轴线上中部升高一层，使街道具有一定的节奏感。在南礼士路与月坛南街的交叉口处，随着道路的弯曲出现了一个绿化小广场。广场四周的住宅建筑风格完整、统一：清水灰砖墙面、平顶带女儿墙，窗间及窗下墙细部处理体现了中西结合的特色。广场北边一幢住宅位于南礼士路由南向北的视线轴上，作为主体建筑设计成5层，其余均为4层。

除上述绿化广场外，路西有月坛公园，路东有南礼士路公园和月坛体育场。整条街道建筑物高低有序，两旁空间疏密有致，人车各行其道，安详舒适。当时的空间环境是值得称赞的，难怪电影《战上海》中的一幕街景是在这里拍摄的。

40年过去了，社会发生了巨大的变化。国家经济从计划转向市场，人民的生活水平和消费水平不断地提高，对各项服务设施提出了更高、更多的要求。

* 北京市建筑设计研究院顾问总建筑师

▲ 原南礼士路空间尺度

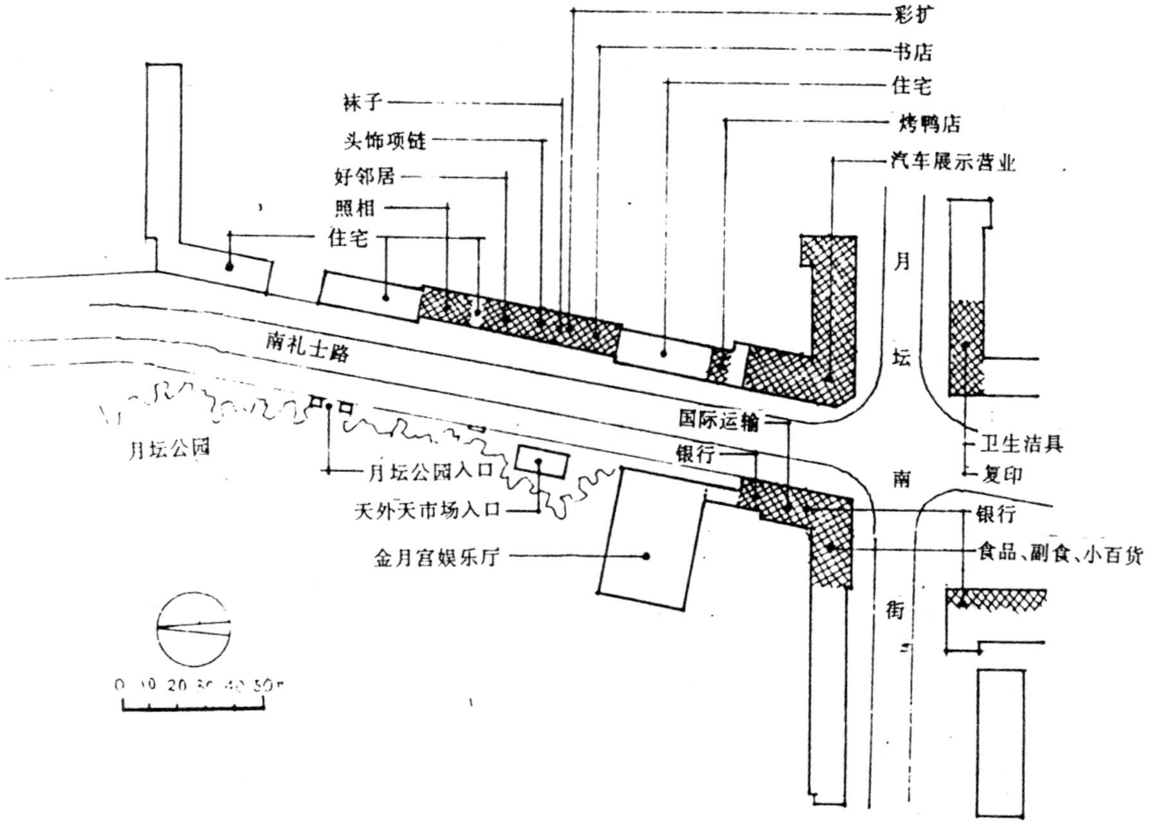

▲ 南礼士路，月坛南街北段平面图

建筑物陆续增建或扩建，相关业务相应地扩大了，同时带来了交通问题。

首先，这条原来办公、居住和生活性的街道增加了许多新的内容。有办公性质的建威大厦、月坛大厦和正在兴建的规划大楼；有改建和扩建的商业服务设施，如广电部招待所、核工业部招待所、二炮门诊部、各个银行营业部、各种餐馆以及设在住宅底层的各类专业商店和设在月坛公园地下的天外天批发零售市场。

其次是交通流量的不断增长。这条街上有3条公共汽车路线，月坛南街上有两条，复外大街上有5条以及地铁，交通十分方便。大量车流造成南礼士路与

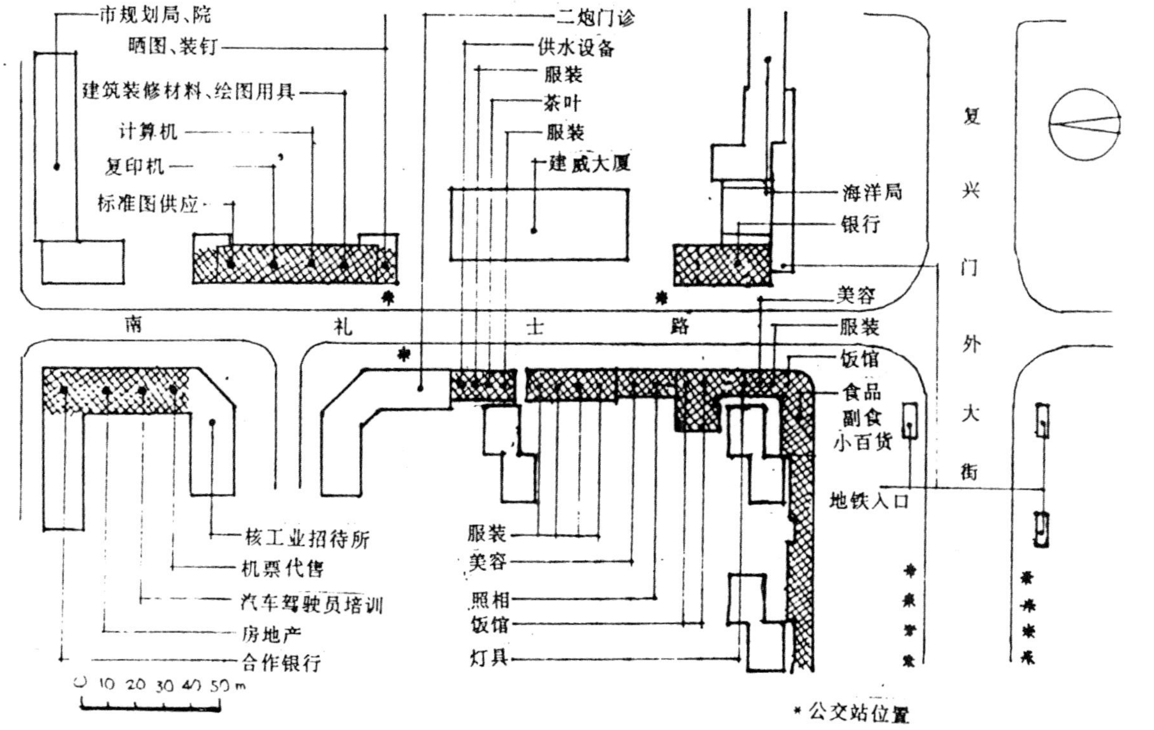

▲ 南礼士路南段平面图

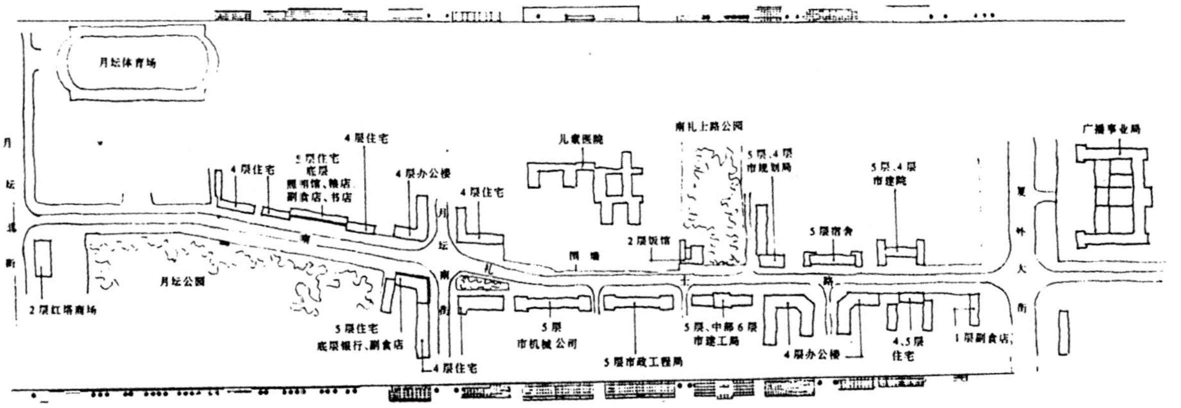

▲ 60年代以前南礼士路（月坛北街至复外大街段）沿街总平面及立面图

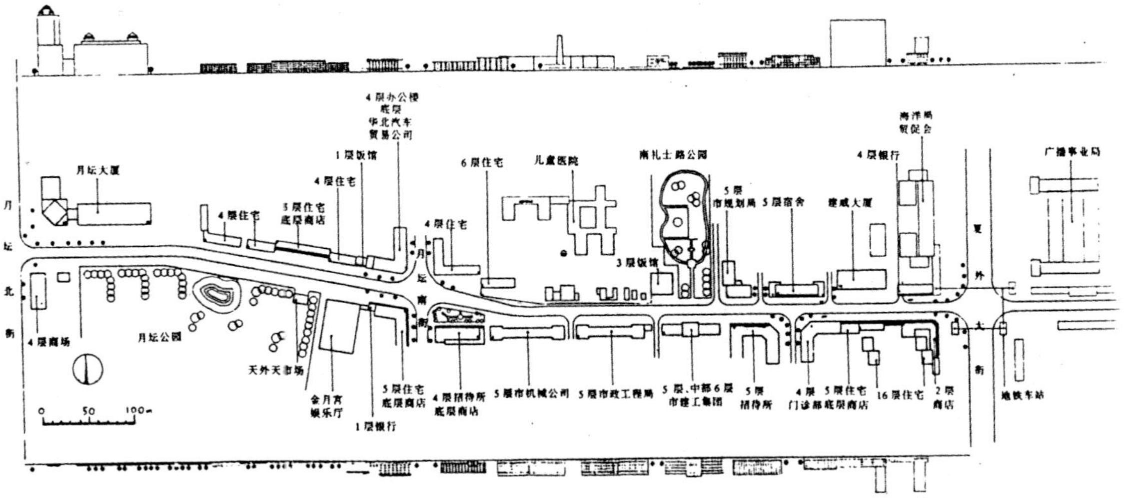

▲ 90年代中以前南礼士路（月坛北街至复外大街段）沿街总平面及立面图

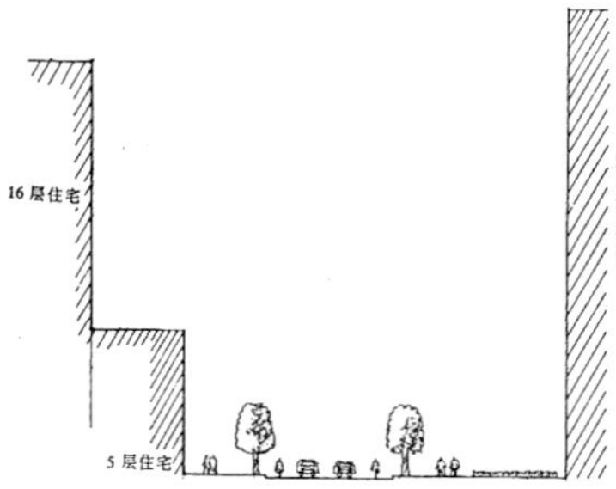

▲ 建威大厦前空间尺度

复外大街交叉口严重堵塞。据市交通部门调查，1994年11月18日（星期五）上午8:30至9:30一个小时内进入路口的流量总计达4 829车次，相当于北京有名的“堵口”西单的流量——4 842车次。1997年4月18日（星期五）我们又进行了一次实地调查，与1994年比同一时间内往南的车辆从290辆增加到350辆，往北的车辆从460辆增加到622辆。

与此同时，这条街的景观环境越来越不能令人满意。随着高层建筑的兴起和部分建筑的加层、扩建，建筑显得各自为政，互不协调。空间尺度也发生了明显的变化。新建的高楼大厦都在16层以上，庞大的体量使街道变“窄”了。大容量将引来大量的车流和人流。1993年曾对街道两侧人行道进行整治，设置了方便视残人通行的盲道。现已被停放的车辆所占，迫使行人不得不在车行道上通过。

二、有关街道公共活动空间的探讨

（一）街道的性质

南礼士路距西二环路仅200米，最宽处也不过30米，按规划应是一条城市支路。这样一条支路理应属于生活居住性质，适当安排一些办公性质的建筑在城市中能起到居住与工作接近的作用，本来是必要的、无可非议的，可是不加控制地在这条街上集中过多的大型办公楼，让它成为一个小型“行政商务中心”的话，那么这条30米宽的支路是不堪负担的。这样，不但生活居住的安详气氛消失了，而且吸引来的车辆造成的交通问题也无法解决。

要使这条街具有良好的公共生活空间环境，必须明确它的性质，安排好它的功能。可以认为，南礼士路已经发展成为以办公为主，间以商业、服务、居住、园林的综合性街道。但由于道路红线不可能放宽，两旁建筑也已形成不好改变，这一性质，这一性质只得保留下来，不要再增加它的负担。今后改建或扩建只能从丰富居民生活和提高环境质量出发，不要再上新的、吸引大量交通的大型商场、办公楼、旅馆之类公共建筑。也就是说，多安排些食品店、副食店、日用百货店、早餐快餐店等以及与街上工作单位相关的配套商店；严格保护现状绿地，不得再在内进行建筑。

（二）街道上的商业安排

这条街上的现状商业可分为三类：第一类是为居民日常生活服务的，如副食店、食品店、日用小百货店等；第二类也是为居民生活服务，但属于周期性而非日常性的，如理发店、照相店、饭馆以及银行储蓄所、书店等；第三类是专业商店，即与居民生活关系不大但能吸引一定的对象，如华北汽车展示营业公司、天外天商品零售批发市场和市建筑设计院与市规划局之间的绘图用品、制图、复印等商店。从中可以探索到一些经验：

①与居民生活关系比较密切的第一类和第二类商店一般都能维持下来；但与居民生活无直接关系的商店如天外天市场，由于商品价格低廉吸引大量外来的顾客和商户，使门前车水马龙，拥挤不堪。这类商业不符合这条城市支路的区位，似应放在更开敞、便于集散的地方去。

②商店所以能维持下来，一靠顾客有需要；二靠经营得当。例如市建筑设计院沿街宿舍的底层开过“家私店”，开也后不久就倒闭了。厚德福饭店位于南礼士路公园门口，由原颇受附近居民欢迎的大众化餐厅改为高档饭店，由于价高质不高使营业趋于萎缩。

③商店的布置要符合顾客的行为轨迹。南礼士路南口两侧二炮经营的商店属于第一类和第二类，生意兴隆就是因为位于公共交通转乘时的必经之路上，符合顾客顺路采购日常用品的心理行为。

与此对比，南礼士路东侧的商店营业状况不佳。原因主要是商业网点布置缺乏连续性，商店中间隔着住宅、办公楼和公园绿地等，顾客不愿多走路。

（三）街道的交通

大量的人流和车流引向南礼士路带来的是交通阻塞和无处停车。

据观察，南礼士路的车辆有一部分是穿过交通和出入西二环路的交通，但主要还是与这条街两旁建筑物的性质有关。早上高峰时间，特别是市规划局对外业务接待时间，南礼士路南口向南堵车长达十多分钟。北京现有机动车110多万辆，并以每年25%的速度递增。几幢新的办公楼建成使用后车怎么进来？进来后又停在哪里？仅有的一点地面和地下面积够放吗？

40多年来北京近郊区包括二环路至三环路以外已基本建成，几乎没有留出足够的停车场地。要在建成区的地下开辟车库或拆房盖汽车楼谈何容易。这种现象在国外也同样存在。美国等国家在城市中心采取单行线、右转弯迂回的办法以减少交叉口的车辆交叉来理顺交通，然而在北京却难以实行。原因是北京道路网密度太稀，不能满足交通分流的需要。我们市中心的道路面积率仅为6.3%，只有纽约的1/4。西二环路至西三环路将近4公里之间只有3条南北通道，相距在700米以上，道路较窄，往南又不通畅。至于实行公交优先的办法，在只有4个车道的南礼士路上也无法实现。因为与国外情况不同，4个车道中有2个为自行车占有，哪有公交专线插“轮”之地。看来我们这个人多地少、基础设施落后的国家出路只有一条：吸取国外的教训，把严格控制私人小汽车作为主导政策，大力发展公共交通，不让小汽车泛滥成灾，否则将会一发而不可收拾，造成城市交通的瘫痪。

（四）街道的空间尺度

城市的更新和改造是一种自然现象，符合事物的新陈代谢法则。南礼士路的建筑必然会有变化，重要的是要有规划、有控制地进行。为保持良好的生活环境，除针对道路的性质安排好建筑物的功能和处理好交通外，妥善地控制好街道的空间尺度也很重要。

按照人的视觉感受，街道的高（房高）宽（街宽）比如控制在1：1左右，那么空间具有互相包容的匀称型。当高宽比超过2：1的时候会出现一种压迫感，而小于0.5：1时会有一种开敞感。回顾北京传统街道的空间尺度，由于时代的局限建筑物多为1～2层，高宽比一般为1：1～0.5：1。前者是胡同（小巷）的尺度，后者为街道的尺度。至于主要大街如西单至西斯、东单至东四的高宽比甚至小于0.3：1.这是统治者为显示京都气派而设，显得过于开阔了。

随着时代的前进和技术的提高，为了充分利用土地建筑物越盖越高，改变了空间尺度的概念，人们逐渐容忍了空间的进一步压缩；但大家有一个限度，不能像发达国家城市资本主义城市 里那样把人淹没在混凝土的“森林”里。南礼士路的空间尺度从原来的0.6：1～0.7：1（高：宽）增加到1：1是完全可以的，但高层建筑的高度还应按城市设计的要求进行控制。例如新建的建威大厦，17层，高60米，与街宽的比例为1.5：1，虽退离红线10米，但因直接临街仍给人以压迫感。与此对照，街对面的二炮16层住宅由于退居后排，沿街有多层住宅过渡，却没有压迫感。因为人的视线受到多层住宅的遮挡，忽视了后边高层住宅的存在。看来将超尺度的建筑放到后排确实是一种较好的选择。我们还应多加探索研究，努力为城市居民创造美好的公共活动空间。

A Survey on Ancient Hakka Dwellings in Guangdong Province

广东省客家古民居保护情况调研报告

广东省政协文史委客家古民居调研组

编者按：以广东省政协副主席周天鸿为顾问、省政协文化和文史资料委员会副主任杨珍妮为组长、专职副主任梁川为副组长、有关政协委员和专家为组员组成的调研组，开展了"广东省客家古民居建筑群保护情况"专题调研，调研组选取了广东省客家古民居比较集中、具有代表性的河源、梅州、韶关和潮州等市、县作为调研点，通过实地考察、座谈会、委托调研等形式，取得了丰富的资料。

Editor's Note: A research team, having Zhou Tianhong, the Vice President of Guangdong Provincial CPPCC (Chinese People's Political Consultative Conference) as its adviser, Yang Zhenni, the Deputy Director of the Cultural and Historical Records Committee as its leader, Liang Chuan, the Executive Deputy Director as the deputy team leader, and many CPPCC members and experts as its team members, conducted a special survey on the preservation of ancient Hakka dwellings in Guangdong province. The research team selected some typical cities and counties such as Heyuan, Meizhou, Shaoguan and Chaozhou which have relatively concentrated ancient Hakka dwellings as the target sites, and acquired a wealth of data via field investigations, seminars and commissioned surveys. The following is the report of the survey.

一、广东省客家古民居的基本情况

（一）客家古民居的历史渊源

客家人又称河洛郎，是汉族重要的民系之一，其根在中原。由于战乱、饥荒等原因，自秦汉以降千余年间，历经六次大规模迁徙和不断零星的迁徙，先后驻足赣、闽、粤交界地区，以后又逐渐向南方各省及海外播衍。客家民居就是在客家人不断的迁徙过程中，适应当地文化、气候环境等因素，逐渐演化而形成的有自己独特风格的一种建筑形式。客家古民居具有鲜明的历史特征与深厚的文化内涵，蕴藉了顺应自然、天人合一的和谐文化。由于客家人南迁落脚地大多地处偏僻山区，重峦叠嶂，山多田少，土地贫瘠，匪患猖獗，恶劣的生存环境使单独家庭很难生存，必须多家庭聚群而居，以增强对环境的抗争力，因此，

▲ 二善潮源楼位于广东省潮州市饶平县上饶镇二善村，始建于清光绪十五年（1889）。座北向南，呈圆形，直径99米，占地总面积约8431平方米。二环围，内环围前平房，后三层楼房，共分36开间，中心处辟有内埕，水井1口，外环围前平房，后二层楼房，共分44开间，门前池塘1口。门额阴刻"潮源楼"。该楼庞大、壮观，至今保存较为完好，是饶平土楼建筑的典型代表。

▲ 福海楼位于饶平县上饶镇永善村，始建于明代，清代重建，后遭大水冲毁，于民国年间重修。椭圆形二进围屋，前平房，后二层楼房，面积907平方米。

客家民系社会强化了汉民族文化中有利于群体宗族秩序的内容，存在着群体优于个体，家族优于家庭秩序观念，这一文化特征在古民居建筑突出地显示了出来。同时，作为落脚偏僻山区的移民，客家人必须十分注重建筑的防御功能，以抵御野兽、盗贼等侵害，因此，形成了封闭、坚固、聚族而居的客家居住形态，围屋（围龙屋）便是这一居住形态的突出代表。

（二）客家古民居分布情况

根据国务院部署，2007年4月至2011年12月是全国第三次文物普查时间。在进行全国第三次文物普查田野调查阶段，我省共登记上报不可移动文物3.8万多处，古建筑、近现代重要史迹和代表性建筑约3.2万多，占总量八成以上。各具特色的古典民居在其中占有重要地位。广东民居因地理环境、民情风习的差异，按民系分为广府民居、潮汕民居和客家民居。其中客家民居主要集中在粤北的梅州、河源、韶关等传统客家地区，惠州、深圳、潮州饶平也有不少。代表性建筑有韶关始兴县满堂围、梅州大埔县泰安楼、深圳大万世居和鹤湖新居等。目前，纳入保护范围的客家古民居，属全国重点文物单位有6处，省级文物保护单位有40多处，市级文物保护单位有80多处。

（三）客家古民居建筑的艺术及形式

客家古民居具有很高的艺术价值，外观整体性和建筑美感很强，高墙封闭，马头翘角，墙线错落有致，青瓦白墙，雕梁画栋，色彩典雅大方，建筑用材用料讲究，工艺精美。如：河源连平县油溪镇大塘村茶壶耳围龙屋，屋顶直线和曲线巧妙组合，形成向上微翘飞檐，形似“茶壶耳”，增添了建筑的动态美感。又如：河源和平县林寨镇谦光楼和颍川楼，在门柱、屏风、槅门、月梁、插斗、雀替、筒柱和驼墩上大量使用了镂雕、圆雕、浮雕手法，雕刻着寓意吉祥的麒麟、瑞兽、梅兰菊竹、花鸟鱼虫、人物故事等艺术图案以及对联、匾额等，构思巧妙，美轮美奂，可以说是客家民居装饰文化中的典范。

客家古民居建筑形式多样，主要有门堂屋、四点金、中西混合式和围龙屋等形式。其中，围龙屋是在门堂屋平面基础上，在建筑后部加上枕屋或者围拢，因其绵延不绝，规模庞大，形似卧龙盘旋而得名。围龙屋根据布局外形状不同分为方围、圆围、半圆围、椭圆围和异型围。河源义合镇苏家围、大坝镇嘉禾岗围、韶关始兴东湖坪“九栋十八厅”“棋盘围”、翁源湖心坝 “回字形” 围屋、翁源思茅岭的“八卦围”等均属典型的围龙屋。围龙屋是客家地区独有且最具特色的民居建筑形式，它与北方的四合院、陕西的窑洞、广西的干栏式和云南的一颗印，合称为中国民间五大传统民居建筑形式，它的建筑和设计艺术之独特，给客家地区带来了浓郁的乡土风情。

（四）客家古民居的保护价值

客家古民居是客家文化的一个重要载体，是岭

▶ 泰华楼位于饶平县饶洋镇蓝屋村，建于清嘉庆九年（1804）。四方抹角形，占地总面积约2 385平方米。门额阳刻“泰华楼”，款为“嘉庆甲子年建”。楼内共分26开间，楼门正对面为祖祠。该楼保存完好，建筑风格独特，有较高的历史、艺术价值。

▲ 嘉禾岗黄屋位于广东省河源市和平县大坝镇高发村东，黄姓始建于清代，坐北向南，占地4 680平方米，总面宽96米，进深55米。龙衣屋，原有五重围，现余两层完整。土木砖瓦结构，泥砖墙，表面批搪石灰，硬山顶，主体建筑府第式，面宽九间，深三进，分上、中、下三厅中夹二天井，连接两厅之间有廊庑，两侧有厢房。前面五重围间还完整，后面只余二层，其他只剩下层基。门前有余坪与半月形池塘，余坪竖立着4对桅杆甲，围外东侧20米处有1口青石砌筑圆水井。这是和平县内保存比较完整的龙衣屋，具有较高的历史与建筑工艺研究价值。

南文化的重要组成部分。它集传统礼制、伦理观念、阴阳五行、风水地理、哲学思想、建筑艺术于一体，是建筑艺术上的杰作，是勤劳的客家人民智慧和血汗的结晶，是客家“精、神、气”的一种凝聚的艺术。它承载着深厚的历史信息和文化内涵，体现着我省地域建筑的风貌特色，是祖先留给我们的一份珍贵遗产。保护好、利用好、发展好客家古民居是我们义不容辞的义务和责任。

二、广东省客家古民居的保护现状

一是古民居保护的法制建设有了新进程。2002年10月28日，《中华人民共和国文物保护法》公布实施。2003年5月13日《中华人民共和国文物保护法实施条例》由国务院制定实施。在《文物法》和《实施条例》的基础上，各级政府先后颁布了一系列包括古民居在内的文物保护法律和法规。例如：2008年7月1日，国务院颁布实施了《历史文化名城名镇名村保护条例》；2009年3月1日，我省人大审议通过的《广东省实施〈中华人民共和国文物保护法〉办法》公布实施等。作为文物行政主管部门，广东省文化厅、省文物局非常重视古民居的保护与利用。为了在“三旧”改造中切实保护好我省珍贵的文化遗产，省文化厅与省住房与城乡建设厅、省国土资源厅联合发下了《关于在“三旧”改造中加强文化遗产保护的通知》。为了在珠三角绿道网建设中增加文化元素和体现文化内涵，省文化厅与省住房与城乡建设厅联合发下了《关于在珠三角绿道网建设中突出和体现文化内涵的通知》。这些法律法规的颁布与实施，结束了长期以来无法可依的尴尬局面，标志着我国包括古民居在内的文物保护进入一个依法管理、保护和利用的法制进程，为我省文物保护事业的发展提供了法律保障，包括客家古民居在内的文化遗产保护有了法规规范。

二是古民居保护能力建设上了新台阶。按照现有的行政管理体制，历史文化名城、名镇、名街、名村由省住房和城乡建设厅负责管理、规划；涉及文物的古民居由文物部门负责管理、维修。目前，许多民间组织和个人也逐渐参与到古民居的保护与抢救中来，如省文联民间艺术家协会每年都举办古名村的挂牌活动，又如河源龙川县发动乡贤、宗族力量，成立宗族会，抢救和修缮祠堂，和平县热水镇由村民委员会牵头，集资修复兴隆围龙屋等，初步形成了政府为主导、各方力量参与的保护管理机制，保护能力得到了加强。

三是一批古民居群得到了抢救性保护。在“十一五”期间，各级政府对客家古民居加大了保护力度。第一，将古民居建筑群的保护与发展纳入地方经济建设发展战略，如，河源东源县将苏家围客家民居群纳入了地方旅游和发展“十二五”规划，和平县将林寨古村作为县级生态旅游重点来规划。第二，将古民居纳入法律保护范围，如，广州市利用全国文物普查的机会，将一大批有价值的古民居进行了挂牌保护，河源东源县及时将苏家围的义峰苏公祠、南园古村的大夫第、柳溪书院等公布为县级文物保护单位等。第三，科学编制古民居建筑群的保护与发展规划，如河源市东源县编制了《南园古村旅游发展规划》、《孙家围客家乡村生态休闲度假旅游区概念规划》等。第四，加大了保护资金投入，省级财政每年投入文化遗产保护的经费为1 000万，满堂围、兆祥

▲ 明星村文明第位于广东省河源市和平县林寨镇明星村明山自然村。由19世廷善公于清末始建，坐东南向西北，占地1980平方米，面宽十一间43米，深三进中夹二天井33米。方围屋，高二层，四角建有三层高硐楼，砖木石结构，石灰夯筑，硬山顶。角楼歇山顶，棱角牙砖叠涩出檐。三进二横布局，正面一排三门，正中为上、中、下上厅，凹肚式门楼，四方形青石檐柱，花篮形青石柱础，穿斗式挑梁，五架梁，筒柱与狮形驼墩承檩，在月梁、穿斗、雀替上都浮雕着花鸟松鹿与万字图案，镀金漆，雕刻精致。青石门框上连青石匾额，匾额中浮雕楷字“文明第”。四周浮雕缠枝花。门框上浮雕双狮与鳌鱼图案。门厅设木槅门，上字“致中和”上字，中厅设有中屏，屏门已毁，在脊枋上浮雕双龙戏珠图案，金枋上浮雕花鸟图案。圆木檐柱，穿斗式挑梁，五步梁，筒柱与瓜柱承檩，月梁下有栏板，浮雕花卉图案。上厅眷枋、金枋浮雕双凤与花卉图案，屋内雕刻均镀金漆，至今仍金碧辉煌。连接两厅之间有廊，两侧有厢房。上、中、下厅均设过道廊，通往横屋。此屋建筑规模宏大，工艺精湛，屋内雕刻精致，栩栩如生。具有很高的建筑工艺价值。

黄公祠、陆皓东故居、郑观应故居、冯达飞故居、丘逢甲故居、双峰寨、留耕堂、察院陈公祠等一大批客家古民居得到了有效的保护与维修。与此同时，各地财政也加大了对客家古民居的保护与抢救力度，如河源市利用第23届世客会的机会，先后投入2 800万元对和平县林寨兴井村的古民居建筑群和阮啸仙故居进行了修缮等。

四是古民居的合理利用初见成效。韶关始兴满堂围、河源义合镇苏家围、和平县林寨镇等，把保护和开发利用有机结合，实现了对历史文化资源的有效保护和合理利用。

三、广东省客家古民居保护中存在的问题

总体而言，我省的古民居保护形势仍然较为严峻，存在一定的困难和问题。主要体现在以下几个方面。

一是有些地方对古民居保护缺乏足够重视。部分地方领导和干部对客家古民居建筑的历史、科学、社会、艺术等价值知之甚少，不重视古民居保护工作，甚至有的认为古民居保护增加了地方财政负担；有的地方把古民居保护工作看作是“上级部门的事”，与己无关；一些有较丰厚古民居文化遗产的镇、村干部认为只有拆了“旧”的才会来“新”的，对破坏古民居建筑的行为放任不管。

二是管理协调力度不够。目前，市、县级行政对古民居建筑保护均涉及文化、建设、国土等多个部门，责任不明，遇事推诿，缺少协调机构，管理力度显然不够，工作也难以落实到位。

三是群众的古民居保护意识淡薄。从这几年文物破坏案件所呈现的规律来看，有些群众对古民居缺乏保护意识，他们无法从客家民居历史及文化价值这一角度去思考古民居保护，认为古民居保护是政府的事情，与己无关。特别是随着农民生活水平提高，农村兴起了建房热，随意拆“旧”建“新”或破坏古民居周边环境风貌的现象十分普遍，过去那种依山傍水、巷陌相连的村落格局已被一栋栋杂乱无章的现代楼房挤压得七零八落，许多古民居的布局、环境和古朴典雅氛围遭到了严重破坏。如河源和平县林寨镇兴井村的古民居建筑群间杂着20世纪80年度后建的民居，文物价值大打折扣。再如东源县新港镇双田村的南湖古街，原先完整的一条清末民国初的古街市，现已面目全非。

四是有些古民居由于长期得不到有效保护，损毁严重。各地古民居建筑均有不同程度的损毁。一是人为破坏。古民居建筑人为损毁最严重的行为发生在“文化大革命”时期，许多建造精美的古民居建筑被视为“破四旧”对象，被人为拆毁。如和平县林寨镇谦光楼、颍川旧家和东源县康禾八角楼、四角楼许多精美珍贵的木雕、石雕、砖雕、壁画、对联、匾额及窗棂、牛腿、梁柱等建筑构件在“文革”时期被肆意破坏而大量消失，令人惋惜。侥幸保留下来的，由于缺乏保护意识，不少古民居中的住户随意改变古民居外观和结构，破墙开窗，拆梁吊顶，使其历史文物

▲ 圣旨匾

▲ 围龙及花头脑

▲ 花厅屏风

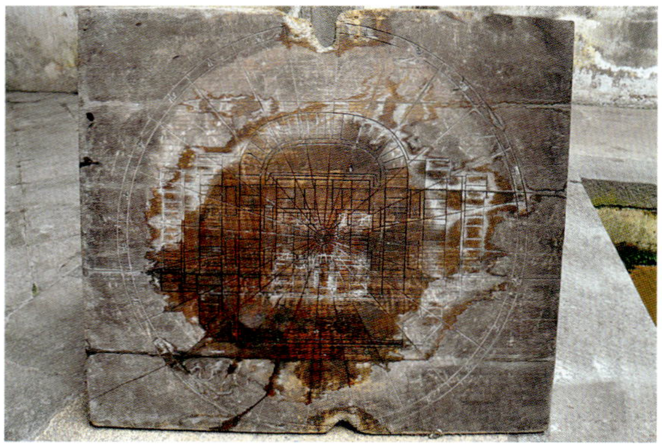

▲ 建屋木刻图

价值被贬低。有些古民居住户混杂，电路陈旧，厨房不规范，乱堆柴草，存在严重的火灾隐患。如龙川县佗城镇一座明代大型围龙屋司马第因用火不慎，造成门厅和大堂被大火焚毁。二是自然损坏。我省古民居多为砖木结构，许多古民居因年久失修，自然损坏严重，雷击、水灾、火灾、白蚁灾害等都在侵蚀着这些历史文物，有的已经坍塌或即将坍塌。

五是古民居产权私有，管理难到位。我省大多数客家古民居产权都是私有的，按《中华人民共和国文物法》规定，文物保护单位谁使用谁出钱保护。按照现行文物保护专项补助资金使用政策，专项资金不能补贴产权属于私人的文物，不少有重要价值且亟待维修的古民居建筑由于房主缺乏经济能力，又不能获得国家的资金补助，这不能不说是古民居保护管理体制上的一个“硬伤”。

另外，古民居产权不清或者产权分散，也给保护管理工作带来了极大困难。有些古民居建筑经过数代传承，难以确定产权归属，有些分属几户、十几户，“保”与“拆”、“修”与“不修”，难以形成统一意见。如和平县林寨镇谦光楼、颍川旧家成为文物保护单位后，产权仍属私人，且分属不同姓氏的业主，有些业主不愿维修，和平县文物管理部门多次想引进社会资金对其维修进行开发与保护，都因为业主意见难统一而告吹。

四、保护和利用好广东省客家古民居资源的对策及建议

保护好、利用好客家古民居对继承和弘扬优秀传统文化，促进经济、社会的全面、协调和可持续发展，具有重要的现实意义和深远的历史意义。针对客家古民居在保护实践中存在的一些问题，结合我省实际，建议从以下五个方面着手。

（一）提高认识，把握机遇

当前，我省文化事业发展处于历史最好时期，古民居保护工作也应该抓住这一难得的发展机遇，乘势而为。随着社会经济的发展，人民群众精神文化需求和消费快速增长，包括古民居在内的文物作为拉动地方经济稀缺资源的战略意义和社会影响日趋上升，文物保护事业越来越受到各级党委、政府的高度重视。

（二）加强宣传，形成共识

第一，要加大保护古民居建筑群的宣传力度，充分利用纪念建党90周年、纪念辛亥革命100周年、国际博物馆日、中国文化遗产日、全国文物普查等重大活动和节日，开展形式多样的文物保护和古民居保护的宣传活动；充分利用平面媒体、新媒介使人民群众多渠道、全面了解文化遗产及古民居保护对传承历史、促进经济社会发展的重要意义，使古

▲ 古建村落一角

民居保护与利用深入人心，在全社会形成“保护古民居人人有责”的舆论氛围，提高全社会保护古民居的意识。第二，加强对古民居建筑群保护研究，要尽快抓紧针对古民居的专项基础性资源调查，摸清家底；鼓励社会各界研究挖掘古民居的文化价值，研究古民居的风貌特色和建造艺术，尽快出台一系列古民居保护政策措施。

（三）多元筹资，加大投入

我省客家古民居主要集中在一些经济条件欠发达的地区，资金匮乏成为制约古民居保护的关键问题。要进一步完善政府主导、市场引导发展模式，建立多渠道资金投入模式，形成合力。一是发挥政府主导作用，加大财政投入。各级政府要贯彻落实好《文物保护法》，切实做好文物保护“五纳入”工作，即把文物保护纳入当地经济和社会发展计划、纳入城乡建设规划、纳入财政预算、纳入体制改革、纳入各级领导责任制。建立古民居保护补助机制，每年安排一定的财力，按一定比例补助古民居业主修缮保护古民居，让财政资金在古民居保护中起到引领作用。二是利用和整合好政策资源，通过政策引导和支持，建立古民居保护基金会，创造条件鼓励和引导社会资金参与古民居的保护。三是做好古民居保护项目规划，结合国家和省“十二五”规划编制，全力争取一批项目列入国家和省的项目资金计划。四是创新思路找资金，通过电视、报纸、网站等媒体公布一批古民居，鼓励社会认养、认租，积极探索新的保护开发模式。五是向市场要资金，利用好社会资金流动性，做好古民居整体开发旅游文化产业招商，也包括积极争取银行贷款，学会用市场的办法解决问题。

（四）科学保护，合理利用

古民居建筑是群众生产、生活的产物，没有群众的生活与维护，古民居将会失去生机和人气，甚至加速消亡。所以说，要做到科学保护古民居建筑必须注意以下几点：首先，调动群众参与古民居的保护是做好保护工作的关键，要把古民居的保护和提高居民的生活水平结合起来，让群众从开发利用中受益；其次，科学制定古民居保护和利用规划，走出过去“拿钱维修—关门保护—再来维修”的怪圈，实现由偏重单纯保护向科学保护、有序利用并重的转变；再次，将一批有代表、有规模、有影响的古民居及时抢救、重点扶持、系统保护和示范开发，以点带面，避免“撒胡椒面”作业。

（五）完善法制，加强管理（略）

（执笔/图片提供：颜永树）

▲ 磐安围位于广东省梅州市兴宁市叶塘镇河西村麻岭顶东麓。由刘氏十七世吉昌兴建，清光绪二十一年（1895）。坐西向东，为三堂四横围龙屋，总面阔105.2米，总进深53.6米，建筑占地面积5 060平方米，分布面积约15 000平方米。以夯墙和木石构架承重。灰瓦硬山顶。整体建筑呈圆形，中轴部分为三堂四横，堂横屋后面是半月形围龙，堂横屋前是长方形禾坪，禾坪前有半月形池塘。中轴建筑为方形厅堂，厅与厅之间以天井相隔（共有大小天井21个），并用木制屏风隔开，屏风与中厅“金”字梁架浮雕透雕保留完整、清晰，内有房间122间，厅堂两边有南北厅、书斋、厢房、花厅、居室、浴室（每栋横屋有4个浴室，2个厨房）等。厅堂两侧为横屋，后面建有半月形的围屋连接横屋，半月形内为花头脑，花头脑之间镶嵌有“五行风水石”。正对中轴线围龙顶端中间的房子是龙厅，是祭神用的神圣之地。所有天井、台阶、夯墙转角处及大部分门框都用麻石条块加固、铺垫。在围龙屋两边还建有碓间、牛舍、猪栏间、马厩、杂物间、卫生间等，实现了人畜分居。围龙屋外层设有许多明暗枪眼，在四角碉楼最高处还有瞭望孔，且设计是没有射击死角，防御功能较齐全。屋后有山泉水，采用暗井、暗渠直通屋内,具有隐蔽性。生产、生活功能齐全，储备物资充足，可足不出户在围龙屋内生活一年。2009年8月被评为兴宁市十大古民居，2010年5月被评为广东省重点文物保护单位。

Mr. Yang and Us

我们，杨总

文 溦（Wen Wei） 李 沉（Li Chen） 刘江峰（Liu Jiangfeng） 金 磊（Jin Lei）

编者按： 我们，文溦、李沉、刘江峰、金磊，是杨永生总的学生，杨总曾给予我们许多帮助。在杨总今年八十周岁诞辰之际，我们恿以随笔方式祝贺杨永生总高寿，尽管此举会遭到他的反对，我们也只有选择这种方式了。在我们心中，始终不把他看作建筑出版界的领导及“开山”人，只认为他是一位令人尊敬、谈笑风生、睿智灵慧的著名建筑学编审老朋友。他数十年如一日认真的作风、深厚的学养、执著的精神，让人感受到他特有的中国公共知识分子的尊严、价值及率真的品格。事实上，说起杨永生总，无论是学界前辈还是建筑新人，也无论是否与他蒙过面的，都被他的治学精神所感染，都或多或少通过读他编的书而获益。杨永生总不愿自作传记，也反对弟子们做关于他的书写，我认为这是他可敬的做人内省的特殊之处。杨总是古雅蕴藉、文人气十足的建筑文化大家，我们四人的文字只能不全面地表达一份心意，希望让更多的青年建筑学子在建筑与非建筑阅读中对杨总有新的发现；重读《建筑师》（1999年创刊）；关注中国建筑师群体的“口述历史”书；品评二十年前的中国建筑学术活动“建筑与文学”研讨会的当代价值；思考他为建筑评论的中国化所作的开创性贡献。

这是一个常常让人感到困惑或不解的时代，但更是许多如杨永生总一般的中国公共知识分子真诚投入思想探索的时代。愿我们的四篇小文起到些带领读者走进杨永生的思想图景和认知景观的作用。无论杨总是否同意，我们总愿评介道：与他的交流如同山中的清泉让你获得纯粹的营养，他学问渊博、功力深厚，不仅体现了有学术良知的知识分子的品德，更使他的立言有耐人寻味之感。他是真名士自风流，他优雅而平稳的著作风格体现了丰富的内在气度，如今他仍创作不止且坚持每日练习书法，心仍然火热年轻。作为蔼然仁者的杨永生总，我们的写作再不合适，但它诚如孔子所言也是“知者乐，仁者寿”，愿以这些文字成为向杨永生总祝寿的片片赤诚。（金磊）

Editor's Note: we, Wen Wei, Li Chen, Liu Jiangfeng and Jin Lei, are disciples of Yang Yongsheng, who had been a great help in our lives. Today is Yang's 80th birthday. With our essays, we'd like to extend our best wishes to his birthday. He might disagree we do it this way, but this is what we can do. In our mind, Yang is not the leader or founder of architecture publication, but a respectable old friend, a wise and insightful architecture editor. His years and years of hard work, his profound knowledge, his perseverance and consistency are showing his dignity, his value and his forthright character of as a Chinese public intellectual. Actually, if you are in this industry, no matter you are a senior architect or a fresh hand, no matter you have ever met him or not, you must, more or less, have read those books he edited and affected by his spirit of research. Yang always has no interest in writing his autobiography, and do not want his disciples to write anything about him. His self-examination and low profile is his worthy character. Yang is a conservative and temperate man, a master of architectural art with the disposition of literati-scholars. Our essays can hardly convey all of our respect for him. We four just write them in a hope that more young architects could find

▲ 1975年12月在苏州召开的《苏州古典园林》审稿会有关人员合影，前排左起：刘先觉、刘祥桢、陈明达、陈从周、（姓名不详）、杨俊、郭湖生、刘叙杰、吴小亚。
后排左三为喻维国、左五为乐卫忠、左七为潘谷西、左八为黄晓莺、右五为王伯扬、右四为杨永生

more about Yang in their readings related or not related to architecture; could read the magazine Architects (launched in 1999) once again; could pay attention to the oral history of Chinese architects; could evaluate today's significance of the Symposium of Architecture and Literature two decades ago; and could think about his groundbreaking contribution to architectural criticism in China.

This is an age full of puzzles and confusion. This is also an age full of ideological thinking of Chinese public intellectuals like Yang Yongsheng. We hope that these four essays would bring you into Yang's thoughts and opinions. No matter Yang agrees or not, we would always like to say that the time with him is as fresh and nutritious as mountain springs. He has a breadth of knowledge and profound skills, which not only reflects his academic conscience as a intellectual, but also adds weight to his opinions. He's an outstanding scholar with an elegant bearing. His smooth and graceful writing style is the reflection of his inside. Now he's still writing, and practicing calligraphy every day. He's young at heart. Our essays may have not felicitously depicted Yang as a benevolent man. But just as Confucius said, "The wise are joyful; the benevolent are long-lived", we hope that they could express our heartfelt wishes to his birthday.

我认识的老杨总

文溦（Wen Wei）

“老杨总！”在某次我参与编写的新书座谈上，有位朋友指着远处一位白发苍苍的老者告诉我：“那就是建筑学资深编审、曾主编过《建筑师》和《建筑画》的杨永生先生。”在我的印象里，《建筑师》杂志创刊于改革开放之初，是中国建筑界最具学术分量和影响力的刊物之一。而自20世纪90年代，《建筑师》杂志开办得异常活跃，不仅吸引了大批专家、学者、建筑师与院校师生，更成为中国建筑界的理论阵地与学术平台。作为《建筑师》1991—1994年的时任主编，杨永生是我大学时代的偶像。

我不由得走过去仔细端详这位老者：他身材魁梧、鹤发童颜，穿着一件式样简朴的白衬衫，正拿着书笑容满面地和周围的学者们讨论着什么，全然没有注意到我们。经过友人的介绍，老杨总微笑地看着我说：“丫头，要想编好这书不易呀！”后来我们就这样认识了，算忘年交吧。

老杨总重情又怀旧，不少中国现代建筑师都是他的朋友。他在十余年前召集编撰了《建筑五宗师》一书，详细介绍了对中国现代建筑设计影响深远的五位已逝中国建筑师——吕彦直、杨廷宝、梁思成、刘敦桢和童寯。他为他们整理文集，展现大师们的心路历程，并奔走各地呼吁编撰各种有文献史料价值的建筑学出版物。这是对中国近现代建筑文化遗产的抢救性发掘！

常听老杨总评说童寯是学问和人品都极佳的前辈。在我编写的一本书中，他亲自为童寯撰写回忆录。他写到：“童寯不仅桃李满天下，培养出张镈、齐康、钟训正、郭湖生、潘谷西、戴复东等业界精英，更是建筑师们的道德典范。”他为我们讲了后面的两个感人的故事。九一八事变后，童老一家人匆匆离开沈阳，可以想象必须携带的东西一定不少，旅途相当艰难。他宁可少带自己的东西，也要随身携带一箱东大建筑系教学用的幻灯片，而且抗战期间几经辗转，一直随身携带，直到全国解放，才如数交给东北工学院，完璧归赵。还有一次是在“文革”后期，南京工学院的工宣队曾想把建筑系与土木系合并，来征求各方意见，要知道，那时的工宣队掌握着“生杀大权”，别说不同意他们的意见，就连含糊其辞地表述，都得怀着忐忑的心情。于是有人随声附和，同意合并。唯有童老敢冒犯工宣队说：“建筑系与土木系

▲ 1993年5月26日，“建筑与文学”学术研究会在南昌滕王阁前合影，前排左二起依次为：张良皋、公刘、黄宗江、白桦材、马识途、蒋仲平、杨永生、林斤澜、叶楠、方留淇

▲ 1991年在上海举办的全国建筑画展开幕式，中-杨永生，右-陈植

有根本的区别，如果两系不合并地球就不转，那就合并。不然，建筑系还是要办！”这才保住了建筑系。老杨总说，很多成功建筑师的经历都证明了一个道理——要做事，先做人。

虽然年纪相差二十岁，老杨总可谓梁思成和林徽因的“知音”，在他家中珍藏着不少梁、林二人从青年到暮年时期的旧照。他告诉我说：“梁、林两位先生家世不错，又有留洋求学的经历，完全可以做个生活无忧的建筑师。然而共同的理想和对中国建筑的责任感让他们行走于荒郊野外，沉浸于找寻中国古建筑的‘诗意’与‘画意’的愉快。”是啊，建筑的审美可不是势力的——大名显赫，并不一定是宝贝；不见经传，更不一定不是一位无名英雄。梁思成与林徽因对中国建筑历史的研究，留名青史。

老杨总家住在北京海淀区一个老旧的小区里，前几年写书遇有问题多次去他家查找资料，他从不嫌麻烦。我发现那是一套老式的三房一厅，“袖珍版”的，门高似乎不到一米九，与老杨总高大的体型似乎不那么相称，卧室面积就十平米多点，老杨总把它戏称为“寸屋”。北面的卧室是老杨总的书房，满墙的书和相簿几乎都是他此生的心血。他手把手地教我如何应对采编、约稿、编撰、版式等细节问题，还帮我核对资料的准确性、拿捏文字语气的力度，把他的经验毫无保留地传授给我。每每想起他那慈祥的笑容，真像父亲般亲切！

20世纪末年，在中国理论与争鸣的贫瘠之时，老杨总与潘祖尧先生共同主持了“建筑论坛”，每次都会结集出版，影响甚广。像张开济、彭一刚、钟训正、马国馨、程泰宁、布正伟等建筑大师都是论坛、笔会、茶室里的常客。将入21世纪，老杨总转入“百家系列”丛书的工作之中，由于策划精巧，内容感人，文献性强，真实又全面地记录了当代中国建筑师的声音。我想，这是老杨总献给建筑学届的一份珍贵的礼物，并将在未来的日子里大放光彩。

光阴飞逝如白驹过隙。今年老杨总八十岁了，暑假见到他依然精神矍铄，只是走路需要拄着拐杖。在我心中，老杨总永远年轻，他把全部的青春和力量献给了永不衰老的事业，激励着一代代中国建筑师奋勇向前。祝愿他永远年轻和充满激情！在中国科普作家网可以看到这样的文字：

杨永生，笔名高杨、勇升，黑龙江哈尔滨人，编审。1954年毕业于哈尔滨工业大学采矿系。……1957—1984年在基建出版社、建工出版社、中国工业出版社、中国建筑工业出版社任编译室负责人、编辑室副主任、副总编，1984—1991年在中国环境科学出版社、中国建设报社任副社长、总编辑，1991—1994年任中国建筑工业出版社编审、《建筑师》主编、《建筑画》主编，1994年任《建筑师》杂志编委会主任，1979—1984年任中国建筑学会科普委员会副主任委员。

缘于杨总

李沉（Li Chen）

第一次听到“童寯”这个名字是在1998年，12年后的2010年，我又一次与“童寯”相识，而这两次“见面”都离不开一个人——杨永生。

那时我在《中华锦绣》画报社当记者，初出茅庐的我对建筑设计行业了解得不多，只是凭着一股子冲劲上蹿下跳般地折腾，时间长了才逐渐对所接触的人和事情有了一些认识。随着工作的深入和知识的积累，特别是对中国建筑师这个群体的认识，我想就中国老一辈建筑师的贡献与成果多了解一些情况，为今后报道的选题多找一些素材。当我向中国建筑学会秘书长张祖刚先生说出我的想法后，张先生向我推荐了

▲ 2009年9月12日，在天津大学召开的《建筑中国60年》系列丛书首发式上，杨永生先生（左）与彭一刚教授（右）在交流（李沉摄）

杨总，他说：杨总是这方面的专家，他知道的事情多，认识的人多，你去找他，他一定能帮助你。看到我有些犹豫，张先生说，把你的想法告诉他，他会帮助你的，没问题。

怀着忐忑不安的心情，来到杨总家，将我的想法向他和盘托出，并诚恳地希望能够得到他的帮助和支持。杨总耐心地听完我的述说，对我的想法说了许多鼓励的话并谈了他的观点，同时表示会给予我大力支持。没有多长时间，我就收到杨总寄来的稿件，文章是介绍我国老一辈建筑师童寯的。我印象很深的是，"寯"字我不认识，还是现查字典才将这个字读出来。文章很快在《中华锦绣》刊登；刊出后，我将样刊送到杨总家，得到了他的首肯。

之后没多久，我离开了原单位，但和杨总的联系一直没有断。到《建筑创作》杂志工作后，无论是杂志约稿、采访，还是编书、搞活动，许多方面我都得到了杨总的大力支持和帮助。

2010年8月的一天，杨总打电话，希望我能够到他家去，就编书的事情与我沟通。见面后，杨总向我说，他正在组织编写"中国建筑名师系列"丛书，约请国内有关专家参与撰文。他想到了我，希望我能够与他配合，共同完成《童寯》一书的编写工作。我很荣幸能够得到杨总的提携，但他所约请的作者中，不是教授、就是高工，甚至还有院士领衔，我的知识和水平与他们无法相比，恐很难完成任务。听到我说的担心后，杨总表示，约请作者是经过仔细考虑后才确定的，之所以找你是因为看到你的努力、认真、勤奋，相信你行；正是因为相信你才会找你；再说还有我呢，我出主意、把关，你查找资料、实际操作，这算咱们两个人合作。

有杨总的鼓励和支持，我答应与他合作，共同完成《童寯》一书的编写工作。该书现正在编写过程中，力争明年能够与读者见面。

相隔12年后，我再次与童寯先生"相会"，可能这就是所谓的"命中注定"吧。而这两次"相会"的促成者是杨总。相信童寯先生的在天之灵也会有同感。

杨总指导我编《图书卷》

刘江峰（Liu Jiangfeng）

金磊主编策划的"建筑中国六十年"丛书，大约是2008年秋就已经出台，金磊主编与韩振平副社长以及资深建筑编审杨永生等认为这是个非常有意义的选题。刚迈出校门的我只觉得这是个"天大"的任务，基本上只会停留在口号上而无法具体落实。关于新中国60年的建筑图书回顾，这既是一部图书出版的历史，又是一部鲜活的中国建筑学的学术发展史，该如何描述这一历程真是个难题。好在金磊主编多年来一直潜心关注并践行建筑图书的出版工作。从2008年开始，《建筑创作》杂志社和中国图书馆学会、中国建筑学会建筑师分会联合主持中国建筑图书奖的评选活动，连续两届，分别从近几年的建筑图书出版情况和新中国成立以后的建筑图书出版状况两个时间段对各大出版社报送上来的图书进行了甄选，这使得大家对这六十年的建筑图书发展状况基本上有了感性的认识，但金主编让我向杨永生总请教。

在紧锣密鼓地近一年编纂工作中。杨永生先生直接操刀写下了几万字的综述，把家中的藏书全部贡献出来。这期间，中国建筑工业出版社的样书库也对我们敞开了大门，使我们能够一睹老牌大出版社的光荣历史。杨总对整本图书的栏目设置、篇章结构都亲自过问，并提供宝贵素材，是《图书卷》的真正的执行主编和执行编辑，同事们笑称"杨总变成了刘江峰的秘书"。这样凝聚着杨总大思路、大手笔及高瞻远瞩的思考之书最终得以完成。

几部书的一起开工使诸位编辑无暇他顾，更使"总督军们"忙得不亦乐乎。杨总在审读时由于坐得时间太久而使得坐骨神经痛急性发作，开始了大把大把吃药的病号生活，他戏称自己"省粮票"。2009

▲ 杨永生先生编纂的图书

年9月12日，杨总拄着拐杖忍着剧痛参加“建筑中国六十年”图书在天津大学首发式的形象，成了这套书的“最惨烈”的注解。这部书虽然编完了，但是我仍然会时不时回到那紧张的焦虑状态中，脑海中还会浮现在印厂没黑没白加班加点赶工的工人以及在天津和北京来回摆渡的天津大学出版社的编辑们的身影，更过意不去的是杨总因为这次“赶工”而休养了好久。

他是一位著名的建筑学编审，几十年来他以其特有的目光，关注着中国建筑出版事业的发展与进步。编辑书刊，出版报纸，策划活动，撰写文章……凡是与传播建筑文化有关的事情，他都会积极努力地去践行。关注历史，挖掘资料，抢救、整理已经或即将失去的建筑资料，许多已经消失的建筑又重新跃入人们的眼帘，不少先辈的经典得以更好的传播；他在为前人记录下鲜为人知的史实的同时，也为后人留下了宝贵的文化遗产。据我了解，他还有一个愿望，那就是继承先辈的遗愿，在新的历史条件下，继续将中国传统古建筑研究以民间组织的形式做下去，名字就叫“新中国营造学社”。

两次活动 两套图书

金磊（Jin Lei）

杨永生总是被业内深为推崇的建筑出版大家，我虽然早先读过杨总编过的许多书，但真正走进他、了解他、敬重他则始于1994年4月12日在北京友谊宾馆

▲ 2003年9月杨永生等专家乘坐马车考察佛光寺（刘锦标摄）

参加的“《张镈：我的建筑创作道路》暨张镈从事建筑创作六十周年”座谈会。他当时发言的一席话深深感染着我，让我自愿走近他，这一来已经二十余年。杨总说“出版《张镈：我的建筑创作道路》一书十分欣慰，但至今引以为憾并不断自责的是，忽略了组织第一代建筑大师撰写回忆录……梁思成先生、刘敦桢先生在‘文革’中受到摧残，过早地逝世，使我们无法挽回这个损失。然而，那时杨廷宝、童寯先生都还在世，他们的精力还充沛，以至怎么也没有想到80年代初他们竟一病不起，也过早地去世了……”从杨永生这自责的话语中我深深感到他的责任心及胸怀，学到他不凡的中国建筑视野及对中国建筑文化的挚爱。近二十载，我跟随杨永生总做过些事，搞过一些活动，我虽有坎坷，但每每都有他老的指引，这太多的记忆和对他发自内心的敬仰，让我早已与他成为“忘年交”。在2009年我们组织的第二届中国建筑图书奖颁奖暨建筑中国六十年图书展览上，专门为他制作了一块个人成就展板，杨总对此一直表示反对。他认为他所为是尽到了一个建筑学编审的责任和义务。与杨永生总共同策划组织的活动颇多，这里只选两次活动和两套书做一回顾，望读者从中感受到些东西。

2002年9月14日—16日在杭州西子湖畔成功举办了“第二届建筑与文学研讨会”，我时任主编的《建筑创作》杂志社能获得主办权的殊荣，得益于杨永生的信任及委托。这是继1993年5月在江西南昌“第一届建筑与文学研讨会”后的又一次盛会，近百计的建筑学大家、文学界知名作者与会，通过“人与生存环境”的研讨，使建筑师的非建筑阅读得到了绝好的交流。这种策划源自以杨永生总、马国馨院士为首的学者团队，正是从中我们学到了东西、开阔了视野、认知到中国建筑文化的博大精深，许多学术活动尤其是建筑评论，城市品评离不开文学艺术界的支持。会议还出版了《第二届“建筑与文学”研讨会纪念集》（对此报道详见《建筑创作》2002年11期）。与杨总合作的第二次活动是2003年7月在五台山举办的首届中国建筑摄影论坛，会议的亮点是：①吸引了百余位优秀摄影家及建筑摄影师，在五台山纵论中国建筑摄影问题，这种交叉学科的活动是第一次。②举办了五台山中国建筑摄影大奖赛，从三天的创作评出优胜奖，这是应记载于中国建筑摄影史册中的活动。③按照杨永生总的策划及描述，还据1937年梁思成、林徽因等学者前辈发现五台山唐代建筑佛光寺的情景，近百位学者租借马车沿崎岖山路造访佛光寺，那天的场景令人终身难忘。在佛光寺大殿的小广场上举办了研讨会，更吸引住前来观光的数以百千的中外群众，构成了中国建筑文化回溯与前瞻的大场景。那天清华大学楼庆西教授、北京市建筑设计研究院吴德绳院长、周志良副院长、中国摄影家协会王悦副主席等都到场参加，是一次非凡的建筑文化的盛会。这些活动不仅教育了我，更锻炼了我的心智，坚定着人生方向（本次会议报道见《建筑创作》2003年11期）。

▲ 2008年冬作者与杨永生（左二）合影

杨永生先生为业内最大的贡献是开辟了中国建筑出版的“新路”，同时他极其热忱地扶植新人。我的编书经历中有两部值得提出：其一，是2005年元月，由马国馨院士出任主编（本人任副主编）的《北京中轴线建筑实测图典》一书，对此杨永生从出版乃至后期传播它的价值诸方面给予很多鼓励。他认为张镈大师20世纪40年代组织的中轴线测绘工作乃中国建筑界

▲ 2003年9月杨永生等专家于佛光寺大殿举办梁思成学术思想研讨会（刘锦标摄）

“奇事”，而在人们及业内有所淡忘的情况下将这些图样内容结集出书更是意义无比的“幸事”，他亲自找到《北京日报》对此作了报道。2010年在他和我们《建筑创作》合编的《张镈:我的建筑创作道路》一书（修订版）时，他特让我为该书作后记，这是何等大的事情啊！他鼓励我说，这是对历史负责，在历史记忆面前无年龄大小之分，贵在有心，贵在看谁有责任感。他的这番话始终激励着我瞩目我所能及的建筑师遗产的各类事件。

“建筑中国六十年”是2008年我在杨永生总指导下斗胆策划的系列大书，曾为出版单卷本、三卷本、还是现在的七卷本深入研讨，杨总最后支持了我的策划，该书分为事件卷、机构卷、作品卷、人物卷、评论卷、遗产卷、图书卷，于2009年初被列为国家新闻出版总署纪念新中国六十周年重点图书，全国百种图书中的一套，是中国建筑界唯一的史料著作系。在十个多月的编撰中，杨永生始终周密地予以关注，他还亲自为“图书卷”撰文，他是“建筑中国六十年”著作最有功绩的人。令人难忘的是2009年9月12日，在天津大学召开了由国家文物局单霁翔局长及天津市市领导参加的首发式，杨永生总当时腰病复发，只能乘轮椅，但他坚持从京到津参加大会。他的一句话让我感动，自然联想到2006年3月末王世襄老人所言“为了这样的书（当时世襄老人所提是纪念梁思成的《图说李庄》一书）我就是爬也爬来！”（有关报道详见《建筑创作》2009年10期）

对于上述活动及其著述的意义不再重述，我只是希望让这些事引发读者们的思考，感兴趣者将随我一同向出版大家杨永生总致敬，祝愿他身体健康并如当年一样继续扶植后辈。

▲ 2009年9月天津大学出版社出版《建筑中国六十年》丛书

▲ 2005年元月机械工业出版社出版《北京中轴线建筑实测图典》

Finding Hope from Desperation

从绝望开采希望

马国馨*（Ma Guoxin）

美国总统奥巴马原定要在马丁·路德·金发表著名的演说《我有一个梦想》48周年的那天为华盛顿国家广场的马丁·路德·金雕像举行揭幕式，但横扫东部的“艾琳”飓风使仪式未能如期在8月28日举行，我们倒是利用访问华盛顿的机会在原定仪式的前三天（24日）得以先睹。

之所以急于先去看金的雕像还是缘于8月9日的《北京青年报》用一整版的篇幅介绍这个雕像是由中国湖南雕塑家雷宜梓所创作、制作并安装的。雷是湖南省雕塑院院长、湖南省雕塑学术委员会主任、湖南省书画研究院副院长。他1989年毕业于广东美术学院，为中国美术家协会会员、国家一级美术师，其在国内创作的多件作品曾获奖或被收藏。2006年，他受邀参加在明尼苏达州圣保罗市举办的首届国际石雕研讨会，按组委会要求，参会的雕塑家都要留下一件作品，雷创作了名之为《遐想》的东方少女头像，引起了马丁·路德·金基金会的注意，因为他们一直在为马丁·路德·金雕像的创作物色理想的雕塑家人选。据报纸介绍，雷宜梓先后经过了雕塑家人选选定、设计方案的选定以及作品安装方式和安装人员选定的争议，报纸还专门采访了美国国内的支持者和批评者，发表了他们坦率的看法。看来在如此重要的纪念性雕像的创作上存在各种争议和评论是十分正常的。但最后雷宜梓的成果由2007年9月艺术评审委员会通过了他的方案后，经过4年多紧张而谨慎的创作、制作和安装，终于矗立在华盛顿国家广场，并开始迎接川流不息的人群。

马丁·路德·金（1929.1.15—1968.4.4）是美国民权运动的领导者，该运动对于结束美国一些地区所合法存在的黑人种族隔离起到了重要的作用。他出生于南方亚特兰大黑人牧师的家庭。父亲和外祖父都是浸礼会（Baptist Churches）的牧师。他在大学学习时原对医学和法律感兴趣，但最后仍决心成为一名牧师，并在22岁时获神学士学位。24岁时他与歌手兼钢琴手科瑞塔·斯科特结婚，接着在波士顿大学获博士学位，时年26岁。同年，在阿拉巴马州蒙哥马利市一名黑人妇女萝莉·帕克斯因拒绝在公共汽车给白人乘客让座而被逮捕，黑人居民发起了抵制运动并选举金作为抵制组织的领袖。虽然金因此受到威胁，但一年后他们终于达到了取消隔离的目的，美国最高法院也宣布该隔离法违宪。30岁时，金到印度游历，受到了尼赫鲁总理的接待，并进一步了解了M.甘地的非暴力主义哲学，使他相信非暴力抵抗是被压迫人民在争取自由的斗争中最强有力的武器。同年他回到亚特兰大，在作为牧师的同时，把主要精力用于民权运动和南方基督教领袖大会。在此后的五年中，金的影响持续扩大，其间取得过成就，也有的目的未能达到。1963月年4月金领导了大规模的群众示威游行而被捕入狱，在狱中写就了《来自伯明翰监狱的书简》，阐述了非暴力主义哲学和民权运动期望的梦想：“我们从痛苦的经历中知道，自由从来不会由压迫者自愿地赠予，它必须由被压迫者去争取。”1963年8月28日，25万人在华盛顿林肯纪念堂集会，要求全体公民在法律面前一律平等。金在纪念堂的台阶上发表了著名的《我有一个梦想》演讲。他说：“尽管眼下困难重重，但我依然怀有一个梦，这个梦想深深植根于美国梦之中。

我梦想有一天，这个国家将会奋起，实现其立国信条的真谛：‘我们认为这些真理不言而喻：人人生而平等。’

我梦想有一天，在佐治亚州的红色山冈上，昔日奴隶的儿子能够同昔日奴隶主的儿子同席而坐，亲如手足。

* 中国工程院院士，北京市建筑设计研究院总建筑师

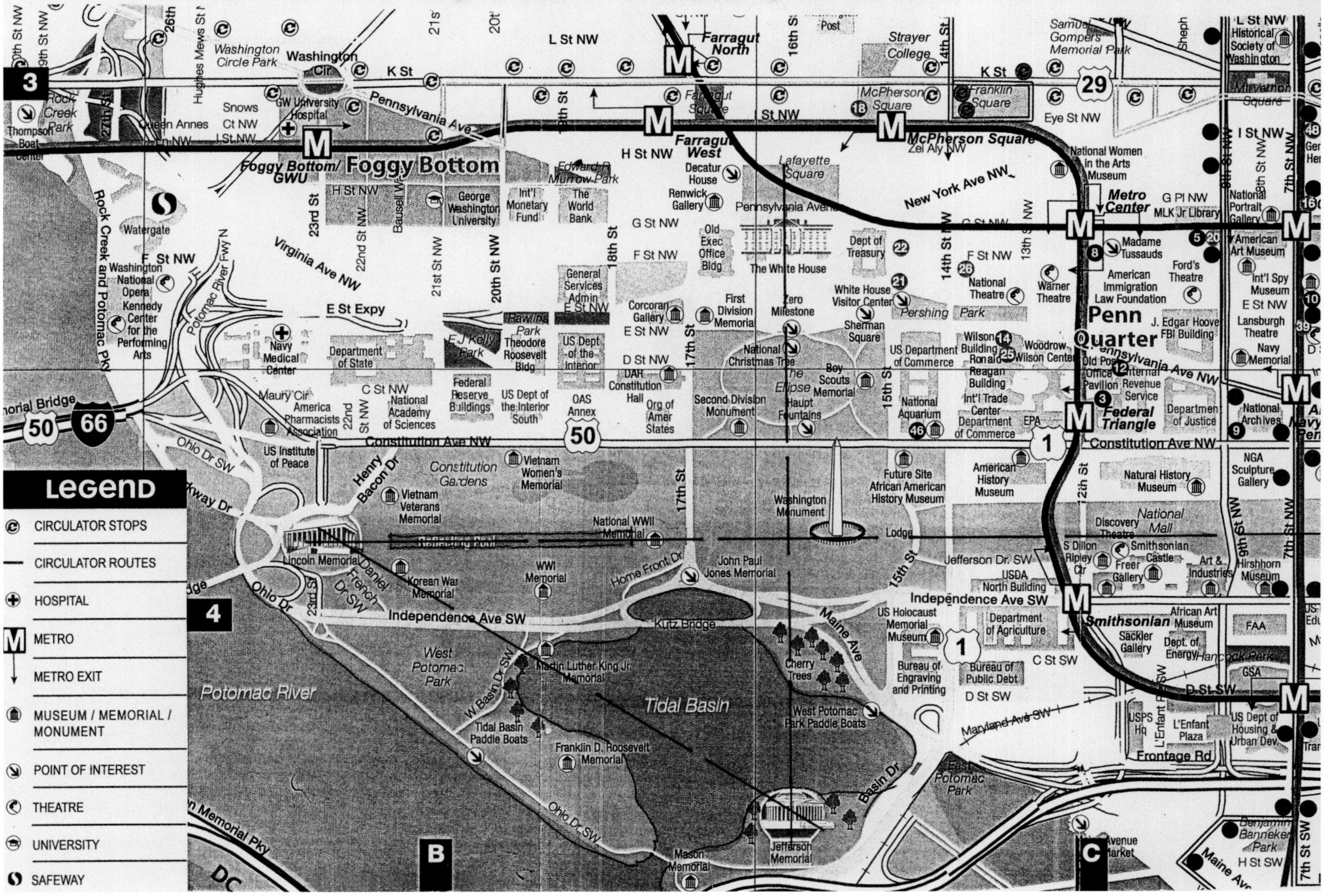

▲ 华盛顿市中心国家广场总平面

我梦想有一天，甚至连密西西比州——一个非正义和压迫的热浪逼人的荒漠之州，也会改造成为自由和公正的青青绿洲。

我梦想有一天，我的四个儿女将生活在一个不是以皮肤的颜色，而是以品格的优劣作为评判标准的国家里……”

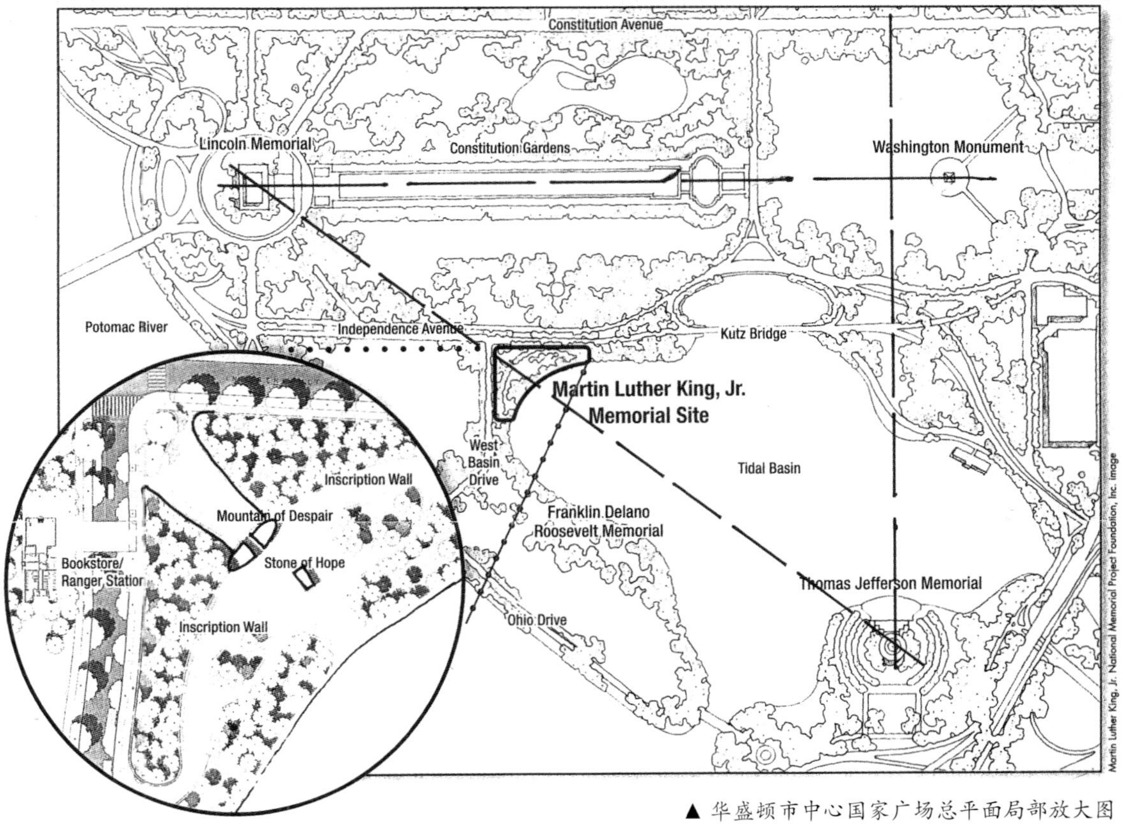

▲ 华盛顿市中心国家广场总平面局部放大图

民权运动的日益高涨，在全国产生了强烈的反响，约翰逊总统向国会提出了放宽民权立法的要求，使《民权法》在1964年被通过。金也在1963年成为《时代周刊》的年度人物，并于1964年12月获得诺贝尔和平奖，使他的事业达到了高潮。

此后民权运动内部出现了领导层的分歧，一部分人对金的非暴力哲学产生了疑问和不耐烦的情绪。1965年城市种族向暴力升级，洛杉矶发生种族骚乱。1967年金发起了意在对抗经济问题的穷人运动，但并未获得各阶层人民的广泛支持。1968年4月4日他在田纳西州孟菲斯市所住的汽车旅馆阳台上，被一白人狙击手枪击身亡，终年39岁，他的妻子于2006年去世。

▲ 入口广场

▲ 绝望之山和希望之石

▲ 由潮汐湖对面望纪念园

评论认为：“金能够把抗议转化为改革运动，把地方性冲突演绎为全国关心的是非问题。他成功地唤醒黑人群众并激励他们采取行动，通过诉诸美国白人的良心，向美国联邦政府施加影响，从而赢得了他的最大胜利。”毛泽东早在1968年4月16日发表了《支持美国黑人抗暴斗争的声明》。而28年后，克林顿总统在1996年批准在华盛顿国家广场为马丁·路德·金建立一座占地1.6公顷，耗资1.2亿美元的纪念设施。2000年美国国会通过立项，2006年由小布什总统奠基，2011年于奥巴马总统在任时完成。

马丁·路德·金的纪念广场和纪念像位于华盛顿国家广场的林肯纪念堂与杰弗逊纪念堂间的连线上，雕像正面面向潮汐湖。华盛顿的基本规划是在1791年由法国工程师P.朗方完成的。其中心区的基本框架是正面朝西的国会大厦，由大厦向西直到托马克河为国家大道和纪念广场，总长约3.7千米，在距国会逾2千米的地方是正面朝南的白宫，由国会和白宫向外放射延伸道路以各州名字命名，与后来方格网的道路形成多处环岛。在东西、南北两大轴线接近交叉点的地方，于1884年完成了华盛顿纪念碑，1922年于东西轴线的西端建成了林肯纪念堂，1943年于南北轴线的南端建成了杰弗逊纪念堂，此后在纪念广场的草地和绿化中，陆续建成了以事件为主题的一战纪念碑、二战纪念碑、朝鲜战争纪念碑和越战纪念碑等。在潮汐湖畔建成了罗斯福总统纪念馆，而金的纪念碑则是位于国家广场上第一个既非总统任职，又是有色人种的纪念像。

马丁·路德·金广场位于西南独立大道南面的一个三角形地段上，由于正处于道路转角，所以就把入口广场放在了转角处，花岗石的入口广场与周围绿化交接处有60厘米高的深色坡面花岗岩导向石，可以在此处怀念为民权运动而战斗的英雄们。为了便利游客的进入，广场上临时分出了出入口，有工作人员维持秩序并发放国家广场园林管理处印制的纪念碑介绍。进入纪念广场之前首先看到的是由当中笔直切开的山形巨石，被称之为“绝望之山”，象征为和平和平等而奋斗的人们所冲开的一条大道。沿着这个缺口进入纪念广场，就见到了称之为“希望之石”的马丁·路德·金纪念像的背面。整个纪念像的构思即源于金在著名的《我有一个梦想》演说中的一句话：“有了这个信念，我们就能从绝望之山中开采出希望之石。”

绝望之山的两侧成弧形延伸着约3米高的深色花岗石语录墙，靠近入口处最高，然后逐渐坡向两端，其总长度为150米（一说为137米），上面工整地镌刻了金有关公正、希望和爱的语录共14条，以加深人们对于金的思想、精神和主张的理解。而语录墙与绝望之山的交接处则设计了一小段跌水作为两种不同色彩和质感的材料之间的过渡。

希望之石的外形就是从绝望之山中切下的一块巨石，高约为10米，两侧整齐的材表石面上还可看到雕塑家专门做出的切痕。在这里希望之石的轴线与绝望之山的轴线间有一个明显的偏角，估计这两条轴线中会有一条与林肯纪念堂和杰弗逊纪念堂的连线重合或平行。金的雕像朝向东南方，身着西装，双臂抱在胸前并凝视远方，对于严肃的表情和肢体语言，在美国也曾有过争论，但以哈里·杰克逊为主席的马丁·路德·金国家纪念工程基金会和金的亲属做出了支持的最后决断。金的全

▲ 语录墙

身雕像总高9米（30英尺），美国《华尔街日报》在刊登金的雕像时特地在像边画了一条尺子，说明林肯和杰弗逊二人雕像的高度还不到6米（20英尺）。实际上金的雕像是站在山石之上，而杰弗逊5.8米高的雕像下还有1.8米的基座，总高7.6米，而林肯是坐像，据称按照此比例如制成立像的话总高会是8.35米。《今日美国》则注明那些远渡重洋，由中国厦门经巴拿马运河到达巴尔的摩卸下的石材总重为1 764吨，是林肯纪念像重量的10倍，因为后者连基座总重为175吨。

纪念广场周围的绿化景观环境很好，因为沿潮汐湖植满了1919年日本政府赠予美国的吉野樱树，虽然樱花在每年三四月间开放时只有7~10天的时间，但是每年春天这些百年樱树的樱花怒放也成为潮汐湖周边十分有名的景观。纪念碑周围有182棵樱树，粉白色的花海将加强此处的和平气氛，也有助于游人理解金的启示和遗产。另外在独立大道上也植有35种树木，高大的绿化也形成了纪念像极好的背景。

纪念像的建成引起了强烈的反响，《环球邮报》专门刊发了一个年轻黑人跪在雕像前用相机拍照的照片。华盛顿35岁的威德利说："我很高兴，看到这些让我眼里充满了泪水。"49岁的梅尔斯是金的家乡的卡车司机工会的工作人员，他说："我认为这是很合适的，因为他的贡献和任何一位总统一样伟大。"这是指金的纪念像正好处在美国各位伟大总统的纪念物之中，除林肯和杰弗逊之外，还有东北的华盛顿和南面的罗斯福。他接着说："这个国家走上了金所希望的漫长之路，人民热爱他。"出生于1957年的金的大儿子马丁·路德·金三世说："我希望有更多的人们，尤其是年轻人在每天的生活中能牢记他的启示。在某一天我们能同席而坐，真正的庆祝和放松，但现在还没有。"虽然艾琳飓风延迟了揭幕式，但马丁·路德·金国家纪念工程基金会主席哈里·杰克逊认为：纪念碑将永远屹立在那里。他还透露纪念碑1.2亿的建造费用中，目前还短缺500万。

对于纪念碑雕塑语言和手法的运用，人们会有不同的解读，我们也不便置喙。但从规划和景观角度想提出两点浅见：一是在希望之石四周可能是防止游人靠近，设置了临时的围栏，但从长久看应采取些更自然的措施，如放置一些草木绿化作为隔离或从设计上加以处理，纪念像前也缺少了放置纪念品或花束的装置；另外一点纪念像采用了近乎白色的浅花岗石现场看去十分醒目，但作为长期置于室外的人物雕塑，防止污染和清洗问题可能会比较突出，南面纪念罗斯福总统的铜制坐像，长期于室外已表现出这一矛盾。其实如选取灰色的石材也许会更符合马丁·路德·金的人物和性格。

2011年9月14日夜

▲ 马丁·路德·金全身像

When Seven Disasters Ravage the Global Village: Thoughts on Human's Negative Architectural Heritage

当“七匹狼”肆虐“地球村”的时候……
关于“七匹狼”催生“人类负面建筑文化遗产学”研究的随想

布正伟*（Bu Zhengwei）

在全球化的今天，人口爆满、资源枯竭、环境恶化、经济动荡、恐怖威胁、战乱不止、天灾频起——这“七匹狼”的肆虐，因相互牵连而极具威胁性，对人类建筑文化生态所产生的灾难性的影响，是难以言状的。

把“狼”喻为威胁人类生存的魔兽，是因为我们都听说过“ 狼来了”的故事。如今，我们似乎也正处在久闻“ 狼来了”而麻木不仁、失去警觉的当口儿。这里，我所想到的，是在这群魔兽中，这“七匹狼”一直在“ 地球村”的建筑文化领域肆无忌惮地发威，并变本加厉地把越来越多的“负面建筑文化遗产”强加给了我们。

前不久，全球人口已满70亿，至2050年时就90亿了，那时，怎么才能向地球多榨取20亿人口的粮食和生存资源啊。我们现在三四口之家，就住100多、200多平方米的房子，等到人均土地都不够种粮食养活大家时怎么办？科学家已提出，当人口超过110亿时，就要向火星移民了。但这又谈何容易！来往火星至少要520天，何况，火星飞船还需要可靠的续航动力呀。我想，当地球村容纳不下全村居民之时，也就是地球上每个居民住房面积必须按强制标准配给之日了。那些别墅、豪宅想必都会让出来，或作为托儿所、幼儿园、敬老院、图书室等来使用，或作为人类挥霍时期的见证——居住建筑历史博物馆加以保留。

真是到了这个份儿上，地球上的矿产资源也该消耗得差不多了，地下煤矿、陆地油田、火力发电厂也该作为工业文化遗址，有选择地加以保护和利用了吧。到21世纪下叶时，旅游业一定会有冒险类的新项目吸引人们，比如，下到著名的煤矿矿难遗址地下深层去体验一下生命的脆弱和逃生的渴望，那该是多么刺激、多么刻骨铭心啊！

1979年召开的第一次世界气候大会，宣告了“气候变冷说”的幼稚，阐释了大气中二氧化碳浓度增加将导致地球升温的科学性。气候变暖，冰川融化，使得中国东部沿海海平面每年上升2.5毫米。我曾去过的旅游岛国马尔代夫，还有迪拜暴富挥金打造的海上浮岛等，都正面临着灭顶之灾。到2050年，不知道这些地方会不会都已成为世界级的海下建筑文化遗址了？要想去参观游览，那还真得借助于潜水技术和潜水设备呢。

第二次世界大战已将“核灾难”的痛苦记忆，永远留在了日本长崎、广岛。如今，“七匹狼”带来的“核阴影”已超出了世界大战的范围，而进入到我们的日常生活中来了。继乌克兰核电站毁灭性事故之后，核泄漏的悲剧，又在前不久日本大地震中的福岛核电站重演。更让全世界担心的是，巴基斯坦、印度核武库中的玩艺儿，会不会落到恐怖分子手里？“ 911”恐怖袭击让雅马斯基的巨作——纽约双子塔化为灰烬，世贸中心成了惊世恶梦般的建筑遗址。倘若“核爆” 真的再光临世上哪个城市 ，我们一定会糊涂了：那“核爆炸遗址”，也算是“ 建筑文化遗址”中的一类吗？

“七匹狼”肆虐“地球村”所产生的后果和影响，远不止这些。如今，作为“村委会”的联合

* 中房设计院资深总建筑师

国，已忙乱得脚底朝天了。全球建筑领域正在成为我们拯救的重灾区。我们这些作为“村民”的建筑师，该去考虑的问题真是太多、太沉重了。就以今天“百人谈”的主题来说，关于“建筑文化遗产”，是不是也该打破习惯性思维，去认真想一想这样一些问题呢：

“七匹狼”与“建筑文化遗产”之间，确实是有其内在联系吗？

“七匹狼”所催生的“建筑文化遗产”，兴许可以归结为“负面意义的”建筑文化遗产吧？除上面说的以外，古今中外可以佐证的实例还多着呢，诸如：意大利维苏威火山爆发掩埋的庞培城，中国唐山大地震几乎全城毁灭而留下来的废墟纪念地，清朝时被18国联军洗劫一空的北京圆明园，第二次世界大战中遗留下来的波兰奥斯维辛集中营，还有哈尔滨侵华日军731部队细菌战试验基地……

如果这种归结能成立的话，那么，作为“正面意义的”建筑文化遗产，是不是也该作出相应的界定呢？

如果说，人类文明的进化史本来就是以悲剧和喜剧的形式交替展现出来的话，那么，是不是可以将“悲剧色彩”和“悲剧意义”看成是这里所说的“负面意义建筑文化遗产”的本质特点呢？

中国的万里长城是防御外来入侵的产物，应该说也能与“七匹狼”扯上关系，可以列入“负面意义的建筑遗产”了，但如今，“万里长城”也融入到精神文化领域中来了，于是，万里长城自然又成了具有“正面意义的建筑文化遗产”了。那么，我们就要问：原本是负面意义的建筑遗产，怎么又可以转化为正面意义的建筑文化精神呢？像这样令人匪夷所思的“转化”，还真有点让人晕头转向呢……

以上东拉西扯这么多，无非是想说：当“七匹狼”肆虐“地球村”的时候，我们真的应该对“七匹狼”所催生的“人类负面建筑文化遗产学”作一些系统反思和认真研究了。

1.我们究竟如何去认定“人类负面建筑文化遗产”的内涵和研究意义？

2.我们应当如何对“人类负面建筑文化遗产”进行整理、分类和评价？

3.我们又该如何对“人类负面建筑文化遗产”有选择地加以保护和利用？

4.建筑师在“人类负面建筑文化遗产”保护和利用的规划设计中，已经做了些什么，今后如何更好地去做？

5.我们对“人类负面建筑文化遗产学”的研究，有何展望和期待？

为了真的能系统而又深入地寻找这些答案，我想，像金磊先生这样博学多才、思维敏捷、年富力强的学者精英们，是不是可以借此“百人谈” 的开局，着手酝酿和展开对“人类负面意义的建筑文化遗产学”的研究呢？倘若有一天，金磊先生能和精英们合作一把，导演出一部类似有故事情节穿插，而又夹叙夹议、带有纪实性色彩的影片——《七匹狼》，来阐释宏观巨构中那些颇有兴味而又发人深省的场景构想，拿到“地球村”各地去上映，让各种肤色的“村民”都意识到，我们究竟是怎样地在“与狼共舞”，“狼来了”又该怎么办……这样，我们不就比只在书本上进行研究，更加欣慰、更加惬意了吗——金磊先生，您说呢？

2011.12.20 随想于北京山水文园

Human Geography: Two Field Research Notes

人文地理：田野考察随笔二则

郭　玲*（Guo Ling）

▲ 天山朝阳

丝绸之路西段的“老陕村”

为了执行中国援建农业项目，我们去了吉尔吉斯斯坦。起初有些茫然，只想到那是中亚近邻，是苏联解体后一个不大的国家。但稍加搜索，发现那里是丝绸之路的西段，是成吉思汗征战的疆土，是玄奘法师西行的旅途，还是诗仙李白的出生地。

在农业部会谈时，见到一位会说汉语的“老外”，他的外表与我们没什么不同，只是一口陕西腔。我好奇地问他在哪里学的中文，他竟兴奋地告诉我，他是“老陕”，从小就会说。　据他讲，130年前，1862年关中老家回民配合捻军起义，清政府派兵镇压，白彦晨带领义士边打边退，向西迁徙。左中棠誓不罢休，步步追杀。十余年后，所剩三万人不得不翻越天山，继续西逃。天寒地冻，疾苦交加，翻过天山后，只幸存三千人。他们自称是“老陕”，当地人叫他们“东干人”。目前在吉、哈两国的楚河两岸，大约有12万人，集中居住在两个大村子里。

吉尔吉斯斯坦这边的“老陕村”叫“坎不陇“，在首都以东40公里，以西还有一个甘肃村，叫“米粮川”，也是当年西迁的回民。我们从托克马克回来的途中，找到了“坎不陇”。

这里是楚河谷地，南北两面都是终年积雪的天山，因为靠近楚河，所以这里不缺水。一片片的菜地，一条条的水渠，使这片土地显得井井有条。我们在路边，用俄语向一位纳凉的老汉打探，当他知道我们是中国人时，竟改用汉语说：“对面的院子是一家老陕，他会讲得明白。”我急忙问：“您是老陕吗？”他笑着说：“我是乌兹别克人，从小长在这里，也就随着讲他们的话。”看来这村的“老外”也讲陕西话。

老人招呼来对面的一位年轻人，他头戴小白帽，人很干练，客气地引我们来到他家。这是一个很大的四合院，院落宽敞，瓜果成荫，几个三四岁的孩子正在玩耍，两辆汽车停在院子中央。

主人姓韩，高兴地迎出来，他白帽便装，留着长胡子，身板硬朗，开朗热情。听儿子讲我们是由北京来的，于是唤出全家，又是端茶，又是上水果，拉着我们坐在葡萄架下的大床上。一家十几口，笑着围拢过来，男人们统统头戴白帽，女人们彩色头巾，花色长袍，大家面色红润，衣衫整洁，看起来是个殷实人家。

老汉告诉我们，他今年58岁，是第四代老陕，老家在关中，1993年还回去过一次。他有五个“男娃”（儿子）、两个“女子”（女儿）、八个孙子，现在四个儿子在家种地，小儿子上了大学，在城里的“衙门”“当差”。他们靠祖传的手艺，主要种蔬菜，有土豆、茄子、番茄等。不仅卖到首都，还卖到对面的哈萨克斯坦，样样好卖，因为他们不会种菜。

我问：“孩子们叫什么名字？”他说：“从小只知道姓，上学后按老师给起的俄国名字叫。村里姓

---

* 中国摄影家协会会员

▲ 楚河谷地

▲ “老陕”民居

马、白、韩的多。”

我问他的婆姨：“儿子们结婚都住在一起？”她说：“一屋人好得很，家里家外好照应。”媳妇引我们去看她们各自的家，地上铺着地毯，墙上挂着壁毯，组合柜、电视机，配上醒目的麦加朝觐图，感觉色彩很亮丽。

二儿子是“阿訇”，读了不少书，正在整理那段西迁历史。他说：“1877年冬季翻的天山，最高处有6 000米，有的人掉到沟里，有的冻死在山上，活着的人，怀揣从内地带来的种子，逃了过来。当地人没有赶我们，我们就靠种菜立下了脚。”提到这段历史，老人长叹了一口气。

我不敢再触动那段伤心的历史，见孩子们在用陕西话逗乐，就问：“怎么把汉语保留得这么好？”老二讲，祖上为保住我们的血统，规定只同老陕村和甘肃村通婚，从小在家都讲自家话，每家都有五六个娃。我问有文字吗？他告诉我，祖辈过来时就没几个识字，后来汉字失传，他们用38个斯拉夫字母拼写陕西方言，创立了东干文，直到1957年，才有了用俄文拼写的书。

媳妇们见我们只顾说话，端起盘子让我们吃葡萄，还拿出他们的老照片，向我们介绍“老陕”结婚的盛况。只见新郎和新娘都身穿长袍，头戴凤冠，脚踏绣鞋，大红大绿，一副清朝模样。媳妇见我好奇，又回屋取来金首饰，炫耀地说：“这可是从关中老家带过来的，是祖上传下来的。”

我见四儿子一直望着我们笑，特别喜兴，问他：“有什么打算？”他说：“回老家看看，想和老家（人）做生意。”我说，知道老家日子变好了吧？他说：“以前消息少，近些年，中国人来这边多了，才知道外面的事情。记得第一次见到中国人，我爷爷还问，左中棠的人还在不？”毕竟，“老陕”的命运是历史上难以抚平的一处伤痛。

望着他们一家人的欢喜，看着孩子们换上自家缝制的中式对襟红袄，我张罗着给他们照相。先是“全家福”，再是分组照，孩子们耍得开心，大人们笑得自然，我随机抓拍了一些，淳朴憨厚、幸福洋溢的气氛扑面而来。

此刻，我又想到这里距李白出生地不远，于是试着问老汉：“听说过中国大诗人李白就生在这儿，是吗？”谁知他们同声答道：“知道，知道，他就生在伊塞克湖那边，我们这有的娃会背他的诗。”

我很惊讶，忙问哪一首？“床前明月光，疑是地上霜。举头望明月，低头思故乡。”

原来，前几年，中国驻吉尔吉斯斯坦大使馆帮助他们整理出李白诗集，用俄、吉、汉三种语言出版，村里人家家都买来读了。真要感谢李白，感谢祖国的亲人，是他们温暖着老陕的心，让他们念念不忘远方的根。

告别“老陕”，他们全家送我们到大门口，我真心地说：“你们要常回家看看。”老汉连声说：“就是的，就是的。”婆姨有些不舍，说：“去年有人来照了不少相，走了就再没音息。”我说：“一定把洗好的照片送回来。”

我们做到了，还特意放大了“全家福”，连同其他照片请陪同我们的老刘送过去。事后，老刘告诉我们，他们见了我就如同亲人一般，喊来乡亲四邻，自豪地说：“看，这是北京来的大记者为我们照的，美得太！”

▲ 庭院里休憩的老陕

▲ 繁花似锦的室内装饰

▲ “老陕”的日常生活

▲ 告别故乡人

▲ 吊脚楼

▲ 群山深处有人家

▲ 如同金字塔的西江苗寨

▲ 山路旁的吊脚楼

群山深处的西江千户苗寨

“用美丽回答一切。”——余秋雨

我再次来到黔东南，还是为了寻访苗寨。上次是南花苗寨，这次是西江苗寨。

西江苗寨位于贵州省黔东南苗族侗族自治州的雷山县，距州府凯里35公里，是全国最大的苗寨，人口近6 000，户数1300，素有“千户苗寨”之称。

西江世居者均为苗族。传说他们是蚩尤的直系后裔（有“子连父名”的传统为证，乾隆年间清政府对苗人编户定籍，强行取消了这一传统）。祖辈曾居中原，后东移长江中下游，再西进西南高原，最终定居此地已有千余年。从东到西，从平原到山地，既是迁徙的历程，也是战乱的逃离。难怪澳大利亚人类学家将其与犹太民族并列为世界最为苦难深重而又顽强不屈的民族。

车子沿白水河直上，穿行在青山绿水间。山不算高，但喀斯特地貌的特点装点出山野的秀美；河也不宽，清澈欢快地奔流，呈现出河川的灵性。不知绕过几座山，我们到达了西江苗寨。身着苗族盛装的迎客村民守候在寨门两侧，姐妹们送上盛情的“拦门酒”，兄弟们奏起奔放的“芦笙曲”，当我们欢喜于眼前的风情时，有人却高喊：“快看，前方才是大美景！”

只见白水河穿寨而过，两岸青山夹江对峙，河谷两侧十多座山上密密麻麻布满吊脚楼，原木结构，青瓦铺顶，铺天盖地，层层叠叠，从山脚直到山顶，那般气势蔚为壮观、令人震惊，与先前路旁的村寨形成强烈对比。

西江苗寨依山傍水，远看形如一座座规模庞大的“金字塔”，近看发现吊脚楼的实用性、科学性极佳。西江民居大多修建在70多度的陡坡上，实际是“吊脚半边楼”，在苗语中为“把平房抬起来的楼”。半边楼建于倾斜的山坡上，就坡面开成上下两层屋基，均由石块砌筑，坡度越陡，所砌的房基也就越高。房屋用当地的杉木建筑，柱子随山势高低不同，下级竖较长的柱，上级竖较短的柱，前面半间楼板与后面半间地面平行，形成“半边楼”。

吊脚楼多为三间正房带一间“偏厦”，走廊较宽，外侧安有苗语称“阶息”的“美人靠”。底层用于家畜，二层为生活中心，三层存放粮食。此种形式节约用地，便于采光，集中居住还有利防卫。此种建筑适应了这里“地无三尺平，天无三日晴”的地貌和气候，也是苗族先民从长江中下游辗转迁徙所带来的古老杆栏式建筑在气候湿热、山峦簇拥的新环境下的逐步完善。

顺着山路爬到山顶，吊脚木楼鳞次栉比，次第升高；沿着小道蜿蜒而下，青石铺砌的小道连接起周边的左邻右舍。

我们放慢步伐，索性进入半山上的一户人家，一位苗家小姑娘热情地请我们到平台上喝茶。谈到家家通电

▲ 西江苗寨全景

▲ 苗家女孩在洗菜

▲ 远处梯田，近处炊烟

通水的好生活，特别是近几年的变化，她笑得好开心。

举目望去，河流宛如玉带，山岭恰似卫士，远处的梯田，近处的炊烟，加上风雨桥下的洗衣娘，稻田埊上的放学娃，一副苗寨风光图展现在我们面前。

说来也巧，山下中心广场传来欢快的歌声，那是山民原生态的表演，苗家形象地称其“飞歌”，自然是对命运的讴歌、对家乡的赞美。试想，在这群山僻野之中如此执著地固守文化传统，实际是强化内心深处记忆的坚贞。

此刻，我记起余秋雨先生到过此地后的感悟：“这本是寻常的村寨，但总觉得眼前有一种不寻常的光华在漂浮。”是啊，层峦叠嶂的千户苗寨，使我们在领略“自古苗人住高山”这一现实的同时，也体味到某些历史的沧桑。这其中既有生命的光华，也有伤感的漂浮。

于是，面对幽深青翠的群山、依山就势的木楼、野性高亢的飞歌、夸张艳丽的服饰，我理解了余先生“用美丽回答一切”的含义，包括了幸福，也包括不幸。

（郭玲摄影）

Wall Painting Survived War
A Note on Taking down the Wall Painting "The Heroic Great Wall" in the Chinese Embassy in Former Yugoslavia Devastated by NATO's Bombing

经历战火洗礼的壁画
在被北约炸毁的我国驻前南联盟使馆摘取壁画《长城豪风》纪实

尚立滨*（Shang Libin）

受外交部的邀请，我于2005年4月15日起程，经巴黎赴塞黑贝尔格莱德，前往已被北约炸毁的我国驻前南斯拉夫联盟共和国大使馆，指导摘取使馆大厅内装置的我于1992年创作的天然大理石壁画《长城豪风》的工作。

1993年我曾来贝尔格莱德指导安装壁画，事隔12年后，重返该市，我的心情沉重而压抑。回首过去，当时的南联盟共和国已成历史， 2003年2月改为塞尔维亚和黑山。下飞机后，出了机场，在使馆工作人员接我去住地的路上，映入眼帘的景致，似曾熟悉，但又那么陌生。过去我记忆中英姿潇洒的大厦成了残垣断壁，还未修复；风光秀丽、环境整洁的市容显得萧条和破败。1999年北约对南斯拉夫78天的漫天轰炸给该市留下了残酷无情的烙印。这次我住在原使馆附近的"南斯拉夫饭店"，离上次住的地方不远。那年，我住在马路对面的居民住宅中，为了上工地方便，使馆在这里给我租了一套民居。这是一套普通工人的家庭住房，房东到子女家与孩子作伴去了，有时开着自家小车回来看看。该住房有两室两厅，两个卫生间，另有厨房。普通工人的家庭能有这样的生活条件，当时让我很是吃惊。据介绍，20世纪80年代，南联盟人均国民收入已达3 000美元，达到中等国家水平。南斯拉夫人只要一出生，就由国家负责，从育婴、上学、就业、 度假，直到退休。家家有存款，人均住宅面积15平米以上。每到夏季，人们纷纷出国旅游，或到海滨度假。 西方国家从80年代末开始对南联盟实行封锁，到1993年已制裁有几年了，南经济已开始衰微，人民生活水平下降，房主人把房屋出租，可能有补充家用的原因吧。但当时给我的印象还是要比我国当年人民生活的水准要高许多。又过了12年，特别是经过北约对南联盟实施的狂轰滥炸的打击后，贝尔格莱德市确实是今不如昔了。

第二天，在我国驻塞黑大使李国邦、参赞王辅国的宴请会上，我提出早点开展工作的要求。因为离别壁画安装已12年了，在经过1999年5月8日美国北约震惊世界的炸馆事件后，使馆怎么样了？壁画现状到底又如何？我急迫地想见到它们。大使应我的请求，派董健同志驱车把我送到贝尔格莱德新区樱花路

* 中央美术学院教授

3号，这个令我在国内惦念多年、魂牵梦绕的被炸中国使馆。

在我面前，昔日庄严整洁、富有民族风格特色的使馆建筑，在饱受摧残之后，框架依然顽强不屈地在风雨中屹立着，但是残垣断壁随处可见，楼内破损的门窗中飘挂着窗帘和褥单之类的布条，空中有几支乌鸦飞过，不可名状的悲凉涌上我的心头。在使馆正面铁栏大门前，摆放着许多中文、塞文写的挽联和寄托人们哀思的花圈。在使馆院内，大楼门外，有一块高约1米多弯曲的大弹皮待在那里，它向人们宣示着美国北约当年炸馆的残暴罪行。如果说，从楼外正面看上去，馆舍好像被破坏得还不那么厉害的话，进入馆内大厅的情景，着实让我感到触目惊心。

大厅地面铺满了玻璃碎渣和水泥残屑以及掉下来的吊顶、吊灯的残片。墙面破损不堪，凡是木质材料的门窗等构件都被烧焦了，整个大厅漆黑一片，到处是烟熏火燎的痕迹。装置在大厅正中，我创作的天然大理石壁画《长城豪风》也被蒙上了厚厚的一层黑烟。如不仔细辨认，与残黑的大厅墙面很难一下区别开来。大厅左侧的贵宾接待室，被炸坏的程度最惨，在轰炸使馆的五枚炸弹中的一颗，就是从楼顶穿透五层楼板，经过这里钻入地下室的。烈焰从这间房的门窗窜入大厅，它对使馆大厅的破坏影响最大。楼道被残砖断瓦、钢筋、悬挂的水泥墙块堵塞着，一片狼藉，整个景象十分凄惨。

看到昔日那么漂亮的使馆大楼，被糟蹋成这个样子，我的心在阵阵发痛，怒火在胸中燃烧，我恨不得能拿起武器加入到当年的战斗中去。记得我1993年来这里安装壁画时，时任大使的张大可曾问过我：“你们在国内知道这边的战争吗？怕不怕？”（那会儿波黑的战争正在进行，国内电视中也播过。)我讲：“我当过兵，在空降兵黄继光连锻炼过，自卫反击战时也去过前线，如果需要的话，我可以参加保卫使馆的战斗。”大使笑着说：“没那么严重，用不着。”我知道，当时最需要我的是，用自己的作品来体现对祖国的深情和爱。壁画《长城豪风》倾注的也正是我的这种情感。想起我在国内，在云南大理市制作壁画时，因要尽快完成作品，争取赶在西方国家制裁禁运前，把壁画运到南斯拉夫，我常常是工作到凌晨一两点钟，根本没有休息日，感冒发烧38° C，打完针接着干。就这样一直工作了两个多月，我按时把30多平方米的天然大理石壁画《长城豪风》制作完成了，平时制作这样大面积的天然大理石壁画最快也需四到五个月的时间。

壁画在新使馆安装后，受到大家的好评。为我使馆施工的南斯拉夫建筑公司的总建筑师朱尼奇，曾赞许地说过，在他亲历多年的建筑生涯中，从未见到天然大理石壁画这种艺术形式，他说我“把东方文化带给他们，太好了”。外交部和使馆也都很满意。壁画的安装，是由朱尼奇亲自设计的施工方案，由工地主任米沙负责，多玛和马奇斯多师傅安装上墙。壁画在经历炸馆风暴后，仍能奇迹般地没有脱落一块画板，是与他们高质量的施工分不开的，我很感谢他们。

外交部这次让我来指导摘取壁画，就是为了把“经历了战火的洗礼，成为历史的见证”的《长城豪风》 壁画“在新馆择址新建时，将壁画重新装置到新馆舍适当位置，以作纪念。”(外交部语)

摘取壁画的工作，还是由塞黑公司承办的，他们的负责人是多列

▲ 我国前驻南斯拉夫联盟大使馆。（1999年5月8日被北约炸毁）

▲ 原装置在我国前驻南联盟大使馆中，尚立滨创造的天然大理石壁画《长城豪风》作品

▲ 被战火熏黑的壁画《长城豪风》局部

▲ 2005年尚立滨在我国前驻南使馆被毁的馆舍前留影

▲ 2005年在被毁掉中国驻南使馆大厅中协助抢救摘取壁画的塞黑师傅和《长城豪风》壁画

▲ 2010年尚立滨在被拆的前驻南使馆处留影

▲ 2010年尚立滨在指导修复壁画《长城豪风》

▲ 2010年尚立滨和在中国驻塞尔维亚新使馆安装《长城豪风》壁画的师傅们合影

维奇，他也曾参与过该馆的装修建设工作，施工师傅是多济和德拉依堤，他们工作得很认真，也很辛苦，我们配合得很好。工程进展比较顺利，只是工作的环境非常恶劣。因为壁画装置在使馆大厅2楼过道跑马廊墙上，摘取时，除要在近十几米高的脚手架上操作外，还要经常在破损的楼梯、过道中，楼上楼下地往来。在使馆废墟中行走，既要小心脚下的弹坑，又要当心天棚顶上断裂的钢筋和垂挂下来的各种建筑构件，只能小心翼翼地在其中穿行。据说袭击南斯拉夫的炸弹，有不少是贫铀弹，这种炸弹，爆炸力强，穿透力大，并有放射性，对人身体有害。工作时，大家都没把这些放在心上，只是一心一意地为了保证把没被炸弹毁坏的壁画能完好地摘取下来而认真地工作着。壁画摘取时，是先把表面的烟灰清洗干净，清洗后，画面上的层峦叠嶂、雄伟壮观的景致又再现出来了，只是原来金色的长城被烈焰熏烤后，有的部位变成了红色。金色、红色混合的长城效果，我觉得很符合它那悲壮的经历。红色纪录了那血雨腥风的日子，纪录了以美国为首的北约炸馆的罪恶，红色象征着烈士的鲜血和馆难的酷烈。

历史上有多少壁画毁于战火，又有多少壁画经历了战火的洗礼能幸存下来？历史上的记载难以一一统计出来，但对现代中国来说，最近的事件恐怕要算1999年5月8日北约野蛮袭击我国驻前南使馆，在馆舍遭到严重毁坏的情况下，壁画仍能幸存下来的事件了。据说，袭击我驻南使馆的飞机，是从美国密苏里州怀德曼空军基地起飞的B-2隐形战略轰炸机。它横跨大西洋，经过15小时的长途飞行后，抵达贝尔格莱

▲ 2010年重新装置在中国驻塞尔维亚使馆中，经历了战火洗礼的《长城豪风》壁画墙

▲ 中国驻塞尔维亚大使魏敬华和《长城豪风》壁画作者尚立滨，在重新装置在新使馆中的壁画前合影

▲ 《长城豪风》壁画作者尚立滨在经历战火洗礼的壁画前留影

▲ 塞尔维亚朋友在中国驻塞新使馆《长城豪风》壁画前留影

▲ 外交部刘自力领导为《长城豪风》壁画作者尚立滨颁发永久收藏的荣誉证书

德上空，向使馆接连投下五枚炸弹，从不同方位袭击了使馆的办公楼和大使官邸的，而且是颗颗命中，只是官邸的那颗炸弹因故障未炸。工作之隙，我抽空去查看了五颗炸弹的弹坑，从投弹的数量和投弹的布局来看，轰炸完全是经过精心策划的。下手之狠、打击之烈被认为是北约轰炸南斯拉夫过程中，对一个具体目标是罕见的。在这种狂轰滥炸之后，壁画《长城豪风》能幸存下来，真是难得。

炸馆事件，是人类文明史上闻所未闻、见所未见的浩劫。在指导摘取壁画的整个过程中，我的心情一直没有平静过。天天在被毁使馆的现场工作，看到的是千疮百孔的残景，呼吸的是令人窒息的气息，虽然距离使馆被炸已经过去快六个年头了，但馆内空气中还散发着让人作呕的焦糊味和霉味。馆内还有邵云环、许杏虎、朱颖三位烈士血洒异国他乡的现场和血迹斑斑的遗物。面对此情此景，让你怎么能不愤慨、不震撼、不悲伤、不呐喊！我为北约美国的暴行而义愤，为使馆被炸的惨烈而震惊，为捐躯祖国的英雄而洒泪，为正义和平而呐喊，为中华民族不屈不挠的精神而讴歌！《长城豪风》壁画在战火中不倒，长城豪气在烈火中永存。

2005年5月8日，炸馆事件六周年之际，我带着中华文明是任何暴力打不垮、炸不烂、灭不了的坚定信念完成了壁画的摘取任务。壁画《长城豪风》经过战火的洗礼、血与火的考验，完好地保存在贝尔格莱德，等候那重新安置再展风采的日子。

附记：

2010年11月，壁画《长城豪风》已重新装置在我国驻塞尔维亚大使馆中。我国驻塞大使魏敬华对重新装置的壁画评述道：“尚立滨同志创作的《长城豪风》壁画，精美绝伦，气势磅礴。该壁画是从我驻南联盟被炸使馆中抢救出来，历经炮火洗礼，体现了长城不倒的精神，具有较高的革命文物价值，是对内进行爱国主义教育、对外展示中华璀璨文化的艺术珍品。壁画现矗立于我驻塞尔维亚新建馆舍院内，是新馆建筑的点睛之笔，丰富了新馆历史文化底蕴，提升了新馆建筑艺术品位。”

《长城豪风》壁画， 1992年我在云南省大理市创作制作而成，1993年安装在我国驻南联盟使馆中，2005年从被炸使馆中抢救摘取下来，2010年又重新装置在我国驻塞新建使馆中。一幅壁画，历经战火的洗礼，能保留下来；又经过十九个年头的创作、安装、摘取、再装置的历程，这在中国现代壁画史中是少有的，也是一个奇迹。

我希望，重新矗立于新使馆的《长城豪风》壁画墙，能成为呼吁和平，反对战争的纪念碑，成为弘扬中华文化的纪念碑。

▼ 经历战火洗礼又重新装置在中国驻塞尔维亚大使馆中的《长城豪风》壁画

2003年7月第一版

2007年5月第一版

Kampa Museum of Modern Art
卡姆帕现代艺术馆

杨超英（Yang Chaoying）杨　健（Yang Jian）

写在“建筑摄影”开栏之际

本人作为中国建筑学会建筑摄影专业委员会常务副主任，一直期望能为中国一流建筑摄影师搭建一个展示平台，继2003年7月为杨超英（中国）、高井潔（日本）策划主编出版《建筑摄影技法》（机械工业出版社，2003年7月）后，又以学会的组织力为中国24位各界建筑摄影师出版了《中国建筑摄影师作品档案》一书（中国建筑工业出版社，2005年）。本人在任《建筑创作》杂志社主编时，先后组织了第一、二届全国建筑摄影比赛、风雅运河全国摄影比赛及2003年首届中国建筑摄影论坛（2003年9月19日）。出版建筑摄影杂志或专刊（栏）是我在2010年4月就要创刊的“项目”，策划案及样稿已做数次。今借《中国建筑文化遗产》第三辑推出该栏目有多重含义：

（1）希望读者从优秀建筑摄影师杨超英几年前拍摄捷克卡姆帕现代艺术馆建筑的一组完整作品中，除从建筑赏析中感受到建筑艺术之魅力，也同时理解何为建筑摄影，何为一名服务于城市、服务于建筑的建筑摄影师的创作视野；

（2）《中国建筑文化遗产》编辑部及中国建筑学会建筑摄影专业委员会愿成为向中外建筑摄影师展示建筑作品与文化的铺路石；

（3）我们的工作不仅仅是建筑记录与记忆，也要在建筑与艺术、建筑与技术、建筑与材质、建筑与评论、建筑与传播诸方面上用活摄影手段，追求纯粹的表达。

我印象中的杨超英是位喜欢安静构思，不模仿别人，不批评别人且努力按动自己创意思考后快门的人。愿杨超英先生的建筑摄影作品能让读者从平常中感受到不平常，不仅发现敏锐的目光，更学到精湛的技法。（金磊）

museum Kampa 卡姆帕 现代艺术馆

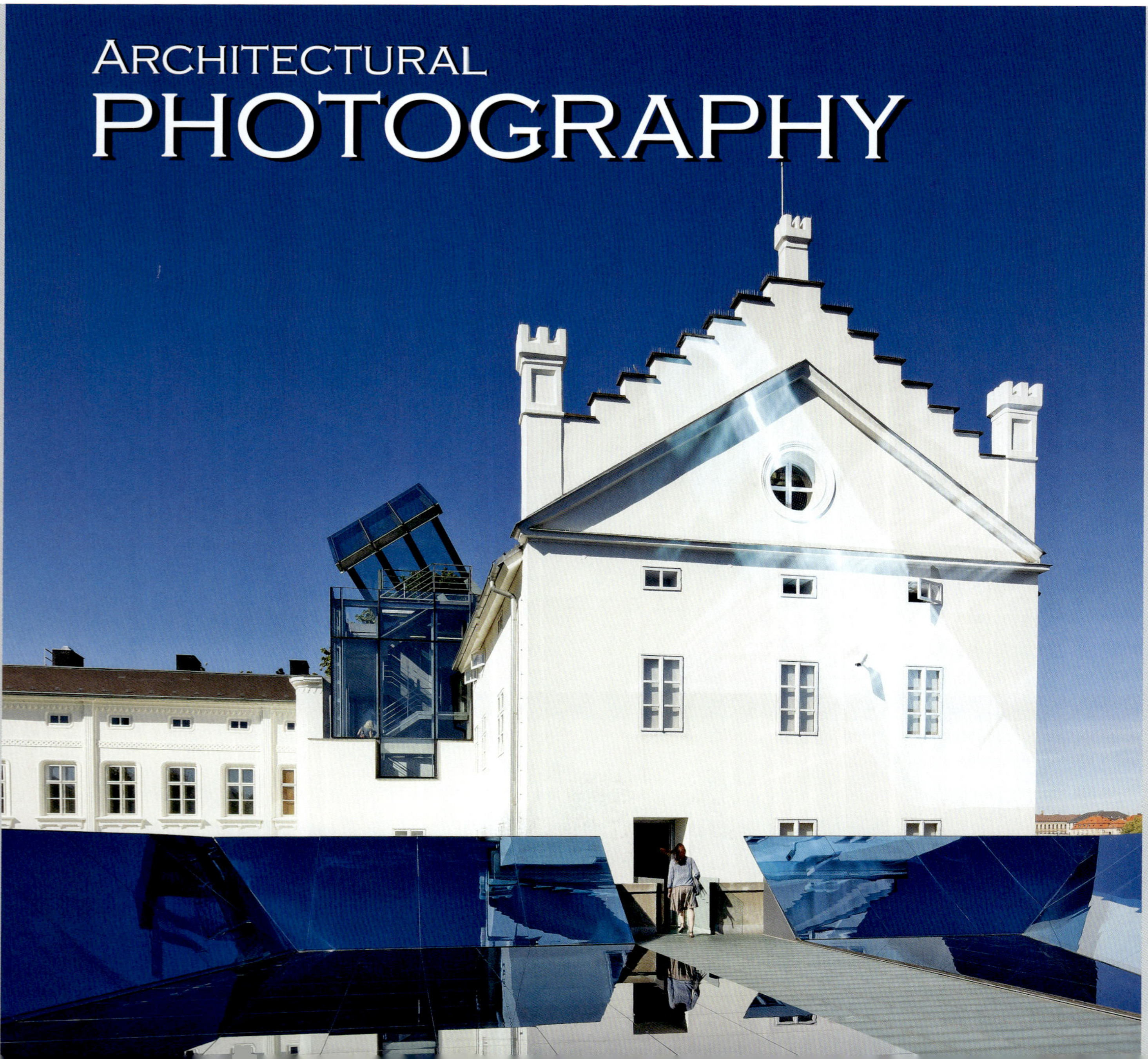

神秘，金色的布拉格是音乐之都，千塔之城，欧洲最迷人的城市之一。伏尔塔瓦河就像一条玉带将布拉格分为东西两城。西岸是布拉格中世纪的城堡区。东岸则是布拉格的老城与新城。横跨玉带的是布拉格最重要的景点查理大桥。大桥南侧会发现一个惬意的河边小岛。那就是卡姆帕公园。我们的现代艺术馆就静静地屹立在河边，像一位久经沧桑的老者,享受着午间的闲暇。

与其展品形成鲜明对比的是艺术馆本身。这座建筑是曾经的磨房。据可考文献记载,该磨房建于1393年。之后该磨房在战火，洪水中多次被毁灭又多次被重建。在二战时期，该磨房被完全摧毁，当时的布拉格政府就已经规划该磨房将重建,并保留其文艺复兴时期风格，并将未来作为艺术馆整个重建工作都是要重现这个磨房历史性的地位.而且因为其独特的位置。其对河岸的整个天际线一直起着决定性的作用。同时，建筑师完全遵照原有建筑的设计精神。复制了原有建筑结构并进行了完善.建筑师在保持原有建筑风格的同时，尽量地通过现代的建筑技术使其更加舒适实用。（上图）

同时,由现代艺术家设置了一个玻璃露台。其整个露台的地板铺设了蓝色高反光玻璃。初上露台首先感到一阵眩晕。但是当慢慢适应后，会发现露台玻璃反映着湛蓝的天空，葱郁的大树，白色的中世纪房屋。近处美丽的伏尔塔瓦河缓缓流淌，金色的屋顶倒影其中。对面新城区，著名建筑师弗兰克·盖里的跳舞房在河中跃动。回首远眺神秘的布拉格古堡，慢慢在露台踱步，画面变换跳跃，不得不由衷佩服设计师的点睛之笔。能够将这个建筑地理位置的优势通过如此低调的手法，通过玻璃这么现代而简单的元素表达出了高超的诗意。（右图）（杨建／文、杨超英／摄）

卡姆帕 现代艺术馆
室内之一

卡姆帕 博物馆展示的主要是捷克富商Meda Mládek 和 Jan Mládek 夫妇所收集的捷克和中欧著名现代艺术家的作品，其中包括20世纪的现代艺术的标志性人物，František Kupka 和Otto Gutfreund的作品。Jan 女士曾说，如果一个国家的文化没有灭亡，那么这个国家也不会。现如今卡姆帕现代艺术馆还常年举行重要的捷克和国际现代艺术家巡展。

卡姆帕 现代艺术馆
室内之二

卡姆帕 现代艺术馆
室内之三

卡姆帕 现代艺术馆
室内之四

卡姆帕 现代艺术馆
室内之五

卡姆帕 现代艺术馆
外景之一

卡姆帕 现代艺术馆
外景之二

卡姆帕 现代艺术馆
外景之三

卡姆帕 现代艺术馆
外景之四

20 Short Introductions of Books and Periodicals

书刊推荐20则

文 溦（Wen Wei） 冯 娴（Feng Xian） 苗 淼（Miao Miao）
中国建筑图书馆协办

编者按：

承蒙中国建筑图书馆大力支持，“荐书/荐刊”栏目将以宽广的视野点评城市·建筑·设计·艺术等领域的国内外优秀书刊，与读者一同品味经典、阅读前沿。

《图说都市的世界史》（日文版）
作者：［日］佐野敬彦 林宽治
出版地：日本
出版者：日本Sagami Shobo公司
出版时间：1983年

全书分为古代、中世、近世和近代共4卷，配1 500余精致大幅图片与手绘资料，以论述世界城市发展史。该著述图文并茂，生动地描绘了史前文明时期人类的生活环境、城市起源的形态、希腊自由城邦、帝国时代的都市、中世纪城市文明、文艺复兴时代的城市特色、殖民城市以及产业革命为城市带来的速变，以及近代田园城市、工业化大都市等多种形形色色的城市演变过程。

书中图片印刷精美，大量引用了各个历史时期的珍贵史料：如19世纪的版画、法国巴黎最早的手绘城市地图、中国清代故宫设计图、20世纪早期美国纽约棋盘式街区规划地图和各历史时期的城市老照片，并详细注有资料来源。对建筑设计、城市设计及相关领域的工作者来说，该书是极富说服力的参考文献。（文/文溦，供图/宫超）

《弗莱彻建筑史》（第20版，中文译作）
作者：［英］丹·克鲁克香克
出版地：中国北京
出版者：知识产权出版社
出版时间：2011年5月

《弗莱彻建筑史》（*Sir Banister Fletcher's A History of Architecture*）自1896年问世以来，屡次修订再版，已成为目前世界上最权威的建筑通史之一。1996年出版的第20版恰逢庆祝其出版100周年，在由弗莱彻主编的《比较建筑史》（17版以前的书名）基础上，打破原书以欧洲为中心的建筑史观，取消各章中重复雷同的“比较分析”部分，使全书文体更加紧凑，并在章节的编排上以时间先后为序。现共有七个部分——第一编：埃及、古代近东、亚洲、希腊及希腊化诸王国的建筑；第二编：文艺复兴以前的欧洲和地中海建筑；第三编：伊斯兰建筑；第四编：欧洲以外前殖民文化时期的建筑；第五编：文艺复兴时期和后文艺复兴时期的欧洲建筑及俄罗斯建筑；第六编：欧洲以外地区殖民时期及后殖民时期的建筑；第七编：20世纪建筑，使第20版的编写一改单一以风格划分的惯例。本书由郑时龄院士主持翻译并审议。（文/文溦，供图/宫超）

《建筑史话》（中文版）
作者：喻维国等
出版地：中国上海
出版者：上海科学技术出版社
出版时间：1987年3月

我国古代建筑无论在技术上或艺术上，都达到相当高的水平，在世界上形成了一个独特的建筑体系，是世界建筑发展史中重要的组成部分。20世纪80年代出版的《建筑史话》，用通俗的文字介绍我国古代建筑的特征与历史，选取如商周宫廷建筑、汉唐长安城、苏州古城、古都北京、万里长城、布达拉宫、石窟古寺、江南园林、传统住宅等典型实例分篇介绍，通过这些介绍来阐述中国古代建筑的重要性和历史价值，将建筑文化遗产的有关知识普及化、大众化。时至今日，它并未随着时光的流逝而失色，仍然是值得学习的经典建筑学读物。（文/文溦，供图/宫超）

《造园史纲》（中文版）
作者：童寯
出版地：中国北京
出版者：中国建筑工业出版社
出版时间：1983年2月

童寯是中国建筑界融贯中西、通释古今的大师。他早在20世纪30年代初就着手进行江南古典园林研究，是我国近代造园理论研究的开拓者。《造园史纲》是童寯晚期作品，集童老一生园林研究之精华。该书以精炼著名，略述东西方造园沿革史全例，从福州天国乐园到今天抽象的园艺，指出十七、十八世纪中国、日本与英、法等国的造园成就及其相互影响，兼涉现代造园职业及专业教育。它把世界造园系统分为西亚系统、欧洲系统和中国系统，其中重要史实、名园、巨匠、著作和造园特技都涉及无遗，虽只有4万多字，却是中国造园研究历史上的重要里程碑。（文/文溦，供图/宫超）

《设计问题：历史 · 理论 · 批评》
作者：[美]马格林,柳沙等译
出版社：中国建筑工业出版社
出版时间：2010

维克多 · 马格林（Victor Marglin）等人创办的《设计问题》(*Design Issues*)期刊，打开了一扇设计作为社会性、历史性科学而被重新认识的窗户。他们的目的是打破“设计师做什么”的传统阐释范式，围绕“设计是什么以及它在社会中的职能何在”这一核心问题探索出有助于作出批评性解读的具有启发性的策略。《设计问题：历史 · 理论 · 批评》一书精选了期刊中最为经典的文章，将其归类为三个部分：“现代主义者之后”、“对设计的解释”与“书写设计史”。本书收录的论文的核心价值是对设计的方法论和对设计研究自我批评的关注。在各自的论文中，学者们开始有意识地把对设计的思考建构在对其自身历史性、文化性以及哲学性的分析上，而不是局限在对以设计创造或设计师为主体的狭隘设计史的关注上。

《华城城役仪轨》（韩文版）
作者：［韩］史芸研究所
出版地：韩国水原
出版者：史芸研究所
出版时间：1963年

华城是韩国首尔南部水原市的一座城堡，于1794年1月动工，1796年9月竣工，由总理大臣蔡济恭统管，赵心泰指挥。在施工过程中，人们发明并采用了起重机、陶工旋盘等新型机械，得以搬运和堆砌巨大的石材。华城建成之后，部分城墙在日本殖民时期和韩国战争期间遭到了破坏和损毁，1975—1979年，根据修筑城堡之后绘制的工程报告书——“华城城役仪轨”复原其形态并保留到现在。水原华城由东面苍龙门，西面华西门，南面八达门及北面长安门构成，文化遗产有八达门，华西门，长安门及空心墩等。华城是在中国、日本等地不多见的“平山城”，它同时具备军事防御功能和商业功能，其设施的科学性与合理性以及其结构的实用性堪称东方城墙建设的一绝。（文/季也清，供图/宫超）

《人性化的城市》
作者：[丹麦]扬 · 盖尔，徐哲文译
出版社：中国建筑工业出版社
出版时间：2010

城市在不断展现成就的同时，城市病也变得日益惊心，甚至表现出一种与人类文明进程完全背道而驰的颓势。丹麦的著名建筑师扬 · 盖尔（Jan Gehl）以半个世纪以来的敏锐观察和认真的探索为我们带来了一系列有思想、有远见，立足于解决现实问题的著作，这也奠定了他的城市公共空间设计研究的前辈地位。作者在书中呼吁无论是城市规划师还是交通规划师都应当将城市空间与城市生活置于其议事日程之上，规划应该具有优先性，应充分考虑城市在未来几年内的增长和快速发展，并且要不断关注使用者的更大需求。同时，现代建筑师不应该只关心单体建筑及其个人作品，如果缺乏对整体城市空间中各要素的综合考虑，那无疑是一种失职的表现。《人性化的城市》这本书回顾并总结了近一个世纪的城市发展和城市规划理念的得失，例举了来自世界众多国家丰富翔实的案例，并有专门针对发展中国家城市案例研究的篇章。

《日本的手感设计》
作者：李佩玲 黄亚纪
出版社：上海人民美术出版社
出版时间：2011

手感设计之于文化层面，可以追溯到日本的神道文化和茶道文化，日本最普遍的神道文化认为世界中神是无所不在的，这种思想逐渐演化成万物皆有灵的人生观，对日本的各个方面都产生了影响。当工匠制作器物期间因未能顺乎材料的本质而导致大量浪费时，其师傅必然会要求他向这些材料深深地鞠一躬，以示对物灵的歉意与尊重。在日本的设计中一直有这种思想的存在，正是“借手工的精湛技术，虔诚地将沉睡的物灵唤醒，赋予物件新的灵魂”。于是日本的设计师认为，材质的加工需要顺其自然，而不是用莫名其妙的装饰来掩盖原貌。对于手感设计的内涵，书中只给出“手感是五感连接的重要媒介”，正如著名设计师安积伸所述：“对于日本手感设计的精髓，我无法简单论之，毕竟这可以从很多角度来探讨……我至今还在透过我的设计去找到真正的答案。”

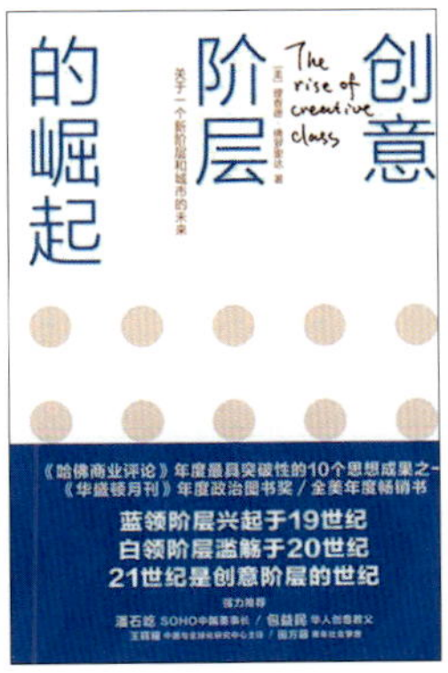

《创意阶层的兴起》
作者：[美]理查德 · 佛罗里达，司徒爱勤译
出版社：中信出版社
出版时间：2010

关于文化创意产业的书为数不少，但还没有哪本书能像本书这样以生动的文笔、精辟的观点、翔实的数据描述创意阶层的特征、生活方式和价值观。作者佛罗里达就像他在书中描述的创意人士那样，不停地迁徙，曾在好几所大学任教，并为多家媒体撰稿。此书2002年在美国出版以来长居畅销榜榜首，虽然针对的是美国区域经济发展和城市政策，但对于正在致力产业升级和创新型国家建设的中国，这本书看上去相当贴近中国城市发展的现状。佛罗里达认为旧有的模式已经不适合今天的经济发展形势了。他认为今天的城市需要通过吸引和保留大量“创意阶层”带动城市发展。正是“创意阶层”构成了“后工业时代”的核心，并将引领人类社会发生第三次大转变，这次转变的意义可与“农业革命”和“工业革命”相比。这一转变中，经济模式的主角将由工业阶层的商人和工厂主，变成了“创意的生产者”，而且这一阶层不是只关乎某几种职业，几乎在所有的行业，任何人只要有新想法，能为社会通过智力方式提供价值，都可算作创意阶层。

《中国吉祥汉字设计艺术》
作者：郑军
出版社：人民美术出版社
出版时间：2010

本书研究了我国传统吉祥汉字图案，书中所搜集的内容包括篆刻、年画、瓦当、刺绣、剪纸、花钱、画像砖、铜镜、符咒等艺术形式中的吉祥汉字。这些汉字历史源远流长，其本身就是美的构成图形，具有很强的符号感和高度的艺术造型价值，向我们展示了中国传统吉祥文字这种形神兼备且具有活泼情调的创作风格，反映了民间艺人的人格精神和传统社会民俗风貌，更集中体现了中国传统文化生生不息特质。书中的这些吉祥文字以其特有的形式意蕴，表达着人们对幸福的美好追求。这些包含着丰富的形、意、神的文字必将为现代各种形式的视觉设计提供有益的养分。中国吉祥汉字图案作为一种设计元素，有着鲜明的民族文化特征，因此更容易广泛应用在现代设计当中，服务于现代设计，同时对研究我国传统艺术以及文字的发展也有一定的参考价值。

刊名:《澳大利亚建筑》（ *Architecture Australia* ）
创刊年：1904年
出版者：Architecture Media Australia Pty Ltd.
刊价：AUD 164.00

简介：《澳大利亚建筑》刊载澳大利亚建筑及室内设计研究文章和实例介绍，报道澳大利亚皇家建筑师协会的动态。在2011年第11期中，澳大利亚建筑师研究所主席Brian Zulaikha发表了题为《向可持续发展前进》的文章，文中他指出，随着对“碳排放价格”理念的深入理解，建筑界的同人们应积极投身到构筑环保、高效的建筑环境的事业中来。

刊名：《国际混凝土》（ *Concrete International* ）
刊价：USD 26.00
创刊年：1979年
出版者：American Concrete Institute

简介：《国际混凝土》杂志主办方为美国混凝土研究所，每月出版一期，服务对象为世界混凝土行业的专业人员，主要介绍混凝土建筑的设计与施工，包括产品、技术和相关材料。本期《国际混凝土》杂志重点介绍了美国纳什维尔州的青少年活动机构ROCKETOWN的装修项目，在该工程中运用了大量“垂直装饰”型混凝土，对墙壁进行立体的装潢。

刊名：《建筑细部》（ *DETAIL* ）
刊价：JPY 2250.00
创刊年：1963年
出版者：SHOKOKUSHA Publishing Co., Ltd.

简介：本期特辑介绍了一系列日本现代风格建筑作品，这些建筑采用现代材料包括混凝土、钢铁、玻璃、金属、陶瓷、LED，结合了日本传统工艺和技术，这些作品大胆而细腻，打造了一个个令人惊讶的现代建筑表达方式。

刊名：《名筑》（ *FUTURARC* ）
刊价：HKD 68.00
创刊年：2006年
出版者：BCI Asia Construction Information Pte Ltd.

简介：《名筑》杂志编辑人员均为来自BIC亚洲分部的专业研究人员，通讯员遍布亚洲乃至全球多个国家，主要报道世界上与绿色建筑有关的设计创意项目。本期为《名筑》“绿色”专刊，“绿色”专刊为《名筑》杂志的特有品牌，于每年6月份发行。从2011年开始，每期“绿色”专刊都将在PEFC印刷，并使用FSC认证纸张印制，更为轻薄，更为环保。本期杂志中，刊登了“FuturArc Prize 2011”和“FuturArc Green Leadership Award 2011”的获奖名单。

刊名：《土木工程师学会会报：市政工程师》（ *Proceedings of the Institution of Civil Engineers: Municipal Engineer* ）
刊价：USD 159.00
创刊年：1985年
出版者：Thomas Telford Services Ltd.

简介:《土木工程师学会会报：市政工程师》刊载市政工程管理、规划、设计、运行和保养等方面的技术论文和简报。本期会报例举并探讨了五个支持可持续发展战略的共同原则：人类生产生活不要超过环境的承载能力，确保一个强大、健康、合理的社会环境，打造一个可持续发展的经济环境，进一步促进科学技术的发展，促进合理的管理政策的出台。

刊名：《城市事务评论》（ *Urban Affairs Review* ）
刊价：USD 155.00
创刊年：1965年
出版者：Sage Publications Inc.

简介：《城市事务评论》为双月刊，是一本以城市问题为主题的学术类评论杂志。在过去的近50年间，学者、专家、政府官员，规划人员以及管理人员都可以在这本杂志里发表最新的国际研究成果和实证分析。《城市事务评论》内容涵盖城市政策、城市经济发展、居民和社区发展、管理及服务、国际化城市研究以及社会、空间以及文化动态。在2011年第5期《城市事务评论》中，加拿大滑铁卢大学规划副教授Robert Shipley等学者发表了名为《遗产保护区项目：加拿大安大略省举证》的论文，从居民生活调查、土地用途、土地价值等方面对安大略省历史街区保护工作现状进行了详细地介绍。

刊名：《建筑师杂志》（*Architect's Journal*）
刊价：GBP 174.00
创刊年：1895年
出版者：Emap Business Communications Ltd.

简介：《建筑师杂志》刊载建筑物设计、施工技术和设备、内部装璜等方面的文章和实例，报道建筑业动态。2011年第4期杂志中，介绍了两座为2012年伦敦奥运会设计的运动场馆——水上运动中心和篮球馆。他们的设计者是大名鼎鼎的Zaha Hadid和Wilkinson Eyre。这两座场馆的设计充分考虑到奥运场馆的临时性，同时又兼顾到奥运会后的使用问题，两位建筑师科技感十足但不失人性化，代表了当今世界运动运动场馆设计的最高水准。

刊名：《当代设计》（*CONDE*）
刊价：NT 200.00
创刊年：1992年
出版者：当代设计杂志社股份有限公司

简介：《当代设计》杂志创刊于1992年10月，发行遍及台湾、大陆、香港、新加坡、马来西亚等地区，内容最权威的中文空间设计杂志。本期《当代设计》专访了香港室内设计协会副会长潘鸿彬，通过对他的“缀饰”、“厨房制造”、“红点”的介绍，凸显了这位涉猎室内设计、品牌策略、机构形象及环境平面设计的设计大师卓尔不凡的设计才华。此外，特色博物馆专辑中，介绍了波兰克拉科夫当代艺术博物馆、希腊新卫城博物馆、墨西哥Soumaya博物馆以及上海玻璃博物馆。

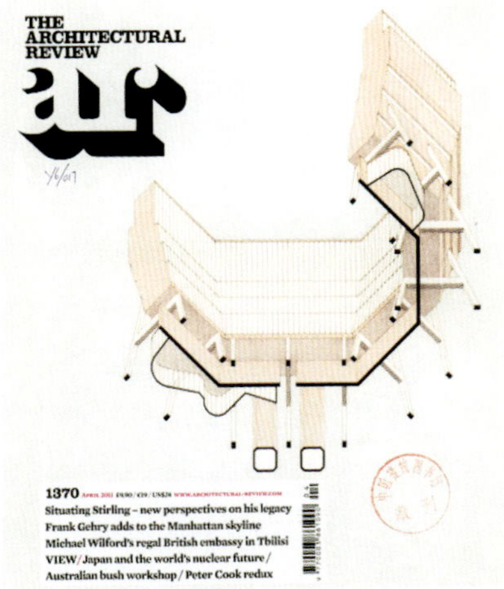

刊名：《建筑评论》（*The Architectural Review*）
刊价：EUR 19.00
创刊年：1896年
出版者：Emap Inform

简介：《建筑评论》创刊于1896年，杂志是世界著名的建筑类杂志之一，读者遍布全球130多个国家和地区，介绍现代建筑艺术和技术的发展，各国建筑物设计趋势、主流观点和建筑结构与内部装饰等。在本期主编的话中，Catherine Slessor说，建筑师应发起关于能源使用和建筑之间的讨论，“在过去的几十年间，可持续发展的话题已经在政治和文化层面引发了诸多思考，但很多措施都只停留在口头上，而并未具体实施。此时，建筑师们应当敢于承担责任，尽自己所能改变世界，而不能只作慵懒的跟随者和承包商们的拥趸。

刊名：《日经建筑》（*Nikkei Architecture*）
刊价：JPY 525.00
创刊年：1976年
出版者：Nikkei Business Publications Inc.

简介：本期《日经建筑》详细报道了近期发生在日本的灾害事件，包括大地震、海啸、大停电等。东部日本地震中，城市建筑受到了极大的考验，这引发了本来灾害风险防范意识不强的城市居民对于安全的担忧。不断出现的问题，促使传统安全措施发生转变，政府相关部门开始重新审视自身的建筑安全政策。

Museum of Traditional Swiss Houses

瑞士的传统民居博物馆

罗健敏*（Luo Jianmin）

▲ 作者所绘的瑞士民居素描图 1

▲ 作者所绘的瑞士民居素描图 2

瑞士有个传统民居博物馆。说准确一些，这不是一个单栋的博物馆，而是许多个民居建筑聚合而成的一个博物馆群。

瑞士是一个山地国家，山地和高原占国土面积的70%以上，不同地域的地理环境、气候环境、生物环境等差别很大；瑞士又是一个多民族国家，770万人口分别讲多种语言：法语、德语、意大利语和罗曼语都是瑞士的官方语言。世界上一国之内官方语言竟有四种之多的国家很少，瑞士就是其中之一。这也就使得瑞士人的生活习惯、风俗、居住状况、文化艺术等人文环境呈现出多种多样的特点。

这些差异性造成了瑞士国家虽小，其民居建筑却丰富多彩的特点。

瑞士的疆土夹在法国、德国、意大利和奥地利四国之间，没有出海口、海岸线，粮食也从来不能自给，但却是一个经济高度发达的国家，人均GDP（Gross Domestic Product，国内生产总值）一直高居世界前列，多年排名世界第一。据2010年统计，瑞士人均GDP排在美、英、法、德等许多发达国家之前，为世界第四位。

一定是瑞士人在经济发展的同时就注意到了国家民族传统文化保护的重要性，所以它多元的文化传统没有互相挤轧以使其中一种东西独大，而是各个保护发展，日益丰富。瑞士的传统民居博物馆是这种多元文化共同繁荣的一个很好的实例。

传统民居博物馆位置在瑞士中北部的巴伦伯格（Ballenberg，或译巴伦堡），这是个群山环绕的一块缓坡地区，里面聚集了几十种传统民居的实物。

瑞士人为了建设这个博物馆下了真功夫。这里所有的房子，全都是由瑞士各地选择了有代表性的传统民居，原拆重建，整体搬过来。

博物馆展区很大，占地300多公顷。限于体力，我们这一次参观没能走全。有参观者告诉我走遍全部园区要6个多小时。其实这也是粗略的估计，是指走下来需要6小时，如果在各处房舍宅院考察得稍微细致一些，所花费的时间就得多几倍甚至几十倍，这很难统计。这里活生生的东西确实太多，吸引了我的注意力，以至一整天参观下来我竟说不清这一片博物馆群落中总共展示的民居有多少种类型。

瑞士建立这个博物馆的过程，也是政府和民间合力整理保护民族传统文化的过程。一方面，他们尽量收集各州各省最具代表性的，而有损毁严重，甚至已经坍塌的民居，将其拆迁重建到巴伦伯格；同时，也集中了仍旧居住使用的典型民居（主要是有代表性的），迁移到这里，组成了这个民居群落的博物馆。

让我们特别欣赏，特别佩服的是，他们不是简单地把房子搬来，而是连同该房屋原在地的外部环境也一起移来再造——包括院子、院墙、篱笆、

* 国家一级注册建筑师

粮仓、牲口棚、磨坊、水井、车辆以及饲养的鸡、鸭、猪、牛、羊等牲畜家禽，还有他们当地的手工业作坊和作业，连同传统手艺等，一点不漏地都与房舍一起重现在了这一大片“博物馆”里。这样，这些活的生活就把物质文化遗产连同非物质文化遗产一起进行了最完整的保护。

很显然，为了做到传统生活的重现，而不仅仅是物的重现，就必须有生活在其中的人，人是主角。瑞士人正是这么做的。他们将当地民居中的居民（基本是民居或农庄的主人）与房屋一起迁到了巴伦伯格。这种传统小社会的重建，是保护民族传统、文化，包括传统建筑遗产的最好的方法。

园区的布局和布置很有匠心。因为每栋房屋原来所在环境各不相同，所以在此重建时，也选择相似的地形，移栽了可以移植的植物植被。种麦子人家的周边便是麦田，经营果树的院子就有果树，养种牛的牛圈里便是体重千斤以上的公牛，养牧种马的，那些蹄子如小面盆大小的马匹也在此地养着，而它的周围就是大片的草地。

有人说走一遍巴伦博格民居博物馆就等于在整个瑞士小转了一圈，从民居的角度来说，很有这点感觉。民居中的有些特点，特别引起我们兴趣，略举一二。

一是：“人畜共一楼”。

也许这是世界上许多地方农户共有的生活方式，在我们中国有些农村见到这种情形我们已经习惯了，中国是发展中国家，有些地方尚未脱贫，居住条件不好并不奇怪。但在经济高度发达的瑞士农村也是如此，就觉得很不一般。可实际上许多老房子的确如此。一般这有种形式：处于坡度较陡的山民的居所多半为二到三层，楼上住人楼下住牲畜和停放车辆，同时用做储物及工具间、作坊。与中国的人畜一楼不同的是，这些房屋的质量和居住条件都很好，水电齐全，保暖通风，冬暖夏凉。而且楼下的不良气味很少窜到上面来影响居住。在我国南方，人畜一楼的卫生条件就差多了，区别很大。

另一种形式是平原或地势平缓的地区，就以单层为多。这种居所人居处与牲畜和库房都在同一层，库房处都开有一个巨型木门，其高宽足以令一辆满载的马车或机动车进出，里面空间宽敞，足以容纳车辆牲畜，粮食和草料存放。这两部分之间总有厚墙相隔，以免住房受污染。小窗户和那一个大门洞或称为这类农宅的立面的特点。

法语中农庄建筑与农庄农场是同一个单词（Ferme），小型的叫Fermette。

二是“建筑材料”。

瑞士民居基本以木与石为主，很少用砖。这也是就地取材的原因形成的。瑞士森林资源丰富，森林覆盖率达国土面积的40%，而且因为是山地森林，所以松柏杉等针叶树居多。这些树的树干笔直，材质软硬适度，便于加工，是最好的建房材料，所以瑞士的山地居住建筑从房屋构架梁柱到外墙内墙基本完全为木质，于是就有了“木屋”这种建筑形式，法语是“chalet”，小型的叫“chaletee”。千百年来“chalet”的建造进步过程形成了瑞士木屋建筑一整套传统形式和做法。这些传统在瑞士得到了完整的传承，不但未随着时代进步而流失湮没，反而日益进步完善。如今瑞士山区修建新建筑人，仍然建造传统的木屋。

也由于山地居多，瑞士山地民居的基础和低屋部分墙体多直接采用山中开采的石材，这里石材极少有（或根本没有）磨光的，大多是劈裂后凿为近似的长方体，或者干脆以自然形砌筑（这与中国山区如川康云贵青藏等地）的石材使用习惯很相同。木屋传统的继承发扬也带动了相关行业技术的进步，例如木材加工，木用油化，木材加工机械和手工工具，防腐防潮防水材料，防鼠防虫技术，防火技术等。

特别要提起的两点，第一点是木屋的防火。大约得益于瑞士民族严谨细致的民族特性，瑞士所有居民都十分注意防火。在瑞士，尽管木建筑很多，却极少听说哪里发生了火灾，火灾太罕见了。所有居民家里都有灭火器材，在我国一般家庭里，很少有人家自备了户内自用的灭火栓，瑞士人则相反。水火无情，在我国即使住着钢筋混凝土的高楼和厂房，火灾却时有发生。瑞士人的防火观念，值得我们借鉴。要提起的第二点是瑞士人自己动手的精神。许多瑞士人的家宅是自己动手建起来的。居民家里几乎都有很配套的大量机具工具，住在山里和乡下的居民更是不愿请装修公司来搞装修。这不是仅限于穷人为了省钱才自己干，有钱人也一样喜欢自己做。修之弄之是日常生活的一种乐趣，是工余生活的一项重要内容。所以每套房子一定有一个工作间、小作坊，里面支着工作台，墙上挂满工具。孩子在这里看着父辈一点点地把家具弄得越来越漂亮，便也学着跟着干。所以这个民族的自己动手能力很强。瑞士人能把手表造得那么好，名冠全球，与这种全民动手的传统不无关系吧？

▲ 作者所绘瑞士农舍的水彩画

▲ 作者所绘Suiza Spiez的景色

▲ 瑞士民居使用旧物品作为装饰

▲ 小窗户大门洞式样的瑞士农舍

▲ 瑞士居民的日常生活，小孩在打木头的保龄球

Today and Yesterday's Central Axis

中轴线在这里交会

刘锦标*（Liu Jinbiao）　赵树强**（Zhao Shuqiang）　李　沉***（Li Chen）

两幅摄影长卷，表现同一个主题；拍摄于不同年代，展示的是完全不同的画面。

北京的中轴线、长安街人们很熟悉不过，但能够将不同时期的中轴线、长安街对比，让观者有穿梭于时空隧道之感。

长安街的雏形起于元大都南城墙内的顺城街，到明朝时有了最初的形状。最初的长安街是不通行的，1912年辛亥革命后，拆除了长安左门、长安右门，仅留门洞，长安街开始通行。1937年日本侵略者占领北京，之后新辟北京西郊新市区和东郊工业区，并以长安街为东西联络干线。为此，于1939年在长安街东西两端城墙新开“启明”（今建国门）和“长安”（今复兴门）二门，后又修筑了建国门至西大望路、复兴门至玉泉路的长安街东西延长线。

1949年以后，长安街有了翻天覆地般的变化，特别是1959年国庆10周年之前，结合天安门广场的改造，东起建国门、西至复兴门的长安街拓宽为几十米宽的通衢大道。之后，又将长安街东延至通县，西伸至石景山，形成了一条长达40公里、横贯北京城东西的交通主干道，成为北京城的东西轴线。

北京的中轴线是在公元1267年开始营造大都城时确定的，至明嘉靖三十二年（1553）拓展京师外城后定型。所谓中轴线是由从南到北、依次排序的一座座标志性建筑“串”起来的“线”。中轴线南起永定门，北到钟鼓楼，　长约7.8公里，有北京城的“脊梁”之称。

北京中轴线贯穿了北京城、皇城和紫禁城三重城圈。在这三重城圈之内，以紫禁城为中心，严格按照封建礼制观念，将皇城及内外城中的重要建筑，主从有序、整齐严谨、左右对称、疏密有致地依次安放在中轴线上，犹如一幅纵向展开、气势恢弘的建筑长卷，充分展示了皇权至高无上的王者气派。中轴线布局严谨、气魄宏大、内涵丰富、意境深远，堪称世界城市建设独一无二的杰作。

著名建筑学家梁思成先生曾有过这样的评价：“……北京独有的壮美秩序就由这条中轴的建立而产生。前后起伏、左右对称的体形或空间的分配都是以这中轴为依据的。气魄之雄伟就在这个南北引申、一贯到底的规模。……这是一份伟大的遗产……”

两条轴线交会于天安门广场　如同十字坐标般导引着北京城的发展与未来，预示着北京城在传承历史文化的同时向着现代化迅猛前进的步伐。

长安街在变，它已从过去狭长的小街，变成今日的通衢大道。从20世纪50年代中后期开始，随着长安街的大规模建设，不少政府机构先后在长安街建成；之后，修地铁、建饭店，特别是改革开放之后，一大批设计新潮、建设精美的大厦如雨后春笋般地拔地而起；而几次对长安街进行的大规模整改使其愈发整洁、干净；2001年“7·13”　狂欢之夜，长安街成为人们欢乐的海洋；国庆60年大阅兵，长安街向全世界展示了现代中国的辉煌与富强。

中轴线在变，随着城市的发展，北京中轴线向南已延长到南苑，向北已达北五环外的仰山，古老的中轴线在保持历史文化的同时，还被赋予了新的内涵。2008年8月8日，北京奥运会开幕式上，由焰火组成的“大脚印”沿着中轴线，一步一步地由南向北迈进，其创意和想象令世界惊叹。人们看到是传统文明的发展，民族文化的传承，显示的是一个古老民族再现青春的自豪、自信与自尊。中轴线申遗已被正式列入到北京市发展规划之中，相信未来的中轴线会更加令人喜爱。中轴线的历史，折射着我们民族的历史；中轴线的变迁，见证着国家的变迁。

北京中轴线在蓝天绿树的映衬下，更显其雄伟、壮丽，金碧辉煌。北京长安街如同一条永远流淌的岁月长河，承载着人们希望与理想之船，与共和国一道，驶向希望的未来！

《“十二五”规划纲要（草案）》中特别提出，要着重围绕“一轴一线”，打通重要节点，回填历史元素，恢复经典风貌，重构历史文化美丽走廊。这里的“一轴”指的就是中轴线。一条中轴线，连着千万人。无论是老北京，还是外地人，无论是中国人，还是外国人，许多人与中轴线有过亲密的接触：在天安门前留个影，到广场上看升旗，爬景山顶上找自己的家，逛大栅栏儿，去故宫看皇帝的宝座……

著名学者侯仁之先生对北京城建设有“三大里程碑“的观点：第一个里程碑，是北京城中心紫禁城的建设，可谓是中国传统建筑艺术的集大成者；第二个里程碑，是新中国成立后对天安门广场的改造和扩建；第三个里程碑，是20世纪90年代开始，对北京中轴线南北延伸、扩展改造工程。侯先生“三个里程碑”的观点都是在讲北京中轴线的建设。

黑白照片摄于1954年，彩色照片摄于2011年。作品表现的是中轴线和长安街的变化，反映的是北京城的发展和繁荣，摄影师的巧妙构思将几十年的发展历程浓缩、定格于咫尺之间。

它也是中国封建社会本质的体现，也是其政治、经济、文化、科技诸多方面的一个缩影，有重大的历史文化价值。其他与之相呼应的建筑在中轴线的东西两侧，还有一代代生于斯长于斯的北京人的情愫、故事以及许多人们不知道但却是对北京建设产生巨大影响的历史事件……其中特别是紫禁城，集中体现了我国在世界上独树一帜的建筑体系，堪称是中国古代建筑遗产中的瑰宝，是我国最珍贵的历史文化遗产之一。

永定门、正阳门、天安门、紫禁城、景山万春亭、钟鼓楼等一座座标志性建筑耸立其上，登高远眺令人遐想很多。

* 《建筑创作》杂志社摄影师
** 北京市城市规划设计研究院摄影师
*** 《建筑创作》杂志社采编部主任

▲ 1954年的中轴线与长安街（赵树强提供）

▲ 2011年的中轴线与长安街（刘锦标摄）

“纪念梁思成先生诞辰110周年暨中国文物学会传统建筑园林委会第十七届年会”在北京召开

2011年是国家“十二五”的开局之年，正值辛亥革命100周年，也是建筑历史学家梁思成先生诞辰110周年。为更好地贯彻国家文物保护“十二五”规划并发挥学术团体的作用，中国文物学会传统建筑园林委员会于2011年12月8日至9日召开“纪念梁思成先生诞辰110周年暨中国文物学会传统园林委员会第十七届年会”。会议分为三部分，8日上午举行“纪念梁思成先生诞辰110周年学术论坛”论坛,由学会会长付清远主持；8日下午举行传统建筑园林委员会第十七届学术年会，由学会副会长兼秘书长刘若梅主持；9日上午选举中国文物学会传统建筑园林委员会第十七届理事会及领导成员,并召开了中国文物学会传统建筑园林委员会第十七届第一次全体理事会议，由学会会长付清远主持，中国文物学会会长彭卿云讲话并向当选会长、副会长颁发聘书。本次会议审议通过了中国文物学会传统建筑园林委员会第十七届理事会工作内容，选举产生了中国文物学会传统建筑园林委员会第十七届理事会及领导成员。此次会议隆重推出了由《中国建筑文化遗产》杂志社承编，天津大学出版社出版的《建筑文化遗产的传承与保护论文集》，此部论文集收录了业内30余位专家学者的37篇专业论文，并整理了学会大事要记（1984年—2011年）。此外，学会顾问王景慧教授还为本次大会提供了52幅速写作品，用于制作中国传统建筑园林委员会“2012年建筑速写周历”。

（文 / 刘晓姗 图 / 陈鹤）

▲ 国家文物局局长单霁翔

▲ 中国文物学会会长彭卿云

▲ 中国文物学会传统建筑园林委员会会长付清远

中国文物学会传统建筑园林委员会
第十七届年会领导成员名单

顾　　问：吴良镛　周干峙　单霁翔　谢辰生　郑孝燮　刘叙杰
　　　　　马国馨　张锦秋　王景慧　马旭初　王世仁
名誉会长：罗哲文　周治良
会　　长：付清远
副 会 长：金　磊　孙大章　吕　舟　李先逵　晋宏逵　王贵祥
　　　　　陈同滨　路　红　龚　良　张立方　侯卫东　吴　锐
　　　　　黄　滋　丹　青　周　萍　韩　扬　谭玉峰　李瑞森
　　　　　刘若梅　李　虹
秘 书 长：刘若梅（兼）
副秘书长：王效清　王时伟　关　毅
（理事名单略）

中国建筑学会第十二次全国会员代表大会暨2011年学术论坛在北京召开

2011年12月13日至14日，中国建筑学会第十二次全国会员代表大会暨2011年学术论坛在北京召开。在本次会议上，审议通过了《中国建筑学会第十一届理事会工作报告》、《中国建筑学会第十一届理事会财务工作报告》和《中国建筑学会章程》修改草案，选举产生了中国建筑学会第十二届理事会及领导成员,并召开了中国建筑学会第十二届理事会第一次全体理事会议。同时，学会还对近年来工作中的先进集体和先进工作者进行了隆重表彰。

出席大会开幕式的领导同志有住房和城乡建设部副部长郭允冲，中国科协副主席程东红，中国建筑学会名誉理事长、原建设部部长叶如棠，两院院士、原建设部副部长周干峙，中国建筑学会名誉理事长、原建设部副部长宋春华，中国建筑学会理事长、国务院参事车书剑，中国建筑金属结构协会会长姚兵，中国建筑节能协会会长郑坤生，中国建筑工程总公司总经理官庆，中国建筑装饰协会名誉会长马挺贵。住房和城乡建设部总工程师陈重、办公厅主任王铁宏，人事司司长王宁等部机关司局主要负责同志及来自全国各地的300余名会员代表参加了会议。

中国建筑学会新一届理事会确立了“围绕一个中心、做好四个服务、突出四个重点、抓好五个方面工作”的总体工作思路。即紧密围绕贯彻科学发展观和中央六中全会精神，团结和依靠建筑界广大工程技术人员，为中国节能减排、为创造良好人居环境、为中国建筑文化的繁荣发展、为中国城乡建设事业而奋斗这个工作中心；做好服务会员、服务企业、服务政府、服务社会等四个服务；突出学术研究、技术交流、创作评选、国际交流等四项重点工作。作为本次会议的一个重要内容，中国建筑学会在2011年12月14日上午举办了以“树立文化自信、繁荣建筑文化”为主题的2011年学术论坛，论坛由清华大学建筑学院院长、中国建筑学会副理事长朱文一主持。

（中国建筑学会官网）

中国建筑学会第十二届理事会领导成员名单

理事长：车书剑

副理事长：丁　建　朱小地　朱文一　李建飞　张　桦　杨焕彩　官　庆　欧进萍　周　岚　周　畅　林坚飞　修　龙　徐宗威　程志毅

秘书长：徐宗威。

温家宝就中国古村落的保护问题对话冯骥才

2011年9月6日，国务院总理温家宝出席中央文史研究馆成立60周年座谈会，与一直致力于民俗文化研究的。

冯骥才在会上对总理与各位专家学者表示：“我特意选择古村落作为今天的话题，是因为这件事有强烈的时间性，因为五千年历史留给我们的千姿万态的古村落的存亡，已经到了紧急关头……”

据资料显示，截至2009年底，我国共有村庄230万座，具有文化保护价值的古村庄仅余不足3 000座，占0.13%。冯骥才在2011年两会上曾提到，能代表或体现中国农耕文化的民居、经典建筑、民俗和非物质文化遗产的古村落，2005年还有5 000个。

古村落消失的问题引起了温家宝总理的高度重视与深思，这是当前重大的文化问题。温家宝总理认为古村落保护问题实际上就是工业化、城镇化过程中对于物质遗产、非物质遗产以及文化传统的保护。关于此现状，他认为存在三个问题：

第一，就是现在有些地方不顾农民合法权益，搞强制拆迁，把农民赶上楼，丢掉的不仅是古村落，连现代农村的风光都没有了。农民失去的是土地，这件事情远远超过文化的保护。

第二，就是我们在城市建设中，从新中国成立以来，我们应该吸取的一个很深的教训，就是拆了真的建了假的。大批真的物质遗产被拆毁，然后又花了很多的钱建了许多假的东西。

第三，就是城市的设计不是从这个地区文化的特点出发。这个问题恐怕要引起我们高度重视。

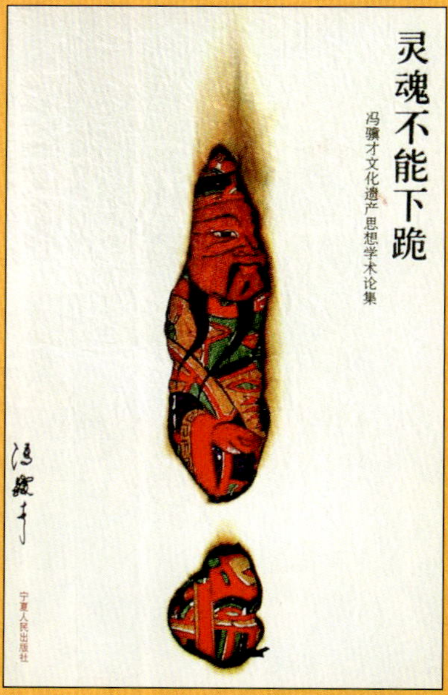

《中国建筑文化遗产》对话程泰宁

2011年12月4日，《中国建筑文化遗产》杂志社一行借参加南京《辛亥革命纪念建筑》首发式之机，转道杭州拜访中联筑境建筑设计有限公司程泰宁院士，与程院士交流了关于中国建筑文化、博物馆设计、中国建筑设计改革等学术话题，同时受程院士之邀参观中联筑境建筑设计有限公司的工作室。设计院给我们留下了很深印象：其设有专门服务于员工的图书阅览室，不仅可以阅读到丰富的国内外建筑期刊和相关报纸，还可以上网查阅资料和讨论交流。如此环境为员工提供了较好的学习和阅读空间。

12月5日，在程泰宁院士的安排下，由薄宏涛副院长陪同，《中国建筑文化遗产》杂志社一行至杭州南浔参观程泰宁设计的南浔行政办公中心建筑群，并对南浔古村落进行了考察。

（陈鹤报道）

2012北京国际设计周筹备工作启动

2012北京国际设计周筹备工作已经启动。2011北京国际设计周的成功举办，给2012年的工作带来了更大的挑战，但筹备组充满信心。北京国际设计周媒体联谊会于2011年10月26日在北京海航万豪酒店举行，来自设计周筹备组、赞助商、设计行业、主流及专业媒体在内共70多名代表参加了当天的联谊会，大家就2011年北京国际设计周的得与失进行了认真的盘点，并对2012北京国际设计周的规划与实施提出建议和展望。

北京时间博物馆2012年开建

2011年12月14日，位于东城区中轴线上备受关注的北京时间博物馆将于明年上半年正式启动工程建设。2010年底，国家文物局批复了在鼓楼外侧东南角建设小体量“时间博物馆”的方案。今年，东城区又将钟鼓楼周边环境整治，纳入2013年须完成的“十大保护项目”之首。东城区风貌保护办主任刘景地介绍，为改善区域环境，充分展示钟鼓楼地区历史文化，东城区拟在鼓楼外侧的一片“城中村”整治拆迁地块，建设“北京时间博物馆”，规划建筑面积1.08万平方米。其中，地上只有一层围合式传统风格建筑，面积约2 100平方米；地下还有3层，面积约8 700平方米。相关部门数次召开专家论证会，听取专家意见，在最终的设计方案中，将地上建筑定位勾、连、搭式的传统小体量建筑合围。目前，“时间博物馆”项目已办理完成规划方案复函和土地权属手续；下一步，东城区还将申报《建设工程规划许可证》。刘景地说，争取2012年上半年，正式启动北京“时间博物馆”建设。建设资金预计为1.6个亿元，1年左右可建设完工。

链接：北京“时间博物馆”的具体位置：东城区鼓楼东大街及地安门外大街交会处的东南角。四至范围：东至鼓楼东大街268号，西至地安门内大街，北至鼓楼东大街，南至辛安里胡同22号，总占地面积约5 700平方米。2005年以前是“城中村”，2008年完成居民搬迁，现状为空地。

（本刊整理）

北坞金山寺修缮完成

2011年10月31日，始建于明代的皇家寺庙金山寺经过半年多的修复，寺庙内的20多间古建均已修缮一新。北京市海淀区文化委员会文化执法队队长邱文忠介绍说，该寺庙为海淀区重点文物保护单位，是较完整的寺庙建筑群，接下来还将对寺庙主体外的山门、围墙、戏楼等进行修复。“和其他寺庙相比，金山寺

古建建筑群保存完好，有较高的历史文化价值，另外，经考证，从金山寺也能窥见出我国佛教、道教文化中的‘释道合流’现象。”2011年3月中旬，海淀区文化委斥资500多万元对寺庙进行修复，截至2011年9月底，寺庙古建筑已修复完成。

（文字整理：苗淼 / 图片来源：老北京网）

国际城市与区域规划师学会第47届国际规划大会在武汉举行

2011年10月25日，国际城市与区域规划师学会第47届国际规划大会在武汉开幕，来自48个国家和地区的城市规划界权威专家、中国主要城市规划部门的代表等近2 000人出席了此次大会。大会期间，与会人员围绕如何建设宜居城市，重点针对“低碳城市环境”、“建设可持续性网络空间”、“交通体系”、“遗产与环境”、“区域与腹地宜居环境”等议题，举行了5场并行研讨会、2场专题技术研讨会、8个主题演讲会，以“高铁之心”为题的国际青年规划师设计坊和“武汉规划杯”规划设计竞赛。国际城市与区域规划师学会理事长伊斯梅尔说此次武汉大会其首要任务是思考如何把不同的方案和举措融合在一起，从而解决城市可持续性发展的问题。为此，大会围绕“宜居城市”这一主题，开展多议题、多场次的专题研讨会和技术讨论会，并特别举行“武汉专场”。同时，还将根据惯例举行青年规划师国际设计坊活动，揭晓第47届国际规划大会最高奖。

（文图整理 / 苗淼）

第一届低碳城市发展国际论坛在复旦大学举行

为了更好地探讨如何应对全球气候变化背景下的城市化进程和城市发展，在保持经济高速增长的同时减少温室气体排放，实现低碳和可持续的发展，由上海城市规划学会和复旦大学、英国东英吉利大学联合发起主办的第一届低碳城市发展国际论坛10月31日在复旦大学美研中心开幕。英国东英吉利大学校长爱德华·阿克顿教授，上海城市规划学会理事长、上海市城市规划行业协会会长毛佳樑，住房和城乡建设部城乡规划司副巡视员吴建平，中国建筑工业出版社社长沈元勤，复旦大学常务副校长陈晓漫教授先后在论坛开幕式上致辞。东英吉利大学常务副校长特雷弗·戴维斯教授、艺术与人文学院院长大卫·彼得斯·科贝特教授、上海市城市规划行业协会名誉会长夏丽卿、上海市城市规划行业协会常务副会长简逢敏、上海市城市规划行业协会副会长严涧、中国建筑工业出版社第一图书中心副主任陆新之、上海复旦规划建筑设计研究院院长王新军教授、副院长苏海龙、敬东、万勇以及上海市城市规划设计研究院副院长顾军、同济大学建筑与城市规划学院副院长周俭、同济大学建筑与城市规划学院夏南凯教授、上海浦东新区规划设计研究院院长吴庆东、上海大学美术学院建筑系系主任王海松、上海城市规划学会副秘书长曾林龙、王剑等60余位嘉宾和专业听众出席了当天的开幕式。

本次论坛汇集了人文、社会、艺术、规划领域以及环境等学科在低碳城市研究领域的中欧专家学者，共同探讨和研究中国城市化进程中如何借鉴国际经验，在推动中国经济的可持续发展、加快城市化进程的同时，创新性地实现低碳、节能可持续的系统设计和技术的有机结合。

（本刊整理）

国家美术馆建筑与艺术研究中心系列讲座召开

围绕国家美术馆项目的开展，中国美术馆新近成立了建筑与艺术研究中心研究机构，它的关注对象既包括美术馆建筑的设计，也涉及它的专业使用。2011年12月1日，天津大学建筑历史研究所副所长丁垚受研究中心之邀，在国家美术馆顶层开展了建筑与艺术研究中心系列讲座的第一讲。

讲座以“中国古代建筑与雕塑整体化设计的案例”为主题，围绕着始建于唐代，再修于宋辽之际的独乐寺展开话题，对独乐寺的建造保护历史、宗教意义、雕塑建筑特色和研究发现进行了深入探讨。

独乐寺位于天津市蓟县古城，迄今已有1 300年历史，寺内现存观音阁及其容纳的十一面观音像，与容有两尊力士的山门一起，堪称中国古代建筑整体化设计的代表。已故建筑史学家陈明达先生曾指出观音阁：“论技术之精湛，艺术之品第，均应推为第一，可以说是现存古建筑的上上品，最佳的典范。”

联合国教科文组织专家考察天津文化遗产

天津拥有世界文化遗产1处（明长城天津段），全国重点文物保护单位15处。2011年10月17日，联合国教科文组织专家一行六人在天津大学建筑设计规划研究总院文化遗产保护中心朱阳院长、天津市文物管理部门领导及天津大学老师的陪同下考察了全国重点文物保护单位蓟县独乐寺和世界文化遗产明长城天津段。法国巴黎美丽城建筑学院教授、文化遗产保护教学负责人Jean Paul Midant，法国巴黎美丽城建筑学院教授、联合国教科文组织文化遗产保护督察、法国文学艺术骑士勋章获得者Daniel DUCHE，法国巴黎美丽城建筑学院教授Jean Paul Midant与法国建筑师兰德与中国专家交换了对天津建筑文化遗产保护的看法。

（刘江峰 文/图）

世界华人建筑师协会2011澳门年会暨学术研讨会召开

▲ 潘祖尧会长、王素卿理事长、黄如楷主席、刘仕尧司长、王新东部长、钟怡委员

世界华人建筑师协会（简称世华建协、WACA）2011澳门年会暨学术研讨会10月27日至28日在澳门举行。世华建协潘祖尧会长、中国勘察设计协会王素卿理事长、澳门建筑师协会黄如楷主席、澳门特别行政区运输工务司刘仕尧司长等以及世华建协会员100余人出席业界盛会。围绕本次年会“城市·建筑·文化产业” 研讨主题，来自加拿大、日本、菲律宾、马来西亚、新加坡、中国大陆和港澳台地区的华人建筑师会聚一堂，共同探讨在不同地区的城市、建筑和文化产业的发展经验。香港严迅奇先生、澳门马若龙先生、台湾徐裕健先生三位主讲嘉宾和10余位专家学者在会上作了精彩演讲。会议期间，为鼓励世界华人建筑师在全球各地的建筑领域多出好作品，世华建协还颁发了“2011协会学术奖”等18个奖项。世华建协成立于2004年4月，历经几年的发展，已有340多名成员，分布在中国大陆和港澳台地区、亚洲、欧洲、北美等地。世界著名华人建筑师贝聿铭是其名誉创会会员。

（苗淼 文图整理）

世界最大太阳能桥将横跨伦敦泰晤士河

泰晤士河上将建起一座全球最大的太阳能桥，该桥由位于伦敦市中心的维多利亚时期的Blackfriars Railway Bridge改建。目前，太阳能世纪公司正在桥上上安装覆盖面积为6 000平方米的光伏板阵列。建成后，该桥桥顶将覆盖4 400个独立光伏板，每年可产出约90万千瓦时的电力。可再生能源将占该站总能源需求供应量的一半，每年的二氧化碳排放量将减少500吨以上——这相当于美国35个家庭的总排放量。该站的重建是铁路网系统55亿英镑的泰晤士联线计划的一部分，这一计划旨在改善全国铁路和伦敦地铁之间的转换状况。一旦升级完成，该桥每小时最多能运行24趟列车，运输能力将会提升几乎一倍。如今恰逢2012年伦敦奥运会来临之际，加强泰晤士河南北交通效能无疑将为此次盛世增光添彩。

（苗淼 文/图）

创新优秀设计 提升专业品牌

——天津市建筑设计院设计作品系列《TADI工程设计卷》、《TADI方案创作卷》首发式圆满举行

2011年11月22日，《TADI工程设计卷》和《TADI方案创作卷》新书首发式在天津市建筑设计院举行。院长刘军、名誉院长刘景樑出席仪式并讲话，《中国建筑文化遗产》总编金磊、天津大学出版社社长杨欢、总编王志勇、副社长韩振平以及参与该书策划、编辑、撰写的编委、编辑顾问及各设计所代表应邀出席了首发式。会议由院刊编辑部张丽丽主任主持。

刘景樑名誉院长首先代表刘军院长在首发式上指出：“两卷图书收录了工程设计与方案设计中的优秀案例，集中展现了我院中青年建筑师追寻国内一流水平的设计风采，体现了中青年建筑师对建筑设计的创新理念、对中华建筑文化的传承和对国内外建筑设计发展趋势的把握以及对天津城市建设发展未来的探求与思索。我院多项重大项目荣获国家和市部级优秀设计大奖，出色的设计成果赢得了各级领导和社会各界的一致好评。今天，把这些成果收录起来，旨在让读者能够对天津城市建设的发展成就感到欣喜鼓舞，同时通过与我院中青年建筑师的对话，进一步促进中华建筑文化的交流和天津地域建筑创作的发展。在阅读两卷图书过程中，我们能深深感受到各项成果的创新精神、个性化设计以及多元化的设计风格，体验到在运用新技术、新材料、新产品方面所展示的时代精神和“四节一环保”的绿色建筑的时代脉搏。大家更能够从两卷中欣喜地看到我院一大批中青年建筑师的崛起，看到他们正在成为业界的中坚力量，我为他们的成长进步感到由衷的骄傲。”

金磊总编在致辞中表示，天津院在庆祝60年院庆前夕推出两部作品集彰显了建院人放眼世界的目光和强院战略，也展现了天津建院拥有一批富有实力的、体现天津建筑设计精神的有后劲的中坚力量。同时这两书举全院之合力，并一举推出如此多的设计英杰在全国也可算为首例。天大出版社王志勇总编在祝贺两书出版的同时提出应把图书作为一个永久性的传播平台，这两书的出版发行将使每一位在图书中体现作品的作者都能体会到更深刻的历史价值。入选作品的建筑师代表卓强和张擎分别在会上做了发言，随后刘军院长和景樑院长向出席活动的各设计所、工作室代表授书。

首发式最后，刘军院长做了重要讲话，他说到：“该书从编辑、制作到出版发行历经了多位编委的精心策划，秉承精益求精，质量至上的宗旨，把我院最优秀的设计作品与最优秀的中青年建筑师一起推介到城市建设的大舞台，这是我们院领导班子的责任，也彰显了我院的创作实力。我们的作品，凝结成卷，编辑成册，作为历史的传承保留下来，既代表了我院的综合实力，也展示了我院丰厚的创作人才和创作理念，他们是我院今后的希望。建筑创作的核心是创新，两本书的核心精神是原创。创新和原创是我院一直在努力传承的精神和加强建筑创作之路的原则。通过这两卷图书的出版，会给年轻人更大的激励和鞭策。作为建筑师，应该秉承职业道德精神，用我们的职业精神和职业技能，用我们的责任心为社会贡献更多更好更精彩的建筑创作作品,这既是我们的责任也是我们的使命，我们建院人要通过自己的顽强拼搏，把这份责任和使命完成好！”

首发式结束后，刘军院长、刘景樑大师、金磊总编一行嘉宾与大家合影留念并为大家签名赠书。

（天津市建筑设计院张曦文 / 陈鹤图）

Report of UIA2011 Tokyo, the World Congress of Architecture

东京第二十四届UIA世界建筑师大会掠影

▲ 会场内景一

▲ 会场内景二

▲ 会场外景一

▲ 会场外景二

▲ 会场外景三

2011年东京UIA第24届世界建筑师大会的主题是“设计2050：超越灾难，紧密团结，面向可持续发展”（Design 2050:Beyond Disasters,through Solidarity,towards Sustainability）。在“设计2050”的大主题下还分三个副主题：环境（Environment）、文化（Culture）、生命（Life）。其内容不仅围绕低碳社会的创造，还包括自然灾害带来的反思；探讨经济活动、城市、交通等全球网络信息社会的未来，聚焦文化遗产、城市风景、文化交流和教育；21世纪人口的爆发性增长，人口老龄化和少子化，医疗保险，城市生活方式的多样化等。大会于9月26日在东京国际会议中心（Tokyo International Forum）正式开幕，来自全球的1万名建筑师会聚在一起，从9月26日到10月1日，这个建筑界的老牌大会留给我们的印象是专业的、井然有序的。

东京国际会议中心由一个梭形综合大厅和四座矩形的会议厅构成，统一层高七层，在他们之间由一个开敞的公共休息中庭连接，四栋会议厅逐层退台为中庭形成自然的庇护。这里除7个大厅外还有展示厅、34个会议室、相田Mitsuo美术馆，另外还设有各色商店和餐馆。被广泛用于音乐、演剧、美术、企业宣传活动、国际会议等。此处定期开设自由市场、大江户古董市场等，还常常被用作古典音乐会、国内外音乐家音乐会的会场。

乘坐地下铁有乐町线到有乐町站下，出站就在会议中心的地下一层了。按照颜色鲜明的标识系统可以轻松找到Hall A、Hall B、Hall C、Hall D，走向连接综合大厅的连廊上可以饱览地下二层的展览大厅。几日来，来自世界各国的建筑师们背着包拿着材料，来来往往于走廊中、扶梯上，穿梭在各个会场间，他们大多着深色服装，结伴同行或孤雁独行，神情专注。即便日程紧凑、人员众多，却无嘈杂之声，不禁暗赞。

这次由东京承办的UIA大会，主要分六大部分：

典礼Ceremony

主旨演讲、特别讲演、公开讲座

Keynote Speeches, Special Guest Lectures and Social Programme

主题会议Theme Sessions

工作课题Work Programmes

研讨会Workshop

展览Exhibitions

典礼部分包括欢迎交流会、开幕式、闭幕式和UIA金奖颁奖典礼等。主旨演讲共三个，主讲人分别是来自美国的艺术家Christo、不丹总理Jigmi Yoezer Thinley和日本的建筑师桢文彦。Christo主要介绍了过去和正在进行中的艺术作品，不丹总理的演讲主题是“提供可持续的幸福人类社会的建筑”，桢文彦的题目为“日本的现代性：语言，风景，集体性”。特

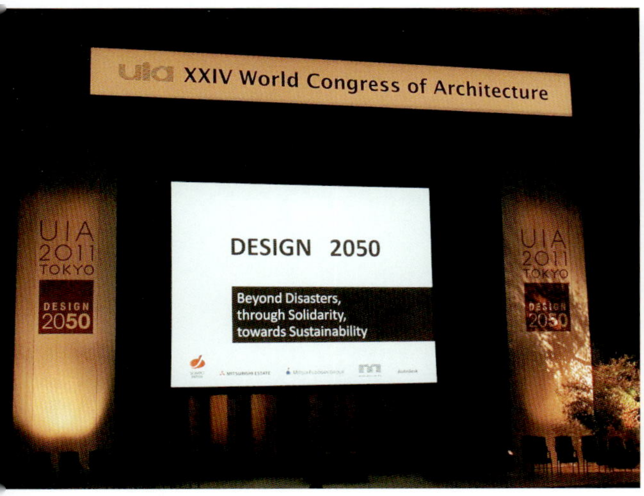

▲ 论坛现场一

▲ 论坛现场二

▲ 会场外景四

▲ 会场外景五

▲ 会场外景六

别讲演由德国建筑师Christoph Ingenhoven、日本建筑师妹岛和世与西泽立卫、捷克共和国建筑师历史学家Vladimir Slapeta、英国建筑师David Adjaye组成，他们分别就生态建筑创造的建筑美学和革新的技术质量、环境与建筑的连接、捷克的现代主义与日本、非洲城市建筑与基础设施发表了演讲。公开讲座由日本建筑师安藤忠雄担当，他的题目是“说给年轻人/建筑是什么”，这一场坐满了东京的大学生，安藤富于激情幽默的演讲带来了几次满场的笑声和掌声。

以上提到的三类讲座除公开讲座外都保持在一个小时的时间内。从9月26日到9月27日白天共安排了5个主题会议，每个会议由1个主持人和3~4个小组成员组成，每个会议控制在两小时内。他们的主题分别是：灾后如何再生生存的希望、2011年后的城市、环境设计的可能性与责任、与自然共生的建筑技艺、社交网络时代建筑师的专业职能。26日至28日分五大地区进行了六个主题的工作课题报告和开放讨论，分别涉及可持续性建筑（未来的可持续性和可再生能源资源）、建筑与社会（建筑教育、城市聚落和灾害）、都市化（中等规模城市化发展和观光业）、栖息地、文化特性（文化遗产和宗教空间）、设施（教育文化设施和公共卫生）。同时，分散于各会场还进行了13个主题的小型研讨会。会场外的综合大厅每天都有建筑行业的企业进行现场技术、工艺、材料的展演。

除这些主要活动外，还有论文发表、学生竞赛等附属活动。大会手册上列举的UIA会议期间遍布东京的各种建筑展览、研讨会、论坛、茶会多达44种，以各种规模的展览为主，令人赞叹。此外，大会还组织了东京市内的城市考察和日本范围内的建筑业务考察之旅，前者采用公共交通和步行的方式来真实地步入生活的街区。

此次UIA大会前发生了日本大地震，但并没有影响各成员国参会的信心。相反，结合设计2050的主题，面对共同面临的问题，建筑师无国界，对于未来的方向更加确定。此行东京前还担心是否有辐射影响，但一切都在秩序之中。从成田机场到会议中心，没有任何受影响的痕迹，唯独随处可见的“节电中”的招贴还提醒着人们刚刚过去的灾难。无论是银座、涉谷还是市中心外的住宅街巷，“秩序”是留给人的最大印象，走在东京的街道上，才认真感受到这是为人而建造的城市，尺度、设施、服务。它树立的原则是明确的，让融入这个环境中的外人也不敢破坏。东京都保持着它的历史与时尚，无处不在的设计感令人感叹终归还是不在一个层次上。虽然对它抱有热烈的追求，却心中依然惦念着北京。离开之时东京都依然在忙碌的节奏中度过白天和黑夜，伴随着它的还有饱和状态的压力和紧绷的神经。

（本刊特派记者 / 杨夕）

Creative Auto Museums in Stuttgart, Germany

创意的斯图加特汽车博物馆

本刊记者（CAH Reporter）

▲ 保时捷汽车博物馆全景

▲ 保时捷汽车博物馆内部

斯图加特，德国工业与文化重镇，也是梅赛德斯—奔驰和保时捷的总部所在地。它们的博物馆会聚了各自传奇历史的精华，展品的陈列逻辑也都是创造与智慧的结晶，而这些建筑本身都是一个个令人叹为观止的设计奇迹。每一座博物馆都是一个汽车品牌的精神家园，汽车厂商们用颠覆一切传统的企业建筑设计去诠释他们对创新的渴望。这些博物馆已经融入了整个品牌设计的精髓之中，成为品牌设计语言在另一个载体上的呈现。

▲ 保时捷汽车博物馆的展示空间

保时捷博物馆

在斯图加特一个以“保时捷”命名的广场上，一座宏伟而带有科幻色彩的建筑拔地而起。从当初动工时起，每天都会有一位白胡子老人在广场对面的街口久久站立，他用经典莱卡胶片相机仔细地记录下了这座建筑从打下一根钢梁到最后完工的全过程。这里就是新保时捷博物馆。

当初的老保时捷博物馆位于Schwieberdinger大街上保时捷总部大楼后面的一条幽静小巷中，这条巷子与其他典型的德国街巷没有任何区别。慕名来这里参观保时捷博物馆的人总会在这条路上多次与那个不起眼的白色小院擦肩而过，却意识不到那里就是目的地。当人们走进那间房子的时候，失望的感觉会愈加强烈，因为有限的空间只能陈列几台最具代表性的保时捷产品，而更多的历史只能用墙上那些泛黄的照片和文献展示。而且那里给人的感觉是一个费迪南德·保时捷的个人博物馆，而非保时捷品牌博物馆。

2004年7月30日，时任保时捷总裁宣布将兴建新博物馆，公司历史上最为宏大的工程正式上马。公开的设计大赛吸引了无数充满创造性的设计方案，一个由建筑专家弗里茨·奥尔领导的13人选拔委员会对方案进行一一筛选，最后来自奥地利的德卢甘·麦斯尔（Delugan Meissl）设计公司脱颖而出。他们设计的整个建筑被钢架结构凌空架起，2.1万平方米的展馆风格强劲、充满活力。直线条的勾勒，充满科技感和酷感的造型十分符合“保时捷设计”的精神。在其内部除了展示区以外，还将包括商店、餐厅、咖啡吧和一个特别的屋顶平台餐厅；这座建筑同样可以用来举行大型活动，如汽车展览和新闻发布会等；地下车库则拥有超过300个的车位。这一造价5 000万欧元的工程在获得了充分肯定后很快动工，前后共吸引了170家建筑公司参加投标承建，保时捷公司还从德国、奥地利和瑞士邀请了10位著名的建筑师参与建设过程。

2007年秋天，由钢架框成的上部展示区结构组建被成功地放置在了三根钢筋混凝土柱子上，完成了工程最重要的一步。按照设计师的想法，这三根柱子将延伸至5 600平方米的展厅内，从而形成展示逻辑所遵循的三个原则：按照编年史的顺序展示保时捷发展的每一个阶段；平行展示在每一个阶段中具有决定性意义的事件、车型和技术；连接这些历史发展进程的将是一个个小的主题展厅，它们被称为“主题岛”，一些类似于“勒芒”、“911的演化”、“历史图片”的专题将被填充到里面。

奔驰博物馆

虽然比新保时捷博物馆早落成两年时间，但位于斯图加特入城要道旁边的奔驰博物馆却丝毫不显得黯淡。这座用了1 800块三角玻璃拼接而成的建筑外观就足以撼人心魄，而它真正的智慧远不止这些。项目

▲ 奔驰博物馆外立面与展示汽车

于2006年5月20日落成，这个双螺旋塔结构方案由荷兰著名设计师Ben van Berkel 和Caroline Bos联合设计完成。这两位天才设计师利用建筑几何结构在内部勾画出两条逻辑清楚的参观路线，观众从建筑的西南角进入，在大厅可以通过一幅分层解剖地图了解到整个博物馆的“组织方式”——双螺旋结构。这里有两条相对独立的参观路线：

第一条路线上分布了七个“传奇区域”按年代顺序讲述品牌故事，包括：

传奇1：先锋——汽车发明，1886—1900年；

传奇2：梅赛德斯——品牌诞生，1900—1914年；

传奇3：新征程——柴油机和增压器，1914—1945年；

传奇4：神奇年代——造型和多样性， 1945—1960年；

传奇5：开创性理念——安全和环境，1960—1982年；

传奇6：全球交通运输——全球和个人，从1982年至今；

传奇7：银箭——竞赛和纪录。

七个传奇区域由平均80米长的平缓坡道连接起来，按照年代顺序向参观者展现奔驰品牌汽车的历史。这种设计一来是连接整个螺旋结构的纽带，二来

▲ 奔驰博物馆夜景

▲ 模拟赛道的展示空间

▲ 奔驰博物馆展示内景

▲ 经典的奔驰车

▲ 早期汽车发动机的模型

也方便残疾人行动，楼层之中的众多平缓过渡让轮椅使用者可以安全舒适地在建筑物中参观。除了第一个和最后一个传奇区域之外，所有其他传奇区域都按照相同的方式进行布置：沿着弧形苜蓿叶式墙壁坡道外侧，向下依次放置相应历史背景中的展车；在参观者向下看到展品时，同时也可以浏览左侧墙壁上的年代表。

第二条参观路线由五个“收藏区域”中展示的梅赛德斯—奔驰历史经典车型构成，主要用于展现产品的多样性。在这里可以零距离接触到几乎全世界所有的经典奔驰轿车、商用车，甚至还包括罗马教皇约翰·保罗二世使用的Popemobile。这一区域包括：旅行设备陈列室、装载设备陈列室、辅助设备陈列室、名称陈列室、英雄陈列室。每个传奇区域以中心场景的形式，描绘了一个特定时代：独立汽油驱动公路车辆的发明、梅赛德斯品牌的起源、增压器和柴油机的开发、20世纪50年代的鸥翼车型和短头式载重车、越来越重要的安全性和环境保护、品牌的全球化进程。以及最后一个传奇区域的竞赛和破纪录车。这条参观路线一直延续到最后一个传奇区域。

此外还有一个被称作“技术魅力”的独立展览，它可以让参观者领略到奔驰工程师和开发人员的日常工作以及汽车的未来。当然，在参观的两条路线中，博物馆也完善了咖啡厅、餐厅以及各种店铺等配套设施。另外“技术魅力”展厅与奔驰在斯图加特的销售中心有直接通道，可以将参观者直接从对历史的景仰中送到现实的量产车身边。

为了将这样一个复杂的几何结构的博物馆变为现实，从草案初稿到完工，所有建筑设计图都是基于三维数据模型完成的。由于从未有过先例，这个三维数据模型在施工阶段更新了50多次，总共制作了35 000张施工图。这座建筑本身也实现了很多建筑上的奇迹，比如能够承载10辆载重车的33米宽的无柱“螺旋结构”空间、由1 800块毫无重复造型的三角形玻璃构成的外墙……外部的螺旋铝质除了在标榜着速度

▲ 奔驰博物馆流动的内部

▲ 奔驰博物馆展示内景，停在赛道上的汽车

▲ 奔驰博物馆外部，使用流体造型，以钢、玻璃、混凝土为元素塑造工业时代的汽车精神

▲ 奔驰博物馆全景

和品质之外，还暗藏着“绿色”玄机：外墙上的通风系统使得内部空气流通畅快，同样也免去了空调的耗能和污染。这种通风系统还能在博物馆意外失火的情况下，在内部制造出迷你小旋风，起到控制火势、防止被困者吸进有毒气体的作用。被铝皮包裹着的厚实的混凝土墙面是与外界气温的良好绝缘体，使得博物馆内部冬暖夏凉。

奔驰博物馆的每一处细节都体现出智能、时尚、人性化的先进技术。人们一直将新奔驰博物馆称为世界上最美的建筑，不仅仅是因为它令人叹为观止的造型设计，更是内部蕴含的智慧之美。

（文字整理/苗淼 图片/奔驰和保时捷博物馆提供）

▲ 奔驰博物馆内部，使用空间结构与混凝土的质感营造美感

My Observations on the London Design Festival

从细节中看伦敦设计节

特派记者（Special Correspondent）

▲ Timer Wave全景，V&A Museum入口

The London Design Festival is for many lovers of art and always attracts huge numbers of visitors. The 2011 Festival, which is the ninth so far, is anticipated to be one of the biggest festivals of the year. Over 280 events will make up the festival, displaying all the different types of creativity that the capital has to offer. I originally took the district line to South Kensington station, where I was greeted by the sounds of keyboard-playing buskers. Following the sound of their music, I noticed several posters for the festival pinned up along the walls of the tunnel.

Amidst the crowd of commuters, I noticed young couples walking hand-in-hand, elderly people chatting with one another, and fellow students clutching sketchbooks and hurrying through the madness. The festival is being hosted at the V&A Museum this year; a complex map of all the different features is crucial for navigation. The site is also playing host to another 13 events in the same year. Now let me take you go around.

The huge crowds at the festival bewildered me. I was queuing for a long time before entering the Power of Making. After collecting several brochures regarding the event, I moved onto the World of Making. I was astounded by the variety of different products that they had on offer: floral cloths, looms, handmade crafts, mechanical robots, and much more. An image of the designers and operators was present, picturing the individuals as a family of craftsmen.

I soon moved onto the Raphael Gallery, where I visited the Textile Field exhibition. The installation was designed by the Bouroullec brothers, who are two of the most accomplished designers within the French art scene. A variety of soft fabrics in a harmony of colors filled the room, creating a warm and inviting atmosphere that attracted many visitors. People were free to take photos and sketch interpretations, or simply chat with one another and relax in the room. The Bouroullec brothers claim that they wished to involve the visitors with the artwork, allowing them to use it in whatever way they wish. In a sense, the visitors are as part of the exhibition as the art is.

The V&A Museum entrance will soon be adorned with the grand Timer Wave installation. A collection of architects referred to as AL_A will design the installation, under the supervision of the engineering company Arup. The design will consist of a latticed spiral, made from oil-treated American red oak wood. The piece will stretch 12 metres high, branching up 3 storeys of the building. In order to view the piece in all its glory, I had to move back to Cromwell Road, which overlooked the entrance to the museum.

Although the London Design Festival ended on 25th September 2011, there is still time to visit the postmodernism style and subversion exhibition. The event documents the postmodernism artwork that was produced between 1970 and 1990. It will be hosted at the V&A Museum between 24th September 2011 and 12th January 2012.

▲ 图1 伦敦设计节的宣传手册

▲ 图2 张贴在街道的伦敦设计节的海报

▲ 图3 伦敦设计节的宣传手册

▲ 图4 伦敦设计节的logo

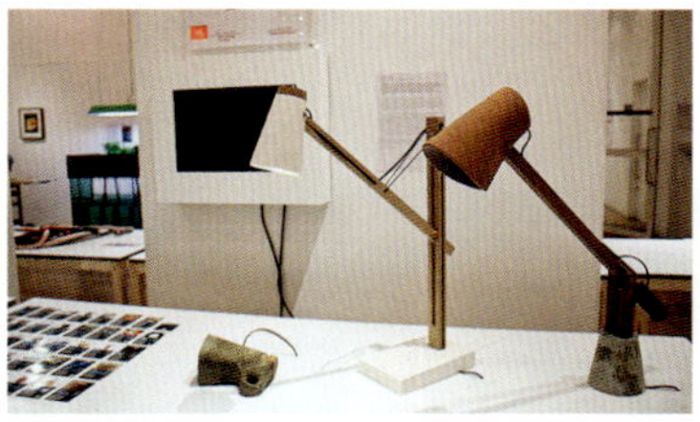

▲ 图5 Sustain展在皇家美院1，2010年

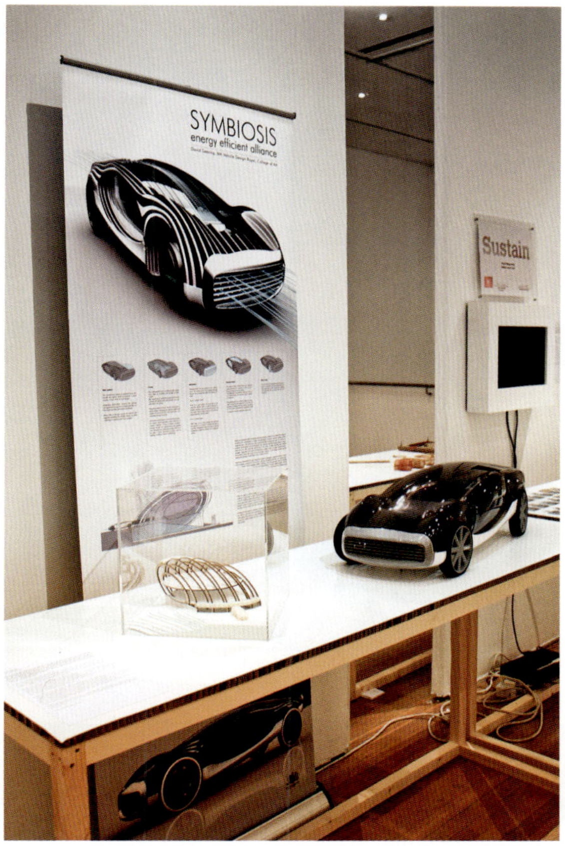

▲ 图6 Sustain展在皇家美院2，2010年

▲ 图7 The Lives of Others展在皇家美院，2010年

▲ 图8 伦敦设计节皇家美院展，2010年

对于爱艺术的人来说，伦敦设计节就像四年一届的奥运会一样备受期待！每年的伦敦设计节都盛开在秋季的9月，给这座历史与创意之城，新的一番冲刷。建立于2003年的伦敦设计节，向我们展示了一座全世界的创意首都和世界级创意工厂的风采。

从前的我都在网络、报纸、杂志媒介上看到、听到一些有关伦敦设计节的讯息。但2010年、2011年我相继参加了两届伦敦设计节，事实上除了设计节期间，伦敦的设计与创意脉搏一年四季都在跳动。2010年9月，我游历在设计节的部分展区中（图1～5)。当我近距离的踱步在伦敦设计节，参与其中时，我的确感到它的与众不同，它的包容，它的思想。不得不说伦敦设计节是一个盛大的聚会（图6～8）。

2010年伦敦设计周（9月18日—26日）应该没有人能够全部看完,因为从V＆A博物馆到市内各处共有超过240个设计活动,是名副其实的设计盛事。到2010年已经是第八年了,主展地为位于维多利亚与亚伯特博物馆（Victoria and Albert Museum）。伦敦设计周总监Ben Evans说“设计周的内容主要是由200多位设计师伙伴推出大量新作品组成”。9月22日作为本届设计周重头戏之一的著名英国建筑师John Pawson在设计博物馆举办了一场名为“朴素空间”（John Pawson Plain Space）的展览。特别的是John Pawson是一位世界著名的极简主义大师,他曾设计了这座设计博物馆,但未曾在英国本土举办独立的设计展。这次展览涵盖了这位大师从业30年来参加过的设计项目，如从Calvim Klain 在美国纽约的旗舰店到位于捷克的Novy Dvur Monastery修道院。

在与“朴素空间”隔河相望的、位于利物浦大街的Andaz酒店里也设置了三个装置,Libby Sellers画廊将其中的两个委托给了年轻设计师。来自荷兰的设计师Simon Heijdens的迷人作品为“树枝”（Branches）。设计师利用投影仪将婆娑的树影投射在酒店大堂内的天花板上,110年的豪华酒店室内与现代的多媒体艺术辉映成趣。

而在酒店外喷泉中的“L Bar”装置则是由来自伦敦的设计公司Glass Hill所设计,公司两位设计师Markus Bergstrom和Joe Nunn将拱状的建筑结构表面覆盖了金属鱼鳞板,粗糙的制作工艺与建于19世纪的酒店形成了强烈对比,令人过目难忘。此外“细黑线”（Thin Black Lines）是2010年伦敦设计节上最富有诗意的展览,来自日本设计公司的Nendo 在Saatchi画廊策划了这个展览,主要是Nendo最近的一些家具设计作品,它们简单凝练的表现手法与日本的书法不谋而合。还有借伦敦设计节之光,英国品牌Minimalux在互联网上发布了旗下的最新产品系列。

伦敦市长Boris Johnson说：“伦敦是设计、创意和创新的主要中心,有世界上许多知名艺术与设计结构,是全英国三分之一设计产业的大本营,伦敦设计周为来自各国的创意设计提供着绝佳的展示舞台。”曾任英国设计协会（UK Design Council）主席的索瑞尔爵士（Sir John Sorrell）,也是伦敦设计节发起人,表示：“为树立伦敦作为世界设计中心的位置,英国需要一个活动以凝聚来自全世界的创意人才,让英国创意产业不同领域能够彼此碰撞激荡,于是我们诞生了伦敦设计节。”

现在让我带大家一同再走进2011年的伦敦设计节280多个项目的部分精彩展览吧！乘上伦敦的Central line，在South Kensington Station下车，伴随着地铁乐者电子钢琴的敲击声，随着穿梭的人群，我们通向Victoria and Albert Museum（维多利亚和阿尔伯特博物馆）的这条长长的地铁隧道。同行有手拉着手的漫步在其中的恋人，相互搀扶的白发老人，还有向我一样快步疾走向展览的拿画本的学生。

V&A Museum是从2009年连续第三次主办伦敦设计节。尽管手拿着的V&A Museum地图很令人费解，但是还好V&A Museum的13个展览还足够吸引我的眼球（图9～13)。走进V&A Museum，伦敦设计节的第一天可真是人山人海，排了好一会儿队才挤到Power of Making的入口。接过宣传册，走进Making的世界（图14~15)。此次Power of Making是由

▲ 图9 夕阳下V&A Museum的广场

▲ 图10 沐浴在夕阳下V&A Museum广场的游客

▲ 图11 伦敦设计节的V&A Museum室内

▲ 图12 等候在Power of Making展外的人群

▲ 图14 Power of Making展门口

▲ 图15 Power of Making室内的宣传短片

▲ 图13 Power of Making的设计师，操作师与大家切磋手工技艺的“家庭聚会”

▲ 图16 Power of Making展内的参观者

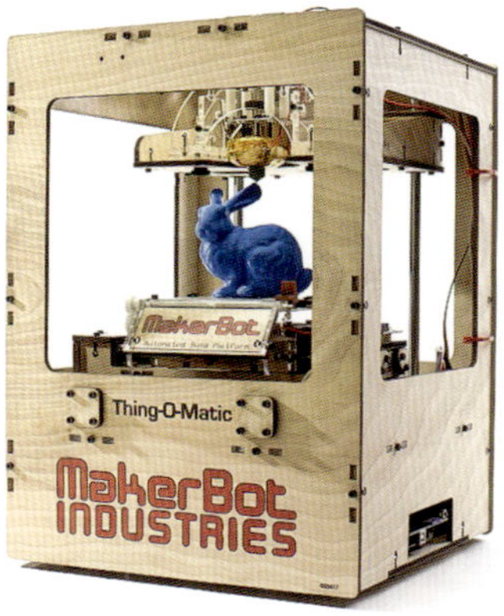

▲ 图18 MakerBot 3D 打印机

▲ 图17 Power of Making展内的MakerBot 3D 打印机

▲ 图19 工作中的MakerBot 3D 打印机

▲ 图20 Textile Field exhibition展内

V&A Museum和Craft Council一同主办，为了传达制造品给我们生活带来的力量。我真的很难想象一个不大的展室里，竟然能装下琳琅满目的手工制品（图16)，从在北京设计周也展出过的托马斯·赫斯维克（Thomas Heatherwick)的spun chair(旋风旋转椅)，到挪威艺术家马吕斯·沃茨(Marius Watz)的MakerBot Thing-O-Matic Kit(有自控塑模功能的3D打印机)（图17~19）。Power of Making覆盖了艺术纺织、家居、工业制品、时尚、音乐、医药科学、交通等领域。令我感到最为震撼的是这台MakerBot可在家里自行使用的3D打印机，以用户自行设计的电脑模型生成3D实体，像美国的克莱斯勒大厦、巴塞罗那椅等。它没有了以往塑模机身形笨重、操作烦琐、且价格昂贵的不便。用户可以在品尝午后红茶的过程中，享受塑模的过程“艺术”。在Power of Making的参观中，或多或少都能引发我们对“制造”这个词汇的再思考。原来我们只是浅显地认识到，“制造”只是单纯地加工，不那么吸引人。但这次的Power of Making确实改变了我对“Made”这个词的看法，使我更深刻认知“Made”在电子化时代的重要性，相关性和引领性。我想这次展览的组织者Daniel Charny也想让更多的人意识到“Made”不仅仅是一个过程的名词，也给我们的生活、社会、商业，还有教育来了新的力量。其实，在对Power of Making惊讶的同时我也开始思考关于中国的设计问题。中国是一个生产大国，无论走到英国，乃至其他欧美国家，我们基本看到的都是印在产品下面Made in China 。作为一名设计学生，我常常思考，为什么中国生产了这么多产品，反又让设计的主宰国抢到了先机？我们就真的没有来源于本土的设计和制造展览吗？还是说我们没有想到要做这样有意义的展览？还是说我们没有中国本土的设计？尽管我们现在正处在全球化的时代，产品的各个环节都需要分工处理。在这层分工中中国扮演着重要的生产者和材料供应商，但这并不意味这中国理所当然可以丢失了设计的本身，制造的思想。如果搜罗当今的中国本土设计，我们可否也组成一个展览，名叫Made in China ！

沿着伦敦设计节的V&A Museum宣传地图，我来到了Textile Field Exhibition的Raphael Gallery 展厅中（见图20），我顿时被展厅室内的

▲ 图21 Timer Wave的局部，V&A Museum入口

▲ 图22 V&A Museum的其他展陈 1

▲ 图23 V&A Museum的其他展陈 2

▲ 图24 V&A Museum的其他展陈 3

▲ 图25 V&A Museum的其他展陈 4

▲ 图27 伦敦设计节The Problem comes first展，英国皇家美院

▲ 图28 伦敦设计节Sustain展，英国皇家美院，2010年

▲ 图26 John Pawson的透视水晶装置

渐变色织物装置的气氛所吸引。尽管很多艺术家、设计师，甚至建筑师都希望展室的展品更加亲近观众，与观者互动，但是这次的布鲁莱克兄弟（Bouroullec Brothers）的大型织物装置展览，真切传达了美术馆与参观者之间互动概念，把观众融入到展览中，让他们也成为展览的一部分，让更多人在舒适的公共躺椅上欣赏画作，谈心交流，拍照临摹，传达了Bouroullec Brothers的一种在松弛、享受的状态下与观者的互动。

走到V&A的Cromwell Road路门口，大型的红橡木Timer Wave 装置格子状螺旋式攀升到V&A Museum的穹顶（图21）。这件室外大型作品由AL_A建筑师和工程结构公司Arup的一同设计完成，有3层楼高

▲ 图29 伦敦设计节The Problem comes first展

▲ 图30 摄于伦敦设计节的英国皇家美院展，2011年

▲ 图31 英国皇家美院室内

▲ 图32 英国华人艺术家设计师联展，Great Western Studios

▲ 图33 FENDI室外 1

▲ 图34 FENDI室外 2

约12米。它不仅勾勒出优雅的V&A Museum拱门的建筑线条，也体现出了在技术方面的精湛力。为了能照到它的全景，跃过Cromwell Road，我竟坐到了周围有往返车辆的隔离带上去了！伴随穿梭的车流，远景中的V&A Museum，更加散发着建立于百年的历史气息和现代艺术的交融（图22～25）。

结束了伦敦设计节在V&A站，让我们来到了St Paul's Cathedral（圣保罗大教堂）。在这里展示了John Pawson为庆祝St Paul's Cathedral建成300周年而建的透视水晶装置。通过精密的科学技术，精练的几何元素，形成精巧的光线与空间比例，为参观者呈现了近距离与建筑细节接触的好机会。将一块施华洛世奇水晶元素凹面透镜置于巨大的反光半球体上，而塔楼圆顶处则会悬吊一块离地面 23 米高的球面凸镜。站于阶梯底部，半球体旁的游客，便可以从这些光学元件看到非一般的塔楼影像，正如Pawson所言，他们将“超乎肉眼所见”，并能够以一个崭新的角度去欣赏这座英国最具代表性的建筑物之一（图26）。

我尽管在这短短的一周中不能走访大大小小280多个展览，但是就我所看到的、听到的，伦敦设计节已经是一种大众的意识，大众的向往。尽管这届比以往多了很多展馆，展陈也很丰富，但一切都是自然朴实的，不铺张、不浮夸（图27～34）。没有极度宣传的海报，没有铺天盖地的广告，设计节展示了一种大众的文化意识，用绚丽的色彩、适度的技术、朴实的设计概念、真诚的服务为全世界展示了一场“设计界”的奥林匹克。当然，设计节也走向街道，教堂 。各种不同的设计街道，设计店铺层出不穷。平淡的出奇才是真切的感受。最后，希望读者和我一样有所收获，一周的设计节结束了，穿梭在于伦敦的各个大街小巷，我背起画夹继续往前走,下一届我们如期而至，在创意点亮伦敦时，也用创意点亮你和我。

（文/ 图 金维忻）